Geschichte der Physik an der TH Aachen im Chaos des 2. Weltkrieges

Fotograph: H. Geller, gleich Bild: 0 des Einbandfotos

Schinkelstraße

Links: INSTITUTE für **ELEKTROTECHNIK**
Rechts, früher: **PHYSIKALISCHES** INSTITUT
Hinter beiden liegend: das **AERODYNAMISCHE** INSTITUT,
dessen Direktor bis 1934 **Prof. Dr. Th. v. Kármán** war .

Vollendung der Neubauten im Jahre 1929 an Stelle des 1910
abgerissenen West-Bahnhofs
Templerbend

Impressum

Herstellung:
Helios Verlags- und Buchvertriebsgesellschaft
Postfach 39 01 12, 52039 Aachen
Tel.: (02 41) 55 54 26; Fax: (02 41) 55 84 93
eMail: Helios-Verlag@t-online.de
www.helios-verlag.de

Bitte fordern Sie beim Verlag aktuelle Informationen zu lieferbaren Titeln an.

Printed in Serbia

ISBN 3-938208-00-7

Zum Geleit

Habent sua fata libelli. Nicht nur Bücher haben ihre Schicksale. Auch gelehrte Institutionen finden ihre Identität in dem, was ihnen während der Zeiten ihres Bestehens widerfahren ist; denn in ihrem gegenwärtigen Erscheinungsbild drückt sich immer auch die Vergangenheit aus. Darum ist es sinnvoll und wichtig, die Geschichte zu kennen, um die Gegenwart zu verstehen. Und darum geht es in diesem Buch, das vom Schicksal der Technischen Hochschule, speziell vom Schicksal der Physikalischen Lehre und Forschung an der TH berichtet, als der zweite Weltkrieg Europas Städte zerstörte und ihre Kultur, ihre Schulen und Hochschulen verwüstete.

Heute, nahezu 60 Jahre nach Kriegsende, finden sich kaum noch Zeitzeugen, die aus eigenem Erleben und eigener Anschauung die Katastrophe zu schildern vermögen, welche im 2. Weltkrieg über die Technische Hochschule und ihre Institute hereinbrach.

Hubert Geller ist einer von diesen. Er bringt für sein Unterfangen mehrere bemerkenswerte Voraussetzungen mit. Als echter Aachener, 1930 im Pfarrbezirk von St. Adalbert geboren, hat er Jugend, Studium und Berufsleben fast ausnahmslos in Aachen verbracht. Mit heißem Interesse nahm er Anteil an allen öffentlichen Dingen seiner Heimatstadt, und die TH steht nun einmal unausweichlich und unwiderleglich auf einem exponierten Platz der öffentlichen Aufmerksamkeit in Aachen. Als Physiker bringt er über dies für sein Thema eine spezielle Fachkompetenz mit; sie wird ergänzt durch seine lokalhistorischen Detailkenntnisse, die er in den Jahren seines Ruhestandes durch minutiöse Studien noch vertieft hat.
Vor allem aber, Hubert Geller ist ein (jüngerer) Vetter jenes legendären Dozenten Werner Geller, der in den Tagen des völligen Zusammenbruchs teils durch Zufall, teils durch Heimatstolz und Trotz der Zwangsevakuierung entgangen war und den Einmarsch

der Amerikaner unversehrt und ungefährdet überstand.Als einziges in Aachen verbliebenes Mitglied des Lehrkörpers der Technischen Hochschule ist dieser Vetter des Autors zum ersten Ansprechpartner für die Besatzungsoffiziere geworden, als es um eine Bestandsaufnahme dessen ging, was von den Strukturen und Baulichkeiten der TH denn noch vorhanden war und sich für einen Neuanfang eignen könnte.

Dozent Werner Geller erwies sich als ein Glücksfall für die TH Aachen in den Tagen und Wochen ihrer schlimmsten Not, als ihre Substanz nach allen Himmelsrichtungen ausgelagert war und ihr schieres Überleben (75 Jahre nach ihrer Gründung) zur Disposition stand. Mit zupackender Hand brachte er die ersten überlebensnotwendigen Aktivitäten in Gang. Dem Autor war er später in allen Fragen eine Informationsquelle erster Hand.

Hubert Geller war dann nach dem Kriege von Anfang der 60 - er Jahre an selbst als Kustos und später als akademischer Direktor des III. Physikalischen Instituts ein Mitglied der Hochschule und hat über drei Jahrzehnte hindurch daran mitgewirkt, dass an der Rheinisch Westfälischen Technischen Hochschule Aachen sich die Physik wieder nicht nur einen geachteten, sondern sogar bewunderten Platz in der Weltspitz der physikalischen Forschung eroberte.

Möge dieses sein Buch eine gute Aufnahme finden.

Dr. Dieter Rein
Aachen

Inhaltsverzeichnis

Die Geschichte der Physik an der TH Aachen im Chaos des 2. Weltkrieges

Ich habe die Erfahrung gemacht, dass das Leben inmitten der Zerstörung weitergeht, und es muß daher ein Gesetz geben, das über dem Gesetz der Zerstörung steht.

Nur unter diesem Gesetz ist eine geordnete Gesellschaft denkbar, ist das Leben lebenswert.

Gandhi[1]

Einleitung

Mit diesem Motto erhielt ich zu meinem 65. Lebensjahr ein Dokument über die schlimme Zeit vom 10.09. - 30.12.1944 mit der Bemerkung „Physiker können auch Historiker sein“[2], auch, wenn man als Nichthistoriker Geschichte nicht wie ein Historiker schreiben kann!
Das gab mir den 1. Impuls, etwas darüber zu berichten, was ich in diesen Zeiten erlebte. Wie Recht hatte doch auch Schiller, als er in „Wilhelm Tell“ den sterbenden Freiherrn zu Attinghausen seine letzten Worte hauchen ließ, in dem dieser dem jungen Sohn, Walter Tell, segnend die Hand aufs Haupt legte:

‘Neues Leben blüht aus den Ruinen’ [3].

---

1 Franz Joseph Küsters *‘Heute vor 50 Jahren. Der zweite Weltkrieg zwischen Maas und Rhein’*. Seite 2: Motto Gandhi, zitiert von Dr. Kim.

2 ebd. Seite 1: Glückwünsche der Kollegen: Bjong Ro Kim, Hans Genten und Hubert Schulz, Mitarbeiter am Phys. Institut IIIA.

3 Schiller in : Wilh. Tell, 4. Aufzug, 2. Szene: *Auf Edelhof*: Verse: 2314-2452, handauflegend zum jungen Tell, Verse 2424 - 2427: ***‘Aus diesem Haupte, wo der Apfel lag, wird euch die neue, bessre Freiheit grünen; Das Alte stürzt, es ändert sich die Zeit, Und neues Leben blüht aus den Ruinen’.*** Das klingt wie ein Gebet, ein Postulat und Schwur des alten Attinghausen, dann sterbend Vers 2451 an alle: ‘ ... *Dass sich der Bund zum Bunde rasch versammle -- seid einig --- einig ---- einig ----*’

Angesichts der hohen Schuttberge fiel es mir 1945 sehr schwer, daran zu glauben; aber ich tat's. Wie mir wurde von Vielen später auch in ihren Lebensgeschichten bestätigt, dass sie in größter Not Rettung erfahren haben. Man darf eben die Hoffnung nie aufgeben, mag das Chaos noch so groß sein.

Die 2. Anregung dazu gab mir wenig später mein Nachfolger im Amt, Dr. Dieter **Rein**, indem er mich sogar ausdrücklich bat, Erinnerungen an die dunkelste Zeit des vorigen Jahrhunderts niederzuschreiben, über das wohl andere kaum schon etwas gesagt haben könnten und somit auch über das, was ich vielleicht noch über Physik zu berichten weiß, was vorher war und was später daraus wurde. Jeder Augenblick hat eine Zukunft, die einer Vergangenheit entspringt!

Natürlich ist zwischenzeitlich auch in anderen Arbeiten das Thema berührt worden, z. B. von Dr. Rüdiger **Haude** in *'Dynamiken des Verharrens, die Geschichte der Selbstverwaltung der RWTH Aachen seit 1945'*[1] und Dr. U. Kalkmann in '*Die TH in der Zeit des Nationalsozialismus von 1933 bis 1945'*[2] - allerdings jeweils vornehmlich unter politischen Aspekten. Das kann auch ich nicht ganz vermeiden, und ich finde, das gehört dazu, vor allem, wenn namhafte Naturwissenschaftler der TH Aachen die Härten des NS-Regimes schon früh zu spüren bekamen und andererseits die Frage nach '*Wehr-Wissenschaftlischer Forschung*' im Raume steht.

In *'Kurze Geschichte der Physik an der RW TH Aachen'* berichtete **Dr. D. Rein** nur über das Fach, wobei er besonders betonte, dass die seit Ende des 19. Jh's. von Adolf Wüllner vorgegebenen Untersuchungen der Kathoden- und Kanalstrahlen bis in die letzten dreißiger Jahre kontinuierlich immer weitergeführt wurden. Und so vermachte schließlich 1941

1 Dr. Rüdiger Haude: 'Dynamiken des Beharrens. 'Die Geschichte der Selbstverwaltung der *RWTH Aachen seit 1945.* Ein Beitrag zur Theorie der Reformprozesse'. ALANO Verlag, Kongreßstr. 5, D - 52070 Aachen, 1. Auflage - 1993 , ISBN 3-89399 186-7, Zugl.: Aachen, TH, Diss., 1933.

2 Dr. U. Kalkmann: 'Geschichte der RWTH Aachen während des Nationalsozialismus von 1933 bis 1945'. Im Druck. Diss. 2000 U. Kalkmann. Er hat auch an Lebensbildern von Naturwissenschaftlern der TH jüdischer Abstammung mitgewirkt.

Prof. Dr. **Hermann Starke**[1] dieses Forschungsgebiet Herrn Professor Dr. Ing. **Wilhelm Fucks.**

Professor **Theodor von Kármán** beerbte Professor Fucks ebenfalls, jedoch mit einem anderen Thema, das sich zwar um die vorige Jahrhundertwende in der Physik entwickelt hatte und dann sehr bald in der **Aerodynamik** eine eigene technische Disziplin bildete, der Industrie diente für neue **Messtechniken** die Physik jetzt aber noch einmal in Anspruch nehmen sollte.

Also veranlasste die Frage nach der **Entstehung von Wirbeln** - mit all ihren unterschiedlichsten von Th. v. Kármán beschriebenen Erscheinungsformen - Professor **Fucks** vermöge seiner hervorragenden Kenntnisse auf dem Gebiet der **Elektrotechnik** ein neuartiges **Windgeschwindigkeitmessgerät** zu entwickeln.
Da sich Physik andererseits auch auf mathematische Modellrechnungen stützt, wurden die Aachener Mathematiker Prof. Dr**. Franz Krauß**, (Dekan der Nat. Wiss. Fakultät) und Prof. Dr. **Robert Sauer** zwangsläufig zusammen mit Prof. **Wilhelm Fucks** weit weg von Aachen ins stille Land des Kreises Biberach evakuiert. Die Verbindung dieser beiden Fächer ist nicht neu; gab's doch schon Anfang des 20. Jahrhunderts in Aachen ein eigenes Lehrgebiet „**Mathematische Physik".**

Herr **Hans Hutzel**[2] aus Ummendorf, Verfasser einer Ummendorfer Geschichte während der NS-Zeit, erzählte zusätzlich etwas über den dortigen Aufenthalt unserer Aachener Wissenschafter während der Kriegsjahre ab 1943. Er überließ mir einen Bericht von **Fucks** und **Kettel** über deren Messungen mit der **Kármánn'schen Wirbelstraße.**

Als ich zu schreiben begann, entsann ich mich der Gespräche mit meinem Vetter **Werner Geller**, der als einziger Hochschullehrer 1944 in Aachen blieb, dadurch sich um Schutz und Wiederaufbau der Institutseinrichtungen nach der Befreiung Aachens durch die Amerikaner be-

---

1 Dr. Dieter Rein: 'Kurze Geschichte der Physik an der RWTH Aachen'. Shaker Verlag Aachen 2002, TZ. Kohlscheid.

2 Hans Hutzel: '*Ummendorf in der Hitler- und Franzosenzeit 1933 bis 1948*', Bieberacher Straße 70, 88444 Ummendorf, Gesamtherstellung: Schussen-Druck, Gebr. Frick, Bad Schussenried

mühen und die Rückführung der Institute ab Frühjahr 1945 unverzüglich veranlassen konnte. Er wurde neben Prof. Dr. **P. Röntgen** und OB **Dr. W. Rombach** Mitglied des **Dreier-Ausschusses** der TH.

Ich erinnerte mich an **Physiklehrer des KKG**, die im engen Kontakt zur Hochschule standen.

Und in Erinnerung an meine eigenen persönlichen Erlebnisse und damaligen Gespräche mit Zeitzeugen versetze ich mich jetzt noch einmal **in** das **Chaos** der Kriegswirren hinein, das für Aachen und somit auch für die Hochschule grauenvoll war. Schon vor dem großen Krieg schlich das Chaos langsam heran, was mit der Entfernung nichtarischer Professoren aus ihrem Amt begann. Es war plötzlich da, griff unaufhaltsam um sich und - die Physik musste sich in ihm behaupten. Sie tat's, die Gesetze der Natur aufdeckend wie eh und je, neue Wege weisend zu größerer Erkenntnis, auch wenn diese damals geheim bleiben mußte!

Schließlich wird dargestellt, was die bislang wenig bekannten Arbeiten von Professor Fucks mit den Entwicklungen modernster Messtechniken in der Nachkriegszeit gemeinsam haben, ohne dass für sie ein literarischer Zusammenhang konkret nachweisbar zu sein scheint.

Dies und andere Fragen bleiben offen.

Das Ende der Physik in Aachen

Erinnerungen an unsere letzten Tage in Aachen[1]

Am Morgen des 14.09.1944 versuchte Herr **Leo Stens**[2], unser Mieter in der Josefstr. 3 [3] und Luftschutzwart unseres Bezirks, mit meinem Vater zu einer Lagebesprechung der Notverwaltung in den Keller des Quellenhofs zu kommen. Sie waren jedoch schon nach kurzer Zeit wieder zurück, weil wegen des Artilleriebeschusses die Heinrichsallee nicht zu passieren war.

Auch hatte eine Granate, während ich die Treppe in den Stollen unter dem Adalbertswall hinunterlief, ein Loch in die Südwand des **Soermondt Museums** geschlagen. Ihre zerstörenden Splitter hatten dabei eine Frau auf dem Balkon des gegenüberliegenden Hauses, Wilhelmstraße Nr. 27, dem Haus des Fabrikanten **Hochgreff** [4]getötet. (Abb. 1)

Abb.1: ehem. Haus Hochgreff, Wilhelmstr. 27 heute[4] , damals tropfte das Blut vom Balkon auf den Gehweg. Nun zieren Lorbeerbäume die Balkonecken !

Danach wurde es etwas ruhiger. Das angsteinflößende Fauchen der

---

1 H. Geller : Berichte an Stadtarchiv AC , Fischmarkt, vom 17.1.1970 über: *„Aachens bitterste Zeit“* ; sowie meine Ergänzung vom 24. 02. 1981.

2 RWTH Aachen: Vorlesungsverzeichnis 93/94: S. 70 u. 156: <sein Enkel Dr. **Rudolf** Leonhard **Stens** ist seit 6. 2. 87 apl. Prof. am Lehrstuhl A für Mathematik>, so wie ebd.: Fernsprechverzeichnis der RWTH 02/03 , S. 74 unten.

3 AC Adreßbuch: Ausgabe 1935, S.131, Straßenverzeichnis Josefstr. 3 ; ebd.: S. 349, Namensverzeichnis, **Stens Leonhard**, Rechnungsbeamter.

4 ACAdressbuch: ebd.: S.301, Straßenverzeichnis, Wilhelmstraße 27, **Aufnahme: H. Geller, Bild** -Nr.: 1; Neg.-Nr.: X.

Granaten verstummte; vermutlich wegen des Befehls des Grafen von Schwerin vom 13.09.1944, die Evakuierung Aachens zu stoppen, d.h. bis zu den Höhen östlich von AACHEN, zurückzunehmen[1].

Bereits am Spätnachmittag des 12.09.1944 hatten GI's den **Pelzerturm,** mit 358 m Aachens höchster Punkt, erreicht[2] Die **Westwallbunker** wurden von den Amerikanern schon besetzt, u. a. als erster der am unter-en **Klausbergweg**, der nicht gesprengt wurde. In ihm nisten nun laut Forstamt AC[3] **Fledermäuse**. Also hat sich aus dessen Ruine inzwischen 'neues Leben' entfaltet (Abb.2).

Aufnahme: H. Geller

Abb. 2: 1. Westwallbunker am Klausbergkopf-Weg in ameriknischer Hand, nahe Entenpfuhl[4].

Am Aachener Waldwegekreuz **Revier - und Merlepütz - Weg** sind heute noch eingefallene **Schützengräben** sichtbar, die deutsche Soldaten fluchtartig verließen, und dadurch den Amis ihren Weg zum Pelzerturm freimachten. Eine Bank vor diesen Gruben lädt jetzt noch darüber zur Besinnung über Krieg und Frieden ein.

1 AVZ Nr. 284: Sa., den 6. Dez. 1980, Wochenendbeilage; *„In Aachen erschrak der Graf von Schwerin"*, von Redakteur Wolfgang **Paul.**
2 Dr. Poll: *Aachen in Zahlen*, Seite 336, 12. bis 14. Sept. 1944.
3 Forstamt: AC: Tel. 63001, Monschauerstr.12.
4 H. Geller : Private Photosammlung: Bild - Nr.: 2; Negativ - Nr: 3.

Mit dem „Fähnlein Tannenberg" war ich bis zur letzten Minute abkommandiert, tiefe Gräben auf den Wiesen hinter den Zollhäusern an Köpfchen als **Panzerfallen** zu schaufeln. Aber auch diese haben den Amerikanern ihren Weg in den Aachener Wald nicht verwehren können! Aufregend für uns war nur, als am 11. Sept. insgeheim die Meldun durchsikkerte: „die Amerikaner sind schon in Eupen". Fluchtartig brachten uns am Spätnachmittag **Raupenschlepper** der Wehrmacht in die Stadt zurück. Als wir am 12.09. vom Bahnhof nicht mehr evakuiert werden konnten, sahen wir, wie an der **Zollamtstraße** Güterwagen mit Lebensmitteln geplündert wurden. Aus dem Weinkeller von Nagel & Hoffbaur im Hochhaus kamen Frauen und fielen betrunken auf die Hackländerstraße.

Militärkolonnen rasten die Wilhelmstraße hinunter. Ein einziges Chaos.

So überraschte uns am 14.09.1944 nicht mehr die Meldung, die Amis stünden schon 2 Tage im Aachener Wald! Sie waren offensichtlich genauso ratlos wie wir!

Für uns war nur unerklärlich, dass sie nicht schon längst bei uns waren. Herr Stens als Verwaltungsbeamter der Aachener Kleinbahn AG meinte: *„Wir haben doch Straßenbahnzüge auf* ***'Waldschenke', 'Köpfchen' und 'Siegel'****. Die Amerikaner brauchen sich nur hineinzusetzen und die Bremsen zu lösen, dann sind sie doch auch ohne* ***Strom*** *sehr schnell an St. Jakob, in Diepenbenden oder auf dem Burtscheider Markt".*

Nach dem Krieg erfuhren wir, dass die Amis den Wagen der **Linie 13 auf Siegel** in der Tat mit Sprengstoff beladen (Abb. 3) und zum Scherz gestartet hätten; er sei in der Linkskurve am Friedhof Heißberg entgleist, und die Sprengladung daraufhin dort detoniert[1].
Das nächste Bild hier zeigt die von den Amerikanern zur „V 13" erklärte 'echte' Vergeltungswaffe.[2]
In der Feuerpause ging ich zur Wilhelmstraße und sah die Blutlache auf dem Bürgersteig unter Hochgreffs Balkon, während Herr Stens und mein Vater erneut zum Quellenhof gingen. Dort sollte mein Vater betraut wer-

1 Fr. Jos. Küsters: Ebd. S. 34, 2. Abs., 15. Oktober 1944 (So)
2 Stadtarchiv: **Vergleiche** auch **„Die Amis sind da"**, Whiting & Trees: Wie Aachen erobert wurde Sonderdruck der AVZ, 2. verb. Auflage, 11 - 15.000, 1975, S. 140 / 1412, Genehmigung vom 10.05.2003, sowie Credit of Stars & Stripes siehe speziell Seite -14-, Fußnote 1 .

Aufnahme: Stars & Stripes

Abb. 3: Linie 13 wird bei Siegel soeben mit Sprengstoffbeladen[1]

den, in einigen Schulen Notquartiere einzurichten für durch Granatbeschuss obdachlos gewordene Bürger.
Auf dem Weg zum Quellenhof trafen mein Vater und Herr Stens in der Monheimsallee meinen Vetter, Herrn Dr.-Ing.Werner Geller (Abb.4) Dozent am Institut für Metallhüttenwesen[2].
Er war aus der Stadt unterwegs zur Wohnung im Haus **Rouette**[3] (Abb. 75b, S. -156-) Soerserweg o. Nr.! Dort stand schon ein LKW beladen mit seinem Hab und Gut, startbereit für seine Flucht aus Aachen. Als mein Vater ihm sagte, dass Aachen nicht weiter verteidigt würde[4], entschloss sich Werner spontan, ebenfalls in Aachen zu bleiben. Er ging schnell nach Hause, um den LKW sofort entladen zu lassen.

---

1 Stadtarchiv: Schr. V. 10. 05. 2003. Bild-Nr 3,Neg.Nr.: E 313, Neg.-Nr.: T847/27 Stars & Stripes, U.S. Forces 1944; Zeitungsvlg. Verwaltg, Flughafenstr. 4319, 64347 Griesheim, Tel. (O6155) 601-223, Photo-Copyright-Kredit, US-Army, erteilt am 1.6.2004 durch Redakt. Assistentin Monika Koch., sowie für alle anderen Star&Stripes Fotographien. Photograph leider für alle Vuilde unbekannt.

2 ATHAC: **Archiv der RWTH Aachen**. Ex: 72/48. Vorlesungsverzeichnis 44/45, S. 60 Abteilung für Hüttenkunde; S. 64, Dozent Dr. Ing. habil. Werner Geller.

3 AC Adreßbuch: Ebd.: S. 264, Straßenverzeichnis, Soerser Weg o. Nr. Doppelhaus: links Schlösser/ rechts **Rouette** (Erdgeschoss: Werner Geller).

4 AVZ, Nr 284: Sa. 6.Dez. 1980 von Wolfgang **Paul**: *„In Aachen erschrak der Graf von Schwerin“*, 4. Absatz. Vergl. S. -12 - Fußnote 1.

Indes ging mein Vater zur Notverwaltung in den Quellenhof hinein. Er erzählte uns am Abend nach der dortigen Besprechung, dass Werner mit seiner Familie gerne seine Stadtrandwohnung vorübergehend aufgeben wolle und zu uns in die Josefstraße kommen möchte, weil er sich hier sicherer fühle, bis die Kämpfe um Aachen zu Ende seien. Das hatte mein Vater ihm zugesagt.

Abb. 4: Hubert Geller sen. mit seinem Neffen Werner Geller am 28.07.1940 in Neuß[1]

Am nächsten Tag aber überschlugen sich die Ereignisse nach dem Motto:

1. kommt es anders,
2. als man denkt !

Am Freitag, den 15.09.44, empfing SS die Herren der Notverwaltung vor dem Quellenhof und transportierte sie auf Raupenschleppern zum Verhör zur nach Würselen geflüchteten Kreisleitung. Man warf den Mitgliedern -meistens Beamte- Fahnenflucht vor, über die ein Standgericht zu entscheiden habe.
Die Verhaftung hatte die 15 jährige Resi **Stens** aus sicherer Entfernung in der Monheimsallee beobachtet und kam am späten Vormittag schreiend in unser Haus gestürzt:
„SS hat unsere Väter verhaftet! Sie *sind abtransportiert worden !*
Ich weiß nicht wohin!"
Für meine Mutter und mich begannen die **schrecklichsten** Stunden **- -.**

Aber am Spätnachmittag, kreidebleich, verschüchtert, versteinert und stumm standen Herr Stens und mein Vater in unserem Flur.
Nach langem Schweigen erfuhren wir - uns weinend in den Armen liegend - was alles geschehen war.

1 H. Geller:: Private Fotosammlung. Die Aufnahme entstand im Garten des Vaters von Werner Geller, RA Johannes Geller, Neuß, am 28.07.1940.

Dr. **Kuetgens,** der noch Tage zuvor von OB Quirin Jansen zu seinem Stellvertreter bestimmt wurde, hatte sich als Wortführer der Notverwaltung gegen den Vorwurf der Fahnenflucht gewehrt, in dem er den Spieß einfach umdrehte:

„Wer hat Aachens Bevölkerung verlassen? Herr Schmeer, Herr Jansen! ***Sie** oder **wir** ? Eine Evakuierung* (Nach Poll: 13.9.44 ca. 25 - 30 000 Menschen)[1] *gab es seit 3 Tagen nicht ! Wer den Fahneneid gebrochen hat, sind Sie! Wir waren bereit, in Aachen weiter für Ruhe und Ordnung zu sorgen! Die Treue zu halten, bis zum letzten! Wenn einer vor ein **Kriegsgericht** gehört: Wir nicht !"*

Mit solch scharfsinnigem und unwiderlegbarem Argument waren die angeblichen 'Deserteure' entlastet und wurden unter der einen Bedingung wieder auf freiem Fuße zu ihren Angehörigen zurückgeschickt:

*„Noch in dieser Nacht zwischen 1.00 und 3.00 Uhr halten an allen Sammelstellen, Bunkern, Stollen und dergleichen genügend Busse. Dann **müssen** Sie Aachen verlassen!"*

Und so sprach mein Vater zur Mutter die schwerwiegenden Worte:

„Lenchen, jetzt müssen wir fort von hier !"

Dabei wollten wir uns doch in unserem Keller versteckt haben. Aber nun: Wohin? Das Damoklesschwert über uns? In ein Konzentrationslager? Wir allein oder in einem Sammeltransport?

Wir fragten uns: Wie sollte ein Transport aus Aachen für Tausende Leute überhaupt funktionieren? Für diese Menge schien das doch ein schier unlösbares, logistisches Problem? War das Versprechen der Kreisleitung nur eine Finte für die Mitglieder der Notverwaltung? Also zögerten wir noch in Angst vor unserer ungewissen Zukunft!

Es war Samstag, **der 16. September 1944 2,00 h; nachts** !

Die Würfel waren gefallen. 3 Busse fuhren vor die 2 Eingänge des 'Stollens' unter dem Adalbertswall, vor dem wir geduldig gewartet hatten.

In der Nacht transportierten jede beliebige Menge Busse von den Bahnhöfen Jülich und Düren „frische" Soldaten an die Front bei Verlautenheide[2]. Was dann? Die Fahrzeuge wurden, bevor sie wieder nach Düren und Jülich zurückkehrten, nach Aachen in die Stadt hinein dirigiert, um die dort vor den angekündigten Sammelstellen wartende Bevölkerung über die einzige noch halbwegs 'offene' Ausfallstraße, die

---

1 Dr. Poll: Aachen in Zahlen: S. 336, 1944 13. Sept. 2. Absatz

2 Küsters: S.13, 16. September 1944(Sa), vorletzter Absatz: 'Verlautenheide und Atsch (Stolberg) werden von den frischen deutschen Truppen zurückerobert'.

Krefelderstraße, aus Aachen zu schaffen. Denn die Amerikaner standen von Süden her jetzt schon vor Eilendorf.[1] Sie blockierten bereits die Bahnline nach Köln! Wir konnten nur noch vom Bahnhof Mariadorf über Neuss nach Mitteldeutschland gelangen. Mein Vater hat all dies oft später immer so erzählt.[2]

In einer wahren Odyssee[3] kamen wir zunächst nach Listerfehrda bei Wittenberg. Dort organisierte mein Vater eine Dankmesse in der evangelischen „Pfarrkirche" für die evakuierten Aachener; denn in der Diaspora gab es für eine so große Zahl der geflüchteten Katholiken aus der Umgebung von „St. Adalbert" keinen geeigneteren Kirchenraum. Es war ein echtes erstmaliges ökomenisches Ereignis.

Von da flüchteten wir nach **Sagan**, um uns einer etwaigen Verfolgung durch die NSDAP oder dergleichen zu entziehen.Von dort flohen wir mit dem letzten Zug im Februar 1945 vor den russischen Truppen über Leipzig - und Gott sei dank nicht über Dresden - nach Halle. Nach Tagen erst gelangten wir über Magdeburg nach Warendorf, um am 8.6.1945 endlich wieder in Aachen anzukommen. Neun Monate lang hatten wir ein furchtbares Chaos erlebt! Zuhause erfuhren wir dann von Werner, was in Aachen alles geschehen war. Unter anderem das, was nach dem Krieg zum Teil auch die Reporter Josef **Küsters** und Wolfgang **Trees** und besonders Archivdirektor Dr. **Poll** inzwischen mit Zahlen belegt haben:

Ab 16. September 44 kamen insgesamt noch 14.800 Kämpfer der 12. Infanterie-Division, die von Hitler persönlich in Ostpreußen für die Westfront bei Aachen zusammengestellt[4] worden waren. Eine ähnlich große

---

1 Küsters: S.12, 15. September 1944 (Fr), 'Die Front verläuft am Abend von Vaals und südlich von Burtscheid auf Eilendorf zu und von dort weiter über Büsbach, Zweifall sowie östlich von Rott und Lammersdorf.... Massaker durch US-Jagdbomber auf Zug bei Nothberg'.

2 H. Geller: Siehe Seite - 8 - Berichte an Stadtarchiv, Fußnote 1, ebd. Bericht vom 17.1.1971 Seite 3, Abs. 2.

3 H. Geller: Odyssee, Die Flucht von West nach Ost und wieder vor den Russen zurück. Zum 27.01.2000 meiner Familie überreicht, am 45. Jahrestag der **Befreiung des Konzentrationslagers Auschwitz** durch russische Truppen.

4Küsters: S.13, 16. September 1944 (Sa), 2. Absatz, 'Insgesamt 14.800 Mann, die in Düren und Jülich ausgeladen und sogleich in allen verfügbaren Bussen an die Front gebracht werden, vorwiegend in den Raum Stolberg, wo der amerikanische Druck am stärksten ist'.

Zahl an Aachener Einwohner konnte deshalb ab diesem Tage mit den o. g. Bussen noch in letzter Minute evakuiert werden. So sank mit dieser Aktion in Nacht und Nebel Aachens Einwohnerzahl von am 12. Sept. geschätzten rd. 25000[3] auf ca. 10000 Aachener[1], die sich in Kellerlöcher verkrochen.Von diesen wurden bis Anfang Oktober noch etliche tausend aufgestöbert und meist auf Militärfahrzeugen vom Quellenhof zum Bhf. Jülich abtranportiert, um Mitteldeutschland zu erreichen. Z.B. Familie Vorhagen aus dem Keller des Hauses Mispelbaum Adalbertsteinweg Nr.15; am 19.09.44, oder aus der Orsbacherstraße, Laurensberg, am 20. 09.1944 Familie Hischer.

Von **unserem** Dilemma hatte Werner Geller nichts mehr erfahren, bis wir 1945 in Aachen wieder vor unserer Haustüre in der Josefstraße standen. Hier hatte er ein Schild angebracht, kartonstark etwa DIN A 4 quer, das den Schutz unseres Hauses mit folgendem Text unter amerikanische- **und** TH - Hoheit stellte, nachdem er aus der Josefstraße zurück in die Soers gezogen war: „ OFF LIMITS “

This house is protected from USA army
For the District-Comandant
Technical Highscool Aachen The Administrator
The Kustodian Major
gez.: Geller gez.: **Bradford**[2]

Gleiche Schilder waren an sämtlichen Eingangstüren der TH-Institute von ihm, dem schon im November 1944 durch die amerikanische Militärverwaltung bestellten **Kustos** der Hochschule, angebracht. Major Bradford war stellvertretender Stadtkommandant Aachens und hat in dieser Funktion Dr. Rombach als designierten OB für Aachen im Mai 1945 aus dem Sauerland geholt.[3]

Wie streng dieses „Off Limits“- Gebot gehandhabt wurde, beschrieb

1 Küsters: S.12, 15. September 1944 (Fr), ‘Bald hat Aachen von einst 160 000 Bewohnern gerade noch 25 000’ (Aber am 12.9.44!) . Siehe auch Direktor Poll: „Aachen in Zahlen“ Seite 36, 4.Absatz, 13. September 1944, hier Fußnote 1 auf Seite -16-

2 Küsters: S.42, 21. Oktober 1944 (Sa), rd.’6000 Zivilisten werden am Tag der Kapitulation und an den folgenden zu Fuß ins Internierungslager Brand (Lüttzow - Kaserne in Krummerück) geleitet, einige Gruppen auch ins belgische Barackenlager Homburg’.

3 H.Geller: Private Notiz: Major Bradford schätzte Geller seit der Begegnung im Lager Lützow-Kaserne, wo W. Geller ihm seine Soerser Wohnung anbot, während er selbst sofort in die Josefstraße entlassen wurde! Major Bradford holte auch Rombach aus dem Sauerland als Oberbürgermeister von Aachen zurück, der mit Geller und Röntgen im Mai 45 Mitglied des „Dreierausschusses“ wurde. (Vergleiche hierzu auch: Hans **Siemons:** *„Zwischen den Schlagbäumen“*, Seite 100) <Vereidigung von Rombach am 5. 5. 1945>

Dr. Wittmoser als Mitarbeiter des Gießerei-Instituts in der Intzestraße 1 : *„Eine Inspektion der Räume konnte nicht vorgenommen werden, da* ***durch die Militärregierung der Zutritt verboten*** *war“.*[1] In dieser Notiz sind auch die Zerstörungen von TH-Inventar, insbesondere auch die Vernichtung der in die „Eilendorfer-Westwallbunker“ ausgelagerten wertvollen Zeitschriften der TH-Bibliothek erwähnt, für die offensichtlich das OFF LIMITS - SCHILD nichts genutzt hatte. Auch Dr. Geller, der aufgrund des zufälligen „familiären Treffens“ mit meinem Vater in der Monheimsallee am 14.09.44 in Aachen blieb, hat dies nicht verhindern können.

Im Stadt-Archiv Aachen sowie im Haus der Geschichte in Bonn sind ähnliche ‘Off Limits’ Schilder, die dem Schutz von Wohnungen der Zivilbevölkerunge dienten, konserviert.

Abb. 5a: ‘Off-Limits’ Schild konserviert im Stadt-Archiv Aachen[2]

1 Wittmoser: ATHAC, ex 91, Aktenvermerk des Dr.Ing. A. Wittmoser vom 16. Mai 1945 zu einem Schreiben des Gießerei-Instituts vom 11.Mai 1945 an Dr. Ing. Geller, Wüllnerstraße 2.

2 ‘Off Limits’: Archiv der Stadt Aachen, Das Bild ist in einem Rahmen hinter Glas konserviert. Frau Dipl. Archivarin M. Dietzel hatte es eigens für diese Arbeit ablichten lassen., Gebührenrechnung vom 09.04.2003, Anschrift Fischmarkt 3, D –52062 Aachen.

Off Limits

Eintritt verboten

(für Alliierte Truppen)

These premises are occupied by German civilians.
Diese Gebäude sind von deutschen Zivilisten bewohnt.

NAMES AND AGES OF OCCUPANTS:
Name und Alter der Bewohner:

Name	Alter	Name		Alter
		von Trieft	for	Koether 80 years
Schmitz Jean	84 years	von Trieft	for	Muno M.
Schmitz Wilhelmine	70 years	Waltraud v. Trieft	for	Muno H.

and 14 other persons

By Order of: Military Government
Auf Anordnung de: Militär-Verwaltung

Abb.5b: ‘Off Limits’ - Schild archiviert im Haus der Geschichte Bonn Nr.2001/08222.[1]

1 ‘Off Limits’: Haus der Geschichte der Bundesrepublik Deutschland; Eb,- Nummer 2001/08222, Schreiben vom 07.04.2003, Ltd. Registrar Volker Thiel, Gebührenrechnung Nr.: III. 3/Th/070403-03. Mit Titel: *„Off Limita“* verfaßte Hans **Simons** nach einer Serie der AVZ das Buch: *“Alliierte Besatzung 1944-1947".*

Aktivitäten in der Physik während des Krieges

Der wichtigste Vertreter der Physik in Aachen ab Anfang der 40-ger Jahre war **Prof. Dr.-Ing. W.Fucks.**

Sein Leben wurde wohl sehr stark geprägt durch seine Anstrengungen, in „schlimmer Zeit“ zu überleben. Er war jung und wusste um das Schicksal anderer Wissenschaftler im NS Regime.Es wird deshalb sein Lebenslauf beschrieben, der seinem physikalischen **Wirken** entspringt, genauso wie ich dies für anderen Naturwissenschaftler und Physiker Aachens in und vor dieser Epoche handhabe:

„Ab dem Wintersemester 1943/44 hat er seine Kollegs nur noch in jeweils drei vierzehntägigen Kursen abgehalten“[1]

Davor lag das noch nicht so sehr an Kriegsereignissen, sondern mehr an seiner ‘intensiven’ Forschungsarbeit und besonders an den damit verbundenen häufigeren und längeren Dienstreisen: Zum Beispiel übernahm für die „Abwesenheit“

‘ab Montag, den 04.05.42, auf unbestimmte Zeit nach Torino, Bemberg, Parma und Modena, Prof. Dr.**R. Sauer** die Instituts-Leitung’[2]. ‘Für die Reise zum Abschluss der Versuche ...in Berlin Charlottenburg ab 31.07.1942 vertrat Prof. Dr. **Rogowski** Fucks in der Leitung des Instituts’[3], und während der Dienst-Reise[4] *„vom 25.03.43 bis Anfang Mai 1943 nach Padua, Istituto di Fisica, per Adresse Professor Dr. A. Rostagni, Via Marzolo 8, übernahm Prof. Dr. - Ing. Dr.-Ing. e.h. W.* Rogowski *auch wiederum die Vertretung der Leitung des Instituts“* **und**

Fucks bestimmte darüber hinaus:

„Herrn Dipl. Ing. ***Schumacher****, der mit allen Einzelheiten der Arbeiten des Instituts vertraut ist, habe ich Weisungsrecht für sämtliche Institutsangehörigen gegeben. Herr Schumacher ist mir für die Durchführung eines aufgestellten Arbeitsplanes für*

1 Kalkmann: ‘*Die TH während des Nationalsozialismus 1933 bis 1945*’, S. 211 letzter Satz bis S.212 oben .

2 Fucks: ATHAC, ex PA **1505**, S. 103, Schreiben an Rektor vom 3. 5. 42, Mitteilung über Abwesenheit vom Dienstort mit Adressenangabe zur Italien-Rundreise. Prof. Dr. Robert **Sauer** war Direktor des Instituts für angewandte Mathematik an der TH Aachen.

3 Fucks: Ebd. S. 104, Schreiben an Rektor vom 30. Juli 1942, Adresse Steinplatz-Hotel, ‘Zeitpunkt des Abschlusses der Versuche kann ich zur Zeit noch nicht übersehen.’.

4 Fucks: Ebd. S. 105, Schreiben an Rektor vom 19. März 1943, 2. Italienreise, Padova

die Zeit meiner Abwesenheit verantwortlich"

Fucks war fast ständig auf Vertretungen von Kollegen oder Hilfen der Assistenten angewiesen. So hatte **Fucks** den Assistenten, Dipl. Phys. **Friedrich Kettel**, schon 1940 während seines Berlin-Aufenthaltes mit der Vertretung im Institut für theoretische Physik beauftragt,[1] dessen Direktor er als apl. Professor seit 1.1.1938 war.[2]
Vom 1.8.1943 – 31.10.1944 beschäftigte Fucks Frau Dr. **Anna Heinen**, einen Tag nach ihrer Promotion, in seinem Physikalischen Praktikum auf einer Stelle des von ihm vertretenen Lehrstuhls für Theoretische Physik als wissenschaftliche Hilfskraft.
Sie war am 9.11.1906 in Würseln geboren und begann ihr Studium 21.10.1927 an der TH Aachen, Fak. I, Matr.Nr. 8696. Nach dem Kriege war sie Wiss. Hilfskraft von 1.10.1946 – 31.12.1949 am Lehrstuhl für Exp. Physik und dort von 1.1.1950-15.6. 52 Verw. einer Assistentenstelle bevor sie letztlich doch Wiss. Assistentin wurde. Sie verstarb am am 5.8.1998 in Aachen.[3]

Aufnahme: Fotoarchiv H.Geller
Abb. 6: Frau Dr.A.Heinen 1955

Außerdem lehrten damals die Dozenten Dr. **Kirschbaum** Photographie I bzw. II und Dr.- Ing. **Matthias Nacken** Strahlenkunde. Das waren interessante Vorlesungen, aber in den Kriegsjahren für **Fucks** nicht die gewünschte Hilfe in **seiner** Experimentalphysik. **Nacken** vertrat ihn zwar während seiner Verpflichtungen in Berlin-Charlottenburg im Praktikum bis Ende 40, aber das war es auch schon. Bemerkenswert ist, dass sogar der emeritierte Institutschef, Prof. Dr. Hermann **Starke**, Fucks in Experimentalphysik 1940 ab 3. Trisemester noch einmal vertreten musste.[4]
Als Fucks zu dem von ihm besetzten ehemaligen Seitz Extraordinariat für Theor. Physik auch noch das Starke'sche Institut für Experimentalphysik am 1. Mai 1941 übernahm, lagen für eine Weile Theorie und Ex-

1 Fucks: Ebd. S. 67, Schreiben an Rektor vom 24. April 1940, Phys. Inst. TH – Berlin-Charlottenburg, Kurfürsten-Allee 20-22. Bestellung des Wiss. Assistenten Friedrich **Kettel**
2 Fucks: Ebd. S. 49 und 50, 2 Schreiben des Rektors an Fucks vom 14. März 1938; Ernennung zum Beamten auf Lebenszeit und Übertragung der freien Planstelle eines **beamteten außerordentlichen Professors** mit der Verpflichtung, die 'theoretische Physik in Vorlesungen und Übungen zu vertreten'. S. 55 Kriegsdienst 1914 - 1918.
3 Fürst: Nichte von Frau Heinen konnte einige Angaben zur Person von frau Heinen machen.
4 Fucks: ATHAC, PA Fucks, ex 1505, S. 68, 69 und 71;

perimentalphysik allein auf seinen Schultern[1].Eine Arbeitsentlastung war das nicht. Deshalb wurde mit Antrag des Dekans vom 06.11.41 der Status für zusätzlich 6 Wochenstunden durch Zahlung eines Honorars in Höhe von RM 200,-- ab 1.11.41 fortgeschrieben.[2]

Auch die Berufung von Prof. Dr. **J. Meixner** zum apl. Prof. 1942 auf das eigentlich erst durch Fucks nun freigemachte Extraordinariat für Theoretische Physik entlastete ihn nicht. Denn der begabte Theoretiker musste zum Militär und eigenartiger Weise hin und wieder in München aushelfen, wo er bei Sommerfeld habilitiert hatte[3].

Im Vorlesungsverzeichnis 43/44 (ATHAC, ex VV) waren unter seinem Namen zwar Vorlesungen in Theorie ausgedruckt; wurden aber nicht gehalten. Papier ist eben geduldig!

Niemandem gelang es, Meixner als Hilfe nach Aachen zu holen ... Natürlich hat er beim „Wacheschieben“ zunächst im ***Wetterpeilzug*** als **Gefreiter, in Norwegen,** dann dort bis 31.7.1943 im *mühseeligen Unteroffiziersstand*, im nördlichsten Kriegsabschnitt, im Städtchen **Vadsö**, auch Physik gemacht, was die Liste an den Rektor vom 20.2.46 be-

Reproduktion aus Westermann's Dircke-Weltatlas,Copyright-Credit Krysteck.

Abb. 7a: Vadsö liegt am westlichen Ufer des Vrangerfjordes an der Barentssee

---

1 Fucks: ebd. Rektor - Schr. v. 20. 9.1941, für Ernennung zum Institutsdirektor für Experientalphysik am 1.5.41 ! (Ein Ernennungsverfahren dauerte damals recht lange; aber heute sind die Verwaltungswege genauso lang!) Vgl. auch Kalkmann, Ebd. S. 212, 2. Abs. Fußnote 3, muss heißen: ab 1.1.1938.

2 Fucks: Schreiben vom Dekan Prof. Sauer vom 6.11.41 an Rektor. Bl. 92 u. 93.

3 Kalkmann: Seite -8-, Fußnote 2, Ebd. S. 212, 2. Abs. Fußnote 4, 5 und 6.

legt[1]. (Anhang VII; vgl. a. S.-105- u. -106-, v. Krauß u. Schumacher).

In einer dubiösen Fahrt durch das 'neutrale Schweden' gelangte der 'Peilzug' nach **Narvik.** Das Schiff, das die Einheit von dort bis **Kirkenes** bringen sollte, verpassten sie, weil **Meixner** sich bei einem Ausflug in die herrliche Bergwelt Narvik's verspätet hatte. Das war sein Glück! Denn der vorherige Dampfer wurde torpediert, und von 1000 Soldaten ertranken **800** in den **eisigen Fluten** des Nordmeers bei **Tromsö.**[2]
Die erstmals so günstige Konstellation der wissenschaftlichen **Einheit** von Experimenteller und Theoretischer Physik innerhalb der Organisation **eines** Instituts war also nicht möglich. Als dann Ende der 40-er Jahre Meixner auf Betreiben von Fucks den Lehrstuhl für Theoretische Physik als Ordinarius endlich bekleidete, konnte anschließend auch die sich mehr und mehr verzweigende Theoretische Physik mit weiteren Ordinarien schwerpunktmäßig abgedeckt werden.

Aber erst 1963, mit der Berufung von Professor Dr. Helmut **Faissner**[3] zum Direktor des **III. Physikalischen Instituts**, richtete dieser 1966 **in** seinem Lehrstuhl für Experimentalphysik eine eigene '**Abteilung für Theoretische Elementarteilchenphysik**' ein, in der zeitweise Wissenschaftler der Theor. Elementarteilchen Physik seine Experimente unterstützten. Es seien nur genannt: **G. Köpp, P. Zerwas, L. Sehgal, D. Rein, B. R. Kim und R. Rodenberg** [4] als Abteilungsleiter.
So wurde die wichtige Zusammenarbeit von experimentellen und theoretischen Physikern auf dem Gebiet der Elementarteilchen Physik richtig erst nach dem Krieg organisatorisch gefördert.
Zur echten **Entlastung** von Fucks hatte ab September 1943 StR Dr. **Heinrich Lahaye** (23.04.1904 - 04.04.1944) auf Veranlassung von Fucks einen unbezahlten Lehrauftrag[5] für Physik erhalten, z. B. zur

---

1 Meixner: Schr. V. 20.2.1946, s. **Anhang VII** 'Mitteilung an die Britische Besatzungsmacht d. d. H. des Rektors, zwecks nachträglicher Veröffentlichung der im Krieg entstandenen wissenschaftlichen Arbeiten in einem künftigen 1. Band von '**Naturwissenschaften'.**

2 Meixner: Notizen aus seinem Tagebuch

3 Faissner: Vorlesungsverzeichnis RWTH Aachen, 1968, S. 28, Nr. 3.

4 Rodenberg: Ebd. S. 28, Nr. 13. Prof. **Rodenberg**, geb. **in Dresden**, erzählte, dass er 15-jährig dort nur knapp dem **Inferno** des Bombenangriffs am **12./13. Feb. 45** entging. Von ca. 20 h bis 5 h morgens überflogen **uns** bei Halle die Geschwader Richtung **Dresden**!

5 Lahaye: ATHAC, PA Lahaye, ex 2808, S. 3, Schreiben von Fucks an Rektor vom 31.07.43, Wohnung damals: Hindenburgstraße 77.

Durchführung eines *'Physikalischen Repetitoriums'* oder für *'Experimente im Physikunterricht der Höheren Schulen'*. Sogar Jahre zuvor war er im Physikalischen Institut als Hilfsassistent bei **Nacken,** seinem Doktorvater, tätig, wobei er sich ständig ein Honorar erkämpfen musste[1] für ein Repetitorium, das studierende **Soldaten** auf ihrem Heimaturlaub nutzten.

Dr. **Lahaye** war seit Juli 42 bis Ende 43 mein Mathematik-StR am Kaiser-Karls-Gymnasium.
Mein Bruder hatte ihn zudem auch noch in Physik. Dr. Lahaye gab nachmittags für interessierte Schüler der Oberstufe in einer „Flug-Physikalischen Arbeitsgemeinschaft" zusätzlich Unterricht an der er hatte mit Erfolg teilgenommen hatte. Er schwärmte vom hohen fachlichen Niveau dieses dynamischen Lehrers,der den Physikunterricht so spannend machte, dass die Schüler den Stoff nicht nur verstanden sondern anschließend auch im Gedächtnis behielten. Themen waren z.B. Windmühlen; Schaufelstellungen bei Turbinen, Auswirkungen der Propelleranstellwinkel, Auftrieb an Flugzeugflügeln, wie alles sich damals um Flugzeuge drehte. Mein Bruder verdankt ihm die Weckung seines Interesses an seinen späteren Forschungsarbeiten auf dem Gebiete der Gasturbinen[2].
(u.a Schleierkühlung an **Oberflächen** von Gasturbinen-schaufeln, also: Strömung von Kühlmittel **in** einer **Grenzschicht** entlang einer festen Wand).

Ursprünglich wollte Lahaye Flugzeugingenieur werden. Vielleicht hinderte ihn aber auch schon seine angeschlagene Gesundheit daran, von der er im Unterricht allerdings sich nichts anmerken ließ, obwohl er sie wahrscheinlich insgeheim schon länger mit sich herumtrug. Dennoch: Er war menschlich und voller Tatkraft und überdurchschnittlich begabt. Er erreichte seinen Beruf damals schon über eine Art des **2. Bildungsweges.** Sein Werdegang soll deshalb beispielhaft etwas ausführlicher beschrieben werden, nicht allein, weil er mein Lehrer war.

1 Lahaye: ATHAC, PA Lahaye, ex 2808, **Lebenslauf o.Nr. f f ,** sowie ebd.: ex VV 44/45 ,Vater Johannes war Malermeister, wohnhaft in der Wirichsbongardstraße 47/49.

1 Prof. Dr. F.J. **Geller**: *„**Der Wärmeübergang bei Schleierkühlung mit Luft**"* Promotion 17.05. 1958 bei Professoren F.A.F.Schmidt u.W.Linke siehe RWTH-Aachen-Bibliothek-Standnummer: Sm 681, T 1951,1.

Als Schüler der **Knabenmittelschule** Sandkaulstraße in Aachen wechselte er wegen seiner erstklassigen Leistungen aus der Abschlussklasse zur Präparandie Aachen in der Wespienstr. 35[1], in der begabte Schüler auf den Eintritt in das Lehrerseminar in Kornelimünster vorbereitet wurden. Dort legte er am 18.07.1924 die erste Lehrerprüfung und am 12. Oktober 1927 in Köln die 'verkürzte' Reifeprüfung ab.

Während seines Studiums der Mathematik, Physik und Chemie seit SS 1928 an der TH, gründete er die später sogenannte ***Fachschaft für Naturwissenschaft.*** In Kontakt und Gesprächen mit der *Fakultät der allgemeinen Wissenschaft* ... konnte er die *„Aufstellung und Anerkennung eines achtsemestrigen Studienplans für Lehramtskandidaten, Verlegung des Prüfungsortes von Bonn nach Aachen und Ausbau und Anerkennung des Sportstudiums an der TH Aachen"* erreichen.'

Aufnahme: Frau Sophia Lahaye, Aug. 1931[2]

KKG und Lehrbeauftragter bei Fucks[3]

Darüber hinaus war er von SS 29 bis SS 32 bei Professor **Seitz** stundenweise im Praktikum für Bauingenieure beschäftigt[3] und parallel da-

---

1 Adreßbuch: Aachen 1935, Wespienstr. 35, E. Stadt Aachen, später Volksschule. Das Gebäude wurde am 25.5.1944 durch eine von 9 Luftminen zus. mit Haus Nr. 37, Familie Roth, Fuhrgeschäft Unternehmen, völlig zerstört, das Hausmeisterehepaar der ehemal. Präparanie (1944 Volksschule) kam dabei ums Leben, während **wir** das Ganze mit **15 Menschen** in unserem Keller, nur rd. 40 Meter vom Inferno entfernt, **überleben** durften!

2 Gebr. Lahaye: Bildarchiv der Söhne Helmut und Walter Lahaye mit frdl. Genehmigung zur Reproduktion und Veröffentlichung überlassen.

3 Lahaye: ebd. PA 2808, Zeugnis Prof. Seitz, u: ff siehe S: 7, Fußnote 8, hier Lebenslauf; Vorlesungsverzeichnis1944/1945, S. 29.

zu von WS 29 bis SS 34 bei Professor **Starke** im Physikalischen Praktikum ebenfalls als Hilfsassistent tätig.

Im Juli 32 bestand er die wissenschaftliche, die 1. Staatsprüfung für das Höhere Lehrfach, vor dem Wissenschaftlichen Prüfungsamt, bei der Professor Dr. **O. Blumenthal** in Mathematik und Professor Dr. **Starke** in Physik prüfte. Am 17.10.1934 bestand er die (pädagogische) 2. Staatsprüfung für das Höhere Lehrfach vor dem Pädagogischen Prüfungsamt, bei der Prof. Dr. **R. Sauer** in Schulmathematik prüfte. Somit konnte er mit Wirkung vom 1.10.34 zum StAss ernannt werden. Aber er verzichtete auf den Schuldienst, blieb Wiss. Hilfskraft und studierte ganztägig weiter, um noch zu promovieren.
Den '**Dr.-Ing.**' erwarb Lahaye am 30.06.38 bei Prof. Dr. H. Starke mit Herrn Nacken als Korreferenten an der Seite, und erhielt am 14. Jan. 39 seine Urkunde über die mit *„sehr gut bestandene"* Prüfung[1]. Damit hatte er gewissermaßen gleichzeitig sein Diploexamen nachgeholt.
Das Thema seiner **Dissertation** lautete:

„Messungen der Massenveränderlichkeit sehr schnell bewegter Elektronen"[2].

Hiermit hat Lahaye einen Beitrag zum Nachweis der Richtigkeit der
'***Lorentz-Einsteinschen** Massenveränderlichkeitsbeziehung*'
Geliefert [3]. Er benutzte dazu eine besonders glasgeblasene Kathodenstrahlapparatur. Ebenfalls mit einer speziell geblasenen Glasröhre hat später Herr **Schumacher** seine Untersuchungen zur **Gasentladung,** der **Messung der Zündspannungsänderungen durch Bestrahlung** gemacht und somit gewissermaßen durch die Messung des dunklen Vorstroms die Messungen von Turbulenzen in Luftströmen **vorbereitet**.
(s.S.-101-, Abb.43, vgl. auch Abbildungen im Anhang I. und II.)
Am 4. 4. 1944 starb StR Heinrich Lahaye nach längerer Krankheit. Ein Verlust für ein zu erwartendes Wiederauferstehen aus Ruinen, wie ich meine. Ein kleiner, noch nicht zum Militäreingezogener Kreis von Schülern, darunter mein Bruder[4], Franz Gustav **Bertram** und der spätere HNO-Arzt Dr. E. **Jandeleit** begleiteten ihren beliebten Lehrer am

---

1 Lahaye: ATHAC: ex 1368B, Doktor-Urkunde, vom 14.1.1939; 3008.38 / 14.01.39
2 Lahaye: Bibliothek der Technischen Hochschule Aachen Dissertation, Stand-Nr.: T.1938.1; **S 5132.**
3 Prof. Dr. Starke: ATHAC: ex 160 a: Nachruf der RWTH Aachen, Prof. Dr. Winterhager, Nachruf über Hermann Starke.
4 H. Geller: s. auch private Gesprächsnotizen mit meinem Bruder, Herrn Prof. Dr.-Ing. Franz Joseph Geller, Bochum.

8.4.1944 zum Grab auf dem Westfriedhof.[1]

Ein Antrag von Prof. Rogowski vom 28.3.1944 auf die vorgesehene Zahlung einer Sonderleistung an Lahaye *„für seine Repettionskurse in der Zeit vom 1.4* . (muß heißen 1944) *bis **31.3.45**“* (?) trägt die traurige Notiz: *„Lahaye ist verstorben“*. Der Rektor kondulierte seiner Frau Sophie Charlotte[2].
Ein sogenannter 2. Bildungsweg wie der von Lahaye ist auch in unserer heutigen jüngeren Generation noch nachahmungswert.

Wir hatten Herrn OStR Dr. L. **Bogner** in Physik. Er war schon älter und neben seiner schulischen Tätigkeit an der TH im Prüfungsausschuß für Lehramtskandidaten des Höheren Lehramte im Fach Physik tätig. Auch er konnte uns für die Physik mit einfachen Handversuchen zum Mitdenken anspornen.
Beeindruckend und nachhaltig waren seine Einstiege in die Physikstunden: Er ließ eine Post karte erst zu Boden taumeln, dann knickte er sie an einer bestimmten Stelle und ließ sie noch einmal fallen, diesmal sank sie im Gleitflug zu Boden. Warum ?
Zu Hause wiederholte ich den Kartenversuch. So gut wie es **Bogner** gemacht hatte, gelang es mir auf Anhieb nicht. In der nächsten Stunde, von mir darauf angesprochen, erläuterte er etwas verschmitzt, dass zu Gelingen auch die richtige Lage des Knicks notwendig sei. Aber immerhin: Es wurde uns plausibel, dass **Gleiten** oder sogar Fliegen eines Körpers neben seinem Gewicht besonders auch durch seine Form bestimmt wird.

Dann brachte er uns Beispiele aus der Flugphysik und erklärte, dass Wirbel an Flugzeugtragflächen zum Abriss der laminaren Luftströmung

---

1 Standesamt AC: Friedhofsamt, Aachen West II, Beerdigungsausweis, Aachen, den 5.April 1944. Flur 14 E, Reihe 9, Grabnummer 8.

2 Lahaye: ATHAC, ex 2808 PA Lahaye, Schr. des Rektors vom 12.4.1944 an Frau Lahaye, Bl..6, **sowie** Unterlagen beim Friedhof West II Friedhofsamt, Seine Frau Sophia Charlotte, Lochnerstraße, Aachen, verstarb am 8.1.1985 im Alter von 76 Jahren Beerdigung am 9.1.1985, Westfriedhof II, Flur 69, Reihengrab-Nr. 65/67.

und dadurch schnell zum Flugzeugabsturz führen. (So stürzte bei Versuchen mit **Gleitflugzeugen Lilienthal** 1896 bei Berlin tödlich ab.)

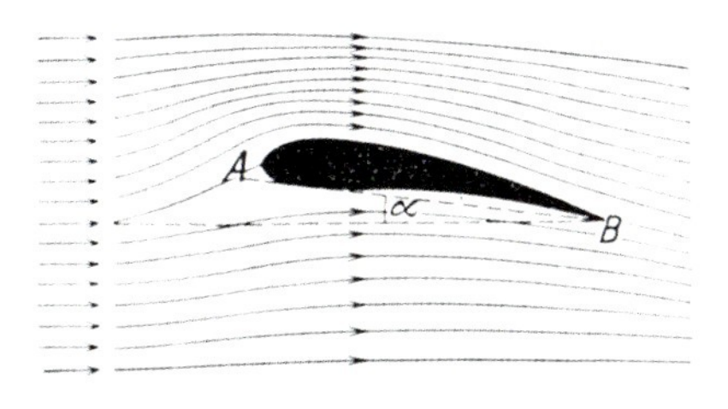

Abb. 8: Luftströmung um das Profil eines stromlinienförmigen Tragflügels skizziert, a = Anstellwinkel[1]

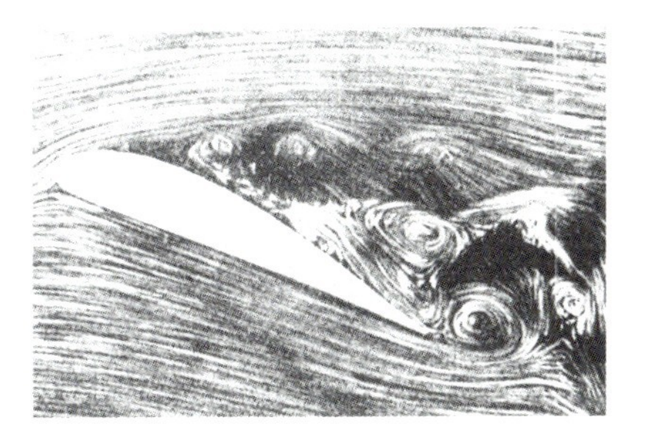

Abb.9: Wirbel beim Abreißen der Strömung am Tragflügel (Überzogener Flugzustand)[2]

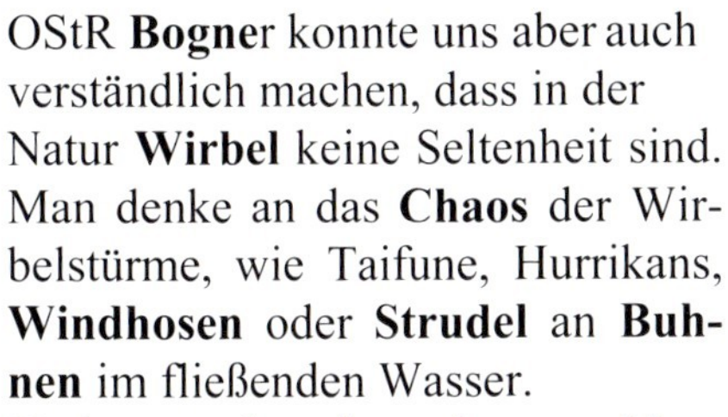

OStR **Bogne**r konnte uns aber auch verständlich machen, dass in der Natur **Wirbel** keine Seltenheit sind. Man denke an das **Chaos** der Wirbelstürme, wie Taifune, Hurrikans, **Windhosen** oder **Strudel** an **Buhnen** im fließenden Wasser.

Und - was damals noch unerschlossen war, liefern heutzutage Satellitenphotos. Abb.10 zeigt wie Wolken eines ***Tiefdruck*gebietes spiralenförmig** von unsichtbaren Kräften angetrieben zu großen Wirbelflächen aufgewickelt werden.

Abb. 10: Wolkenwirbel eines Tiefs über Irland auf der Nordhalbkugel der Erde linksdrehend [3].

---

1 + 2 Grimsehl: Lehrb. der Physik Bd.2, Ernst Klett Verlag Stuttgart, Für Höhere Lehranstalten, Grundsatzgenehmigung erteilt vom KM Württbg. - Baden am 6.3.1950, § 30, Seite 74, Redaktion f. Math. und Naturwissenschaften; 1) Abb. 100, 2) Abb. 99.

3 D W D: Deutscher Wetterdienst, 45133 Essen, Kurzmitteilung v. 8.9.2000; auf Anfrage vom 26.06.2000, Postkarte, Foto: DFVLR Infrarotaufnahme: 06.08.**1986**,13,52h UTC; Satellit: NOAA-9; Flug-Höhe ca. (50 km; - Bahn: polarumlaufend ca. 102 Min.) Jetzt Copyrightkredit erteilt durch Frau Steinbach.

Auf dem Foto sieht man natürlich **keine** „feste“ **Gleitfläche**, wie sie bei einer **Tragfläche** vorgegeben ist. Allenfalls besteht diese in der Luftmasse eines wolkenlosen, sich **unsichtbar** *recht*s drehende *Hochdruck*gebietes, von dem sich der *links* herum drehende **Tiefdruckwirbel** eindrucksvoll ablöst.

Im einzelnen müssen wir die Verhältnisse in einer solche **Grenzschicht** später noch etwas näher kennenlernen; das hier nur vorweggesagt!

Später erklärte Bogner etwas mehr mit „Kreidephysik“, was uns auch aufhorchen ließ. Es hing mit der Ausdehnung von Gasen vor einem immer enger werdenden runden Rohr zusammen:

Das Prinzip, nach dem Düsen, Raketen und Gasturbinen funktionieren. Die Bedeutung der technischen Anwendung solcher Erkenntnisse wurde mir während unserer Odysee in Listerfehrda bei Elster an der Elbe im Herbst 1944 klar,als ich zum ersten Male ein düsenbetriebenes Flugzeug, die **Me 262**, in der Luft sah, das vom Flugplatz der Junkerswerke bei Dessau fauchend Probe flog. Hans Hutzel aus Ummendorf berichtete das Gleiche, wo in seiner Nähe auf dem Flugplatz Lechfeld im Allgäu sich auch ein Erprobungskommando dieses Flugzeugs befand[1] - ....

Bogner[2] war lange Zeit Vorsitzender des Prüfungsausschusses für Lehramtskandidaten an der TH, eine Institution, die bekanntlich Lahaye von Bonn nach Aachen geholt hatte.

Lahaye und Bogner waren **Persönlichkeiten,** die nicht nur den TH-Betrieb in der Not unterstützten. Sie haben deswegen und in ihren Funktionen Schüler eines humanistischen, stark auf die alten Sprachen ausgerichteten Gymnasiums besonders für ein Studium in den Naturwissenschaften, auch an der TH-Aachen, anregen können und somit eine Verbindung von Aachener Bürgern zur TH begründen helfen.

Das galt natürlich sowohl für andere Lehrer als auch für Erzieher anderer

1 Hutzel: Seite - 9-, Fußnote 2, Ebd. S. 31
2 OstR Dr. Bogner: Adreßbuch AC, Straßenverz. S. 191, Martelenberger Weg 8, als Nachbar im Haus o.Nr. wohnte Prof. Dr. Franz **Krauß**.

Aachener Schulen; so zum Beispiel für Josef **Breuer**, ursprünglich ein Schüler meines Vaters in der **Knabenmittelschule**, wie Lahaye nur 10 Jahre jünger. Breuer war nach seinem Studium der Mathematik, Physik und Chemie seit 1939 Wissenschaftlicher Assistent am Lehrstuhl für Mathematik und ähnlich wie Lahaye auch mit der Betreuung von Studierenden im Krieg[1] und später - nach dem Kriege - ab WS 46/47 als Studienassessor an der TH mit einem Lehrauftrag:

„Mathematisches Repetitorium“ betraut[2].

Eine Persönlichkeit, ohne die Aachen um sehr viel ärmer gewesen wäre. Ebenso engagierte sich der Mathematik - Studienrat **Dr. Bosch** vom **KKG** als Aachener Bürger in der TH bis WS 44/45 mit einem Lehrauftrag zum Thema:

„Mathematisch-Didaktische Übungen“[3].

Er gehörte zur älteren Generation der Naturwissenschaftler und wurde über den Schulrand hinaus *der Professor* genannt.
Umgekehrt haben **TH - Professoren** als Bürger Aachens oft genug **unserer Stadt** unvergessliche Impulse gegeben. Professor **Pirlet**: Statik der Dom-Chorhalle und Rathausfassade. Professor **Intze**: Wasserversorgung durch Urfttalsperrenbau 1900 - 1904.

Zu den vielen Aachenern, die nicht nur zum Wohle der TH allgemein, sondern peziell besonders auch **für die Physik** wirkten, gehört in erste Linie ***Adolf Wüllner.*** *Als Direktor der Aachener **Provinzialgewerbeschule** hatte er 1864 dem Aachener Regierungspräsidenten **Kühlwetter** einen Organiationsplan für eine königlich preußische Politechnische Lehranstalt entworfen und damit dazu beigetragen, die Gründung der Technischen Hochschule in ein konkretes Stadium zu bringen. 1870 wurde er Ordinarius für **Physik**, betrieb **Kathoden- und Kanalstrahlen** - Forschung und war von 1883-86 einer der ersten TH-Rektoren.*[4]

---

1 Prof. Breuer: Nachruf AZ. Vom 17 12. 2002, Ehrenbürger der Hochschule, * 13.12.2002
2 Breuer : ATHAC, ex VV WS 46/47, S. 3, Nr. 1, 2 Vorlesungs-Stunden, Aachen, Rütscherstraße 48.
3 StR Dr. Bosch: ATHAC, ex VV 1944/1945, S. 9, AC Emmichstraße 145, sowie ebd. Ex 497: S. 29, Nr. 67, 1 Ü, nach Übereinkunft.
4 Dr Rein: ebd. S. - 9 - Fußnote 1, ebd. Seite 2, 1. Absatz

Die Stadt belegte ein Jahr nach seinem Tode 1909 die uns bekannte **Wüllnerstraße** mit seinem Namen.
Weiter gab die ***TH** Aachen*, seitdem **Professor Kármán** 20 Jahre lang hier **in Frieden** forschen und lehren konnte, Aachen auch einen wirtschaftlichen Impuls; denn sie machte Aachen zu einem ***Mekka der deutschen Luftfahrt***! Der Flughafen **'Merzbrück'** wurde am 29.6.30 an der Bundesstraße 264 bei Broichweiden nur wenige Jahre nach der Fertigstellung des Flugplatzes Berlin Tempelhof ebenfalls mit allen Ehren feierlich eingeweiht und ab dann von der Lufthansa, Flugwiss. Vereinigung, **Dt. Versuchsanstalt für Luftfahrt**, den Luftsport-Vereinen und nicht zuletzt vom **Aerodynamischen Institut** der TH Aachen, mit Th. v. Kármán als Direktor, **zivil genutzt**.

Ab 1.5.31 lief der erste planmäßige Luftverkehr. Ein Schelm, der zu dieser Zeit Schlechtes über Flugzeuge dachte. Im Mai 1940 jedoch wurde der Platz mit einem **Stukageschwader** belegt[1] !

Heute ist es wieder etwas anders, eine Bürgerinitiative beschwert sich über den Fluglärm und will den Platz lieber geschlossen haben. Es sind '2000 Bürger', die inzwischen meist in seiner Nähe gebaut haben[2] !
Schade, dass ein so geschichtsträchtiger Flugplatz in der Bevölkerung so wenig Zustimmung findet!
Und zum vorangegangenen Thema: war Begeistern der Schüler für die **Flugphysik** damals etwa gesteuerte **Hinführung** zur Kriegsforschung?

Durfte man andererseits deshalb keine Aerodynamischen Grund-Prinzipien in der Physik vermitteln, nur weil Kriegsflugzeuge auf der Basis solcher Erkenntnisse gebaut werden konnten? Ist deshalb ein Wissenschaftler verpflichtet, seine Erkenntnisse zu verbergen, wie sie manche angeblich verheimlicht haben sollen? War Heisenberg vielleicht unter solchen? (wie S. -34- i. letzten Abs. angedeutet) Und Professor Fucks?

Welche Anstrengungen mussten aber dann von diesen Forschern gemacht werden, um die Anwendung ihrer Ergebnisse nicht in falsche Hände gelangen zu lassen? Musste nicht jeder versuchen, im Chaos zu überleben? Um etwa ein größeres zu verhindern und die Physik vor Bomben zu retten?

---

1 Dr. Poll: '*Aachen in Zahlen*' , Seite 302, '29.06.1930'.
2 Super Mittwoch: 25. Jahrg., Nr. 50/02, Mi., den 11. Dez. 2002, 'Merzbrück und kein Ende'.

Die Zeit der Bombenangriffe auf Aachen

Ein Bericht über die schlimme Zeit der TH und Physik ist ohne eine Beschreibung des Chaos in Aachen kaum denkbar. Deshalb einige Erinnerungen und Eindrücke als Einstimmung zuvor.
Am **14.7.1943** ab 1.45 Uhr gab es für Aachen den **2. großen Flächenbrand** nach dem **Mittelalter**. Wir erlebten den Angriff in **Friesenrath**. Bei sternklarem Himmel pfiffen die Splitter der in der Höhe explodierenden Flakgranaten zu Boden. Zwei durchschlugen das Flachdach unseres Wochenendhäuschens. Der Himmel über Aachen färbte sich glühend rot. Ein Bomber brauste fauchend über uns hinweg und ging bei der versuchten Notlandung am Nordhang des Fichtbaches bei **Rott** in Flammen auf.
Auf dem Weg in die Stadt am frühen Morgen erschauderten mein Bru-

Abb. 11: Der unbekannte NL-Maler ließ auf seinem Gemälde vom Stadtbrand am **02.05.1656** weniger Qualm gegen Himmel steigen, als dies die Brandbomben **1943** [1] in der Tat bewirkten.

der und ich auf der Anhöhe „Schmidtchen" bei Walheim vor einem 'schaurig schönen Bild'**:** Angestrahlt von der bei Homer so beschriebenen 'rosenfingerigen Morgenröte' türmten sich gewaltige **Wolkenwirbel**

1 H. Geller: eig. Fotosammlung; Geschenk zum 19.7 2002 an Frau Annemarie Roßkopf, Ehefrau des verst. Jos.R., ehem. Adalbertstraße 100, Sohn des Gemüsehändlers Hub. Rosskopf.

über Aachen, **gerötet** vom ersten Strahl der mit großer, roter Scheibe über dem Horizont des **klaren** Himmels aufsteigenden Sonne - nicht von der **Glut** tobender **Flammen**!

Eine immer mehr sich kreisförmig ausdehnende Wolkenscheibe in der Höhe schloss die mächtige Säule mit riesigem **Schirm** ab, langsam an den schließlich temperaturgleichen Luftschichten gegen Osten gleitend.

Metereologen nennen dies Phänomen, wenn es denn ein **weitflächiges** Ausmaß annimmt, eine atmosphärische **'Inversionswetterlage'** im Gegensatz zu einer **örtlichen**, **bodennahen** Inversionswetwetterlage.

Aufnahme: M. Grossmann, Wolkenobergrenze 15 km.[1]

Abb. 12: 'Inversionslage' in großer Höhe;
Das sind ideale Conditionen zur Aufstellung eines Höhenrekordes für Segelflugzeuge!

Professor Prandtl
aus Göttingen hat bei der Inbetriebnahme des Neubaues des Aerodynamischen Instituts am 26.6.1929 auf Einladung u.a.von **L. Hopf** als1.Redner des Kolloquiums mit der Beschreibung dieses Effekts seinen Vortrag über den 'Einfluss stabilisierender Kräfte auf die Turbulenz' begonnen und sehr anschaulich die **laminare Strömung** an einer bodennahen Grenzschicht geschildert[2].

Davon wusste ich damals noch nichts, genauso wenig, wie von dem Physikerbeschluß am **6.6.42** unter Beteiligung Heisenbergs, statt der **Atombombe** zuerst einen **Atombrenner** zu entwickeln[3] !

---

1 DWD: Ebd. Seite - 29 -; Der „Cumulo - Nimbus, eine Gewitterwolke, besteht aus unterkühlten Wassertröpfchen und Eisteilchen in Form von Schnee- und Frostgraupeln Eis-und Hagelkörnern", Aufnahme Argentinien. Vgl. ebda. Seite - 29 - Fußnote 3.

2 L. Prandtle: 'Vorträge aus d. Gebiete der Aerodynamik u. verwandte **Gebiete' A. Gilles, L . Hopf, v. Kármán**. Aachen 1929, Druck bei Julius Springer, Bibliothek Aerodyn. Institut, TH Aachen, St. Nr. Ah 900:
„... .aufsteigender Rauch eines Herbstfeuers auf dem Feld zur Abendzeit„ kurz nach Sonnenuntergang. Der Qualm legt sich, wenn er die temperaturgleiche Luftschicht in einer gewissen Höhe erreicht hat ...,über die kalte Luft am Boden und gleitet dann horizontal über die 'laminar' hinweg"!!!

3 W. Fucks: **„Energiegewinnung aus Atomen"**, 4.9.48, 1.Auflage, Vlg. W. Girardet Essen. Physikzentrums-Bibliothek THAC Aachen, S. 96.

In den Straßen von Aachen aber wütete jetzt ein Feuersturm. Uns war zur Josefstraße ein Weg nach dem anderen verwehrt. Flammen prasselten aus den Fensterhöhlen der Häuser und raubten uns den Atem.Von der Josefskirche stürzte brennend der Kirchturm vor uns auf das Pflaster. Die Turmuhr zeigte seit 4,20 h immer nur die gleiche Zeit an, **jahrelang**.

Aachen versank in Schutt und Asche und damit auch Teile der TH; davon im nächsten Kapitel.

Herr **Stens** hatte während des Angriffs die Flammen einer Stabbrand - Bombe in der Treppe unseres Hauses mit einem Sandsack erstickt und so unser Hab und Gut vor der Zerstörung bewahrt.
Mit gleichem Mut hatte er auch die Häuser unserer Nachbarn gerettet. Dieser Angriff war jetzt das Signal, sich eigentlich möglichst weit in Sicherheit zu bringen! --- Wir aber blieben weiter nur in unserem Keller. Stadtarchivar Direktor Dr. **Poll** hat die Zahl der Luftalarme und besonders die der Bomben-angriffe und -abwurfzeiten/Jahr zusammengestellt[1]. Demnach ergibt sich:
Während in den ersten dreieinhalb Kriegsjahren insgesamt **14** Bombenangriffe zu verzeichnen waren, vermehrte sich die Zahl ab 1943 bis 12.9.44, also in eineinhalb Jahren, auf **58**. Das **war** vorauszusehen, und ähnliches traf auf die meisten Großstädte zu. Für die Heimatfront wurde die Lage immer bedrohlicher. Evakuierungen und Kinder Landverschikkungen waren angesagt.
So kam der **11. April 44.** Er war für Aachen der denkwürdigste, noch viel mehr Schmerzen bringende Tag ; denn 3 Tage nach dem Tode von Lahaye erlebten wir den schlimmsten Spreng - Bombenangriff auf Aachen mit **1525 Toten**, darunter **91** in den Krankenanstalten[2]. Lahaye erlebte den Verlust seiner Wohnung in der Hindenburgstraße 77, im „Opelhaus", am 12.4. nicht mehr. Ich sah sie jedoch mit der an den Garten des Hauses Wilhelmstraße 86 angrenzender Opel-Garage in hellen Flammen versinken. Ich sah, wie einzelne mit Benzin gefüllte Kanister wie Feuerbälle aus der Garage in die Luft flogen. Dennoch überlebte im Bunkerkeller des Nachbarhauses Theaterstr. 75 die **Familie Lahaye** gottlob das Inferno.

---

1 Dr. Poll: Aachen in Zahlen: S. 334, 11.4.1944
2 Stadtarchiv: Stadtarchivar Direktor Dr. Poll., Ebd. ***„Die schlaflosen Nächte im Luftalarm, die angstvollen Tage in Aachen"***, sowie
Dr Poll: 'Aachen in Zahlen': ZAGV, S. 334, 11.4.1944 Großangriff (Schwerpkt. Burtscheid) von 22,40 Uhr - 23,01 Uhr, S. 335 oben 1. Abssatz.

Mitten in der Nacht löschte ich für mich mutterseelen allein das auf dem Dachstuhl zu brennen beginnende Haus in der Wilhelmstraße 86. Für meinen erschöpfenden Einsatz erhielt ich vom Eigentümer ein Buch „Vom Deutschen Wald“ und vom Staat das „KV II. Klasse ohne Schwerter“[1].
Ein ausgedehnter Bombenteppich hatte **Burtscheid** mit seinem Kurviertel links und rechts längs der Ronheider Bahnstrecke fast völlig dem Erdboden gleichgemacht! Das war am **Dienstag** nach **Ostersonntag**, an dem in den meisten Pfarreien Aachens Kinder zur 1. Hl. **Kommunion** geführt worden waren.
Lange Zeit habe ich die Namensliste der Toten auf ein paar Seiten des „Westdeutschen-Beobachters“ in unserem Luftschutzkeller verwahrt, bis sie verrottet war.

Das **KKG** wurde **bis 1.9.1948** unbenutzba**r**, sodass ich ab April 1944 bis zu den Sommerferien das Humanistische Gymnasium in Düren besuchen musste. Am 1.9.1945 wurde in Räumen des ehemaligen Couvengymnasiums der Unterricht für die KKG - Schüler wieder aufgenommen[2].

Bis auf die **Herbstschlacht** um Aachen und dem Angriff vom 13./14.Juli 1943 folgten nach dem 11.4.44 noch heftige Bombardements am 24., 25. und 27. West- und Bahnhof Rote Erde waren vornehmlich die Ziele! Allerdings landeten am **27.5.1944** auf der **„Hüls“** die Bomben nur auf Wiesen, den **‘Nirmer Tunnel’** hatten sie nämlich verfehlt.

Nur eine junge Flakmannschaft auf Rädern der Bahn vor dem Tunnel wurde in Stücke zerrissen[3], das Propagandawort: *„Räder müssen rollen für den Sieg“* hatte **hier** mit dem Tod der Soldaten ein jähes Ende gefunden!

Den Abwurf dieser Bombenlast erlebten wir im 360 Menschen fassenden Keller des Hauses **Martin-Lutherstraße 7.**[4] Er galt als ganz besonders bombensicher. Es lagen 2 Keller übereinander. Sie waren wegen

1 H.Geller : Verleihung des KV II Klasse o. Schwerter, Polizeipräsident. örtl. Luftschutzleiter, Aachen den 22.06.1944, wegen selbstloser Löschhilfe, KV=Kriegsverdienst-Kreuz
2 Dr. Poll: Aachen in Zahlen: 1948, Sept. 1. Seite 356
3 Dr. Poll: Aachen in Zahlen: S. 355, 3.Abs. vorletzter Satz.3
4 Adreßbuch: AC, 1935, Straßenverz., S. 191 Martin Lutherstr. 7; E. Gerling-Konzern Köln. E.: Gerling-Konz.(Köln): Verw.: Rob. Gerling & Co (Stephanstr.43), jetzt K. Kubben.

des ehemaligen Grabens des Alleenringes sehr tief auf dem felsigen Untergrund des zum Kaiserplatz abfallenden Gebirges gegründet. Die unterste Ebene war früher der Kühlkeller einer Fleischerei. Die Wucht der Detonationen ließ die Erde trotz der Entfernung zur **Hüls** wie bei einem Erdbeben erzittern. Nur wenige Minuten lang wurden wir geschockt, dann war alles vorbei. Wir dachten, wo diese Tonnen Sprengkörper niedergehen, da wächst kein Gras mehr! In der Tat war eine Weidelandschaft bei Rote Erde wie umgepflügt, es musste ein echter **Teppich** aus fast gleichzeitig abgeworfenen und aneinander geketteten Bomben gewesen sein.
Heute finden **„Auf der Hüls"** Tote ihre letzte Ruhe im bombenvorbereiteten **'Gottesacker'.**

Aufnahmen: Stars & Stripes

Abb.13: Über **500** gezählte **Bombentrichter auf der Hüls**, links die Bahnlinie Aachen-Köln[1]

Wir hatten uns erstmals in den Schutz dieses Kellers begeben, weil am 25.5.44, wieder in unserer Nähe, unser Pfarramt St. Adalbert zerstört worden war und **Propst Dürrbaum** unter den Trümmern seines Pastorats begraben wurde. Wir fürchteten deshalb doch sehr um unser Leben

1 H.Geller: Priv. Fotoarchiv: Stadtarchiv AC: vergl. S. -13- Fußnote 4, ff.; über 500 gezählte Bombentrichter auf der Hüls; Foto-Negativ Nr.: S. 70/8 Copyright durch Frau Koch, s.S.14.

besonders angesichts dessen, nachdem wir gesehen hatten, wie Probst Dürbaum unter den Trümmern seines Kellergewölbes zugerichtet war, zerschunden und mit Hostien übersät. Wir haben ihn am Tag da-nach ausgegraben und in den Trümmern der ausgebrannten Sakristei aufgebahrt.

Man musste täglich mit weiteren schweren Angriffen, bei denen wir in unserem Keller nicht mehr sicher gewesen wären, rechnen. Deshalb suchten wir von da an häufiger Schutz im tiefgelegenen Stollen unter dem Adalbertswall.

Die Stadtmauer, die im Mittelalter den Menschen in der Stadt Schutz bot, schützte uns jetzt dennoch mit ihren nur noch spärlichen Resten über uns in dem unteririschen maulwurfartigen Stollengang an der Martin-Lutherstraße vor den Bomben des 2. Weltkrieges.

Die Folgen der Bombenangriffe für die TH ,

Spätfolgen:

Aufnahmen: Manfred Meyers

Abb.14: Blindgänger[1] als Rest eines versuchten Angriffs auf eine Flakstellung beim Melatener-Feld mit 7 Sprengbomben am 3. Juni 1941[2]

Am 14.9.1978 wurde der Blindgänger bei Ausschachtungsarbeiten für den Straßenbau zum Physikzentrum gefunden. Es gab **Bombenalarm** mitten im **Frieden,** der das gesamte Physikzentrum in Angst und Schrekken versetzte. Wir dachten an einen Terrorakt. Der Sprengmittel-Räumtrupp der Bezirksregierung Aachen hatte die Luftmiene aber gefahrlos entschärfen und abtransportieren können.
Für das künftige **TH-Gelände** war der Fund eine **späte** Bombardements-Bescherung.

1 H.Geller: privates Fotoarchiv,Abb.14, mit freundlicher Genehmigung zur Publikation von Meyers Manfred, Serien Nr. 323/27 überlassen und mit ausdrücklicher Genehmigung von Herrn Gert Fidorra , des damaligen technischen Leiters des Kampfmittelräumdienstes der Bezirksregierung Aachen, stellvertretend auch für seine ehemaligen Mitarbeiter.

2 Dr. Poll: „*Aachen in Zahlen*“, Seite 329, 3.6.1941.

So hat der Blindgänger für das gesamte Physikzentrum die weiten Schatten des **Chaos** einmal vorausgeworfen.

Aufnahme: Manfred Meyers

Abb. 15: Der Zünder in der Hand des technischen Leiters des Kampfmittel-Räumdienstes[1]

Wie viel unzählige Male haben er und seine Männer sich den Gefahren aussetzen müssen und wie viele Menschen haben sie vor heimtückischer, nachträglicher Gefahr des **Chaos** bewahrt!

Aufnahme: Manfred Meyers

Abb. 16: Nach der Entwarnung des Bombenalarms vor dem Abtransport des Blindgängers[2]

Ein herzlicher Dank an die Mannschaft, die auch an vielen anderen Orten Chaos nach dem Kriege verhindert hat.

1 H. Geller: private Fotoarchiv, Abb.15, mit freundlicher Genehmigung zu Publikation von Meyers Manfred, Serien-Nr. 323/31, überlassen.

2 H. Geller: dito, Abb.16, Serien-Nr. 323/35, 5. v. rechts: H. Geller. Genehmigung zur Ablichtung der Personen, s. Seite -39- Fußnote 1.

Die Auswirkungen des überwiegend mit Brandbomben ausgeführten **Großangriffs** am **14.7.1943** von 1.45 bis 2.42 Uhr, an den TH-Gebäuden (z.B. Abb.17 - 18) belegen zwei **Rektorberichte vom 15. und 17. Juli 1943 !** Sie sind im Archiv der TH Aachen (ATHAC) gut dokumentiert; - einer über den Angriff selbst[1] und ein zweiter über die Schäden[2]. Man kann die Berichte dort gut einsehen und selbst lesen.

Gottlob blieben „die Physik" in der Schinkelstraße und benachbarte Institute ziemlich verschont[2], wie das Luftbild S. -154- (links neben dem Hauptgebäude) zeigt. Beim Angriff vom **23. zum 24. 9. 43**, den die **englische Zeitschrift „Aeroplane" u.a.** auch dokumentiert hat[3], war wieder die TH[4] diesmal stärker im Bereich des Westbahnhofs betroffen.

Auf das Rektorrundschreiben über die Meldung von Institutsschäden vom 20.7.1944[5] schrieb Dipl. Ing. Gerd **Schumacher** am 23.7.1943 i.A. von Prof. Dr.-Ing. Wilhelm Fucks:

„Beschädigungen an Lehr- und Forschungsmitteln konnten bisher nur in unwesentlichem Ausmaß festgestellt werden. Eine Ersatzbeschaffung ist deshalb nicht erforderlich" [6].

---

1 Rektor: ATHAC, ex 967 o.Bl.Nr.: Bericht über den Angriff vom 13. auf 14. Juli 1943; In Details nicht abgelichtet.

2 Rektor: ATHAC, ex 967 o.Bl.Nr.: Bericht über die Schäden an TH-Gebäuden vom 17.7.1943; In Details nicht abgelichtet.

3 The Aero-plane: Ausgabe OCTOBER 1, 1943, Seite 379: Thursday, September 23, „NIGHT: Main target: Mannheim- Ludwigshafen, Darmstadt and **Aachen** also bombed. Intruders of Fighter Command destroyed tow Me 110S, a Dornier Do 217 and Fw190. Several enemy night fighters destroyed by bombers. **Thirty-two bomber lost..**"

4 Rektor: ATHAC ex 967 o.Bl.Nr.: Bericht vom 5. Oktober über den Angriff vom 23. 9. 1943

5 Rektor: ATHAC,ex 967 o.Bl.Nr.: Berichte der TH-Inst. über Beschädigungen auf Grund des Rundschreibens: „Der Rektor der TH , Tgb.Nr.2066 An sämtliche Institutsleiter und Lehrstuhlinhaber, Herrn Prof. Dr. ....Hier. Aachen, den 20.Juli 1943 Bis Freitag, den 23. Juli 1943 ersuche ich um Meldung über die bei den Instituten u. Lehrstühlen eingetretenen Verluste u. Beschädigungen von Lehr- und Forschungsmitteln. Hierbei sind größere und wertvollere Instrumente und apparative Einrichtungen einzeln aufzuführen unter Angabe, ob eine Ersatzbeschaffung ohne weiteres möglich ist oder ob die Gegenstände nur mittels Genehmigungsverfahren neu zu erwerben sind. Die Löschung im Inventarverzeichnis mit entsprechendem Vermerk ist durchzuführen, Meldung über den erfolgten Absatz bis 25.9.1943. Gleichzeitig erbitte ich auf gesondertem Blatt Angaben, wer von den Institutsangehörigen und in welchem Umfang fliegergeschädigt ist. Die neue Anschrift ist mitzuteilen."

6 Phys. : Institut: ATHAC, ex 967 o. Bl. Nr: Fehlmeldung von Schumacher vom 23.7.43 an Rektor bzgl. Sachschäden .

Am 2o.9.1943 wurde dann Schumacher gegenüber dem Rektor allerdings viel bestimmter, da er die damals als gering eingestuften und deswegen offensichtlich nicht so ernstgenommenen Bauschäden doch nach zwei Monaten sehr bald behoben haben wollte; denn mehrere beschädigte Türen, z.B. der Labors, der Sammlung, dem Vorzimmer von Professor Fucks und zur Bibliothek verleiteten zu immer mehr Diebstählen. Er bittet zur Reparatur dringend um Überlassung geeigneter Fachkräfte.[1]

Zur Beseitigung von Schäden an anderen Gebäuden forderte der Rektor Wehrmachtsangehörige an[2], zusätzlich zu den zu Aufräumdiensten verpflichteten Studenten.

Aufnahme: Stadtarchiv Aachen

Abb. 17: Aufnahme des TH-Hauptgebäudes am Templergraben mit den ausgebrannten oberen Stockwerken, ein Blick durch die offenen Fensterhöhlen[3].

1 ebd.: Reklamation von Schumacher am 20.9.43 an Rektor, wegen mangelnder Schadensbeseitigung.

2 ebd.: Schreiben des Rektor an den Kreisleiter! Parteigenosse Schmeer, Aachen, Stefanstraße 16/20 am 19.Juli 1943,da der kriegswichtige Forschungsbetrieb fortgeführt werden muss.

3 Stadtarchiv AC: Abb.17, Fotoarchiv, Negativ -Nr.: T 848/15, s.S. -14-.

Die Professoren der benachbarten Institute, **Rogowski** vom Elektrotechnischen, **Linke** vom Aerodynamischen Institut und **Sauer** vom Institut für praktische Mathematik meldeten dagegen keine Verluste und allenfalls nur Glasschäden.[1]

Das Physikalische Institut meldete zum Teil fliegergeschädigt folgende Mitarbeiter: *„**Albert Walter** und **Hubert Bohrer** sowie die Totalfliegergeschädigten **Trud Ross** und Frl. **Else Feldermann**[2] , die* (danach vorvorübergehend) *in Laurensberg, Roermonderstr. 150 oder Oberhausen, Humboldstraße 9 wohnt."* Totalfliegergeschädigt hieß:

Wohnung, Hab und Gut vernichtet.

Meister **Bohrer** und Hilfskraft **Feldermann** vom Physikalischen Institut bekamen schon bald eine „andere" **Dienstwohnung,** weit weg von **Aachen**!

Aber auch die anderen Institute meldeten Gebäudeschäden. Das Ausmaß des Angriffs und der Schäden war immens. Die Zerstörung des einst von Kaven - als schönstes Chemie-Instituts Deutschlands mit seinem herrlichen Hörsaal errichtet - ist wohl einer der schmerzlichsten Verluste gewesen (s. Abb. 18)! Aber es sollte eben auch nichts für die „Ewigkeit" gebaut sein.

Aufnahme: Krückels Herzogenrath

Abb.18: Die Rückseite des Chemie-Instituts **Templer**graben/ **Wüllner**straße, dahinter das TH - Hauptgebäude[3]

---

1 ebd.: Fehlmeldungen von Rogowski an Rektor am 21., Linke am 23.7. und Sauer am 29.7.43.

2 ebd.: Meldung der Personen des Physikalischen Instituts, deren Wohnungen fliegergeschädigt waren, an Rektor am 21.7.1943 von G. Schumacher.

3 Stadtarchiv: Negativ Nr. 68/6, Im Chemie-Institut sollten nur „Massen" analysiert werden Die Trümmer zeigen den **Ungeist**, der sie bewegte.

Der Eingang zum Chemie-Institut am Templergraben trug die Inschrift:

... „***MENS AGITAT MOLEM*** “*...*[1],

was die Öcher zur freien Übersetzung verleitete:

„D'r Mensch ajitiert met de Mull.“

Was richtiger heißen würde, wenn man die lateinische Sentenz vom Kontext isoliert übersetzt:

Der Geist bewegt die Massen.

In der Tat hat der Mensch, menschlicher Geist, die Masse dieses Gebäudes und vieles andere in kriegerischer Zerstörung bewegt, ein wenig zu viel. Das sind dann Folgen einer Parole, die der Interpretation des aus dem Zusammenhang gerissenen **Vergil** - Zitates erwuchsen.
Richtig ist, dass
„'Prinzipio'...= **Anfangs**, 'Spiritus' = **(göttlicher)Geist** ... **bewegte die Masse**.“
Aeneis VI. Buch, Vers 722 - 728 ff.
Man sollte dabei bedenken, dass Vergil Anchieses Schilderung an seinen Sohn im '**Präsens historicum**' verfasste.

Aufnahme: Krückels Herzogenrath

Abb.19: Zerstörte Häuser am Pontwall[2], in denen auch TH-Angehörige ihre Wohnungen verloren, sind weitere Beispiele des Chaos.

---

1 Vergil: Aeneis, Buch VI, Vers 727; auch Lessing soll sich mit dem Spruch beschäftigt haben. Eine Seite der Pringorumplakette trägt ebenfalls die Inschrift!. Vgl. auf S. -102-, Abb. 44b und c, Verleihung an G. Schumacher anlässlich seiner Ernennung zum Dipl. Ing.!

2 Stadtarchiv: Negativ-Nr. Pl. 3360/5, **August 1944 !** Z.B.: Pontwall Nr.2: Prof. Nipper, Nr.6: Dr.-Ing. Schwarz , Nr. 10: Privat- Doz. Dr. Breddin und Bibliotheksrat Walther, Nr.14: Prof. Dr. Schreber. Copyrighzkredit des Bildes durch Krückels; Herzogenrath.

Neben den materiellen Schäden der Institute waren die meisten durch den Verlust von Mitarbeitern und deren Wohnungen besonders betroffen, z.B. Eisenhüttenkunde: Ein Mitarbeiter wurde getötet, 4 Wohnungen von Mitarbeitern total, und 5 schwer beschädigt.[1] Bei Mathematik-Professor **Dr. Sauer** war sein Assistent **Dr. Pösch** total fliegergeschädigt.[2]

Da also über alles, über jeden Mitarbeiter und sogar über Studenten genauestens Buch geführt wurde, gehört hierzu auch die Meldung der „Hausverwaltung" in der Person des Werkmeisters **Stein** über **einen** im Krankenhaus liegenden Studenten, und auch über die nach dem Bombenangriff vom 14.07. aus den Aufräumdiensten entlassenen Studenten, unter anderen die Notiz:

*'Es wird entlassen am 9./10.1943. Bruno **Franzen**'*[3],

(als Physikstudent**)**. Nach dieser Unterbrechung besuchte er die Vorlesung und Praktika vorerst wieder relativ ungestört.

Es sollte lange dauern, bis die Physik in Aachen wieder wirklich ungestört arbeiten konnte. Professor **Fucks** hatte damals schon im Sinn, für jedes physikalische Gebiet einen eigenen Wissenschaftler zu engagieren und dann ein größeres Gebäude zu errichten. Die Idee zum Bau des **Physik-Zentrums** entspringt deshalb **seinem** kreativen Geist. Aber erst unter dem Rektorat von Professor Dr. Helmut **Faissner** im Jahre 1970 konnte man die Weichen dafür stellen und 1976 dieses „Zentrum" im Westen der Stadt schließlich beziehen.
Für diesen Wandel aus Ruinen steht symbolisch im Osten der Stadt die ehemalige Kraterlandschaft auf der Hüls und als neues Leben im Westen das Physikzentrum an der **Sommerfeldstraße**.

Das Bild auf der nächsten Seite zeigt den gesamten Komplex des Physikzentrums, mit den Instituten der Elektrotechnik, im linken Viertel des Bildes. Auch in der Neuzeit wurde wie 1929 in der Schinkelstraße die Physik und die E-Technik wieder gemeinsam, diesmal in „Melaten" erbaut (s.n.S.). <jetzt zusätzlich mit dem **W**erk-**Z**eugmaschinen **L**aboratorium, das sogenannte **WZL** links vom Bild unten leider nicht abgelichtet>.

---

1 Rektor: ATHAC, ex 967 o. Bl. Nr. Schr. von Inst. für Hüttenwesen an Rektor v.
2 Prof. Dr. Sauer: ATHAC, ex 967 o. Bl. Nr. Meldung an Rektor vom 29.Juli 1944 .
3 Hausverwalter Stein: ATHAC, ex 967 o. Bl. Nr. Schreiben vom 2. 10. 1943 an Rektor von Stein über aus dem Krankenhaus und aus den Schutt-Räumdiensten entlassenen Studenten, etc... !

Abb.20: Der gesamte Komplex des **Physikzentrums** in „Melaten“[1], in einer Gegend, die einst den totgeweihten Kranken vorbehalten war.

Aufnahme: H. Geller

Abb.21: Die Buslinie 23/43 **Physikzentrum** - **Friedhof Hüls** und umgekehrt.[2] Vom ehemaligen **Chaos** u.a. ins **neue Leben der Physik**, quer durch unsere Stadt Aachen!

---

1 H. Geller: Privates Photoarchiv: Dia Sammlung vom Staatshochbauamt für die TH Aachen: Sept. 1988; = A 4297,4.1.1.13/48 Reproduktion der Luftaufnahme, die Herrn Prof. Dr. Fucks zu seinem 80. Geburtstag im Gedenken an seine Idee, zur Errichtung eines Physikzentrums in Aachen vermacht wurde, Repr. des Geschenk's an Prof. Dr. W. Fucks, Foto **Beißel**.

2 H Geller eigenes Photo 2003, Aufnahme eines Linienbusses der ASEAG vor der Haltestelle des Physikzentrum.

Die Auslagerung der Institute

Schon ab Anfang 1943 wurde die Auslagerung von Instituten in einem Umkreis von ca. 30 km um Aachen erwogen, wobei durchaus auch die besetzten belgischen und niederländischen Gebiete mit einbezogen werden durften, damit die Vorlesungen noch gehalten werden konnten.[1]
Selbst nach dem verheerenden Angriff vom 14.7.43 hieß es seitens des Rektors Prof. Ehrenberg im Kommandoton:
„Das Semester wird ordnungsgemäß zu Ende geführt.Weiterführung der Vorlesungen am Montag, den 19. ds. Mts.. Sammeln der Studenten vor Kollegbeginn vor den Dienstzimmern der Professoren zwecks Einweisung in die neuen Hörsäle. Die Prüfungen werden ordnungsgemäß abgewickelt".[2]
Professor Dr. Bruno **Franzen** erzählte mir kürzlich, dass Frau Dr. **Heinen** mit ihnen das **Physikalische Praktikum** sogar in **Heerlen** in den Praktikumsräumen der **„Mittleren Techn. Schule"** (MTS) durchgeführt habe, das er im SS 1944 besuchte.*„Die Studenten fuhren dorthin mit der 'Aachener Straßenbahn',einem elektrisch per Oberleitung angetriebenen Schienenfahrzeug".*[3]
Unabhängig von Frau **Heinen's** Privatinitiative wurde am 22. Juni 44 die M.T.S mit Inventar und Lehrmittel vom Reichskommissar der besetzten Niederländischen Gebiete für die TH Aachen beschlagnahmt. In dieser Abordnung *„ontpopte zisch later een der bezoekers als dr **Rector Manificus** bezoekers als de Rector Magnificus van de Technische Hochschule te Aken".*[4]

Aufnahme: Word aan Daad, Heerlen
Abb. 22a: De M.T.S., aan de Burg, Savelsbergstraat te Heerlen

---

1 Rektor: ATHAC ex 967 o.Bl.Nr. Auslagerung der Institute, z.B. 30 Km Umkreis um Aachen.
2 Rektor: ATHAC ex 967 o.Bl.Nr. Rundschreiben zur Vorlesungsweiterführung.
3 Prof.Dr.B. Franzen: Schr. an H. Geller vom 27.03.04. Praktikumsdurchführung bestätigte das „Stadsarchief Heerlen" und Bibl. **W.Ermers.**
4 Gedenkbook M.T.S: „van de M.T.S. te Heerlen, 4. Dez. 1922-1947" Zitate und Ablichtung von Prof. Dr. Nick **Teunissen**, Doz. für Maschinenbau, Heerlen, genehmigt. Informationen gab auch der jetzige Archivar des Stadsarchief Heerlen, **Jos. Krüll**, über ***„Word an Daad"***, der Studentenzeitschrift der M.T.S; außerdem gab er Anschriften über mögliche Ersatzwohnungen v. Fr. Heinen während des Krieges und wusste von Fußballspielen zwischen deutschen und niederl. Studenten. **Sie** wohnte bei den Eltern: Im Grüntal 28. Nach Zerstörung: Lebensmittelladen Junkersmühle 27.

Für die Auslagerung der Institute zu ihrem Schutz war eine gute Koordination der Maßnahmen durch die Fahrbereitschaften unerlässlich[1], wurde aber leider nur selten erwirkt. Auf ein Schreiben des Rektors vom 20. Juli 1943, Tgb. Nr. 2065, antwortet z.B. Prof. Dr. **Czaja** für das Botanische Institut:
„Die ausgelagerten Gegenstände befinden sich im Keller des Instituts für physikalische Chemie *und theoretische **Hüttenkunde**, Wüllnerstr.(F 337) Wer für diese Gegenstände die Verantwortung trägt, vermag ich allerdings nicht anzugeben*“[2]. Ein einziges Durcheinander, ein *kleines* Chaos.

Auch Prof. Dr. **Eiländer** vom Inst. f. Eisenhüttenkunde tat sich schwer mit richtigen Schritten. Er wollte ins Metallhüttenmännische Institut der Universität Lüttich.[3] Der Militärbefehlshaber in Belgien und Nordfrankreich zog eine Auslagerung in die Universität **Brüssel** vor.[4] Das Hin und Her verzögerte nur die dringend erforderliche Maßnahme und endete schließlich Januar 1944 in der Zweigstelle der Firma Schierval, Ensival, Rue de Verviers und Solvent Belge,**Verviers**, *Rue **de l'*** **Invasion**[5].
Das verlangte dann am 1.9.44 eine erneute Flucht, die nahe Bielefeld endete, wobei für einen Transport von Verviers nach Aachen die **Aachener Kleinbahngesellschaft** sich bereiterklärt hatte[5].

Das **Aerodynamische Institut** war wohl mit das letzte, das in ein Ausweichquartier umziehen konnte, denn erst am 6.4.1944[6] erhielt der Rektor der TH '*.... die Mitteilung, dass, wenn die Bauarbeiten in unserer Ausweichstelle **Sonthofen** den vorgesehenen Verlauf nehmen, mit einer Verlagerung unseres Instituts etwa im Beginn des Monats Mai gerechnet werden kann*'[6].

1 Rektor: ATHAC ex 967 o.Bl.Nr.Betr. Auslagerung, Tgb.Nr. 2015, Rundschr. d. Rekt. v. 9. 7. 1943, 4 Tage vor Brandangriff
2 Prof. Dr. A. Czaja: ATHAC ex 967 o.Bl.Nr.vAn Rekt., 22. o7. 1943, betr.: Auslagerung; Antw. auf Rundschr. d. Rekt. v. 20.7.1943
3 RMfWE u.Volkswiss.: ebd. Aus Schreiben v. 28.10.1943 an Kommerzienrat Röchling Völklingen Saar, Zeile 8; **8** ebd. 2.Abs. Zeile 1u.6
4 Prof. Dr. W. Eiländer: ebd. An Rüstungskommando Köln , v. 11.1.1944, 1.Abs.betr. Auslagerung n. Verviers 28 und Gemmenich 5 Mann
5 Bericht Eilender: ATHAC ex 91: Geschlossener Vorgang zur Rückführung. des Insti. f. Eisenhüttenkunde: Seite 93 , Bericht über den Abtransport der Geräte aus Aachen und Verviers zum 1.9.44, ab Z. 25, Verfasser unbekannt.
6 Aerodyn. Institut: ATHAC ex 967 o.Bl.Nr. An Rektor, 6.4.1944, betr.: Verlagerung.

Mit einer Ortsbesichtigung am 16.7.1943 begann die Auslagerung der TH Bibliothek[1] in den Bunker bei Stolberg bzw. Eilendorf und die Auslagerung des Instituts für Mineralogie und Geologie in fünf Westwallbunker bei Dürwiss[2]. Die Verpflichtung des Rektors zur Geheimhaltung dieser Maßnahme unter Androhung des Landesverrates bei Zuwiderhandlung[3] trug sicherlich 1945 dazu bei, dass die Bunker von den Amerikanern trotz Warnungen in die Luft gesprengt wurden[4].

Die nun anlaufenden Auslagerungsaktionen der Institute, deren Mitarbeiter noch Schutt wegschaufeln mussten, wurde mangels fremder Kräfte ebenfalls mit eigenem Personal oder Unterstützung der Hochschulfahrbereitschaft durchgeführt. Da gab es am 16.7.43 bei 2 Institutsdirektoren eine ganz große Aufregung über folgende **Meldung** :

*„**G e h e i m**! „SSD LBRL o523 **14/7** 1525 DGZ“ „Nachrichtlich. an Techn .Hochschule Aachen“ „**Institut für praktische Mathematik** (**Sauer**) **und Physikalisches Institut** (**Fucks**) der Technischen Hochschule **sofort verlagern** nach Ummendorf bei Biberach/Riss **in dortiges Pfarrgebäude**. RLM Forschungsführung B., Aktenzeichen: 11 B 1010 Nr. 006133 GH“* [5]

Mit Weitergabe dieses **Telegrammes**, dem Aktenzeichen zufolge vom *14/7, zur Kenntnis* an *die Professoren Dr.* ***Fucks*** und *Dr.* ***Sauer*** mit Schreiben von Freitag, dem 16.07.43, erbittet

Abb. 22 b: Pfarrgebäude von Ummendorf[6]
Die Physik quasi in Gottes Hand

1 Rektor: ebd. Schr. Vom 15.7.43, Festlegung Ortstermin: 16.7.43, 13.30Uhr, Vorbesprechung bei Rektor Ehrenberg, 12.45 Uhr im Zi. 86.
2 Mineral.: Inst. : ATHAC, ex 967 o. Bl.Nr. Verfügungsstellung. von Bunkern durch Kdr Gener. Burckhard Neubauleitung: Major Hoffschnidt 2367, Köln.
3 Rektor: ATHAC, ex 967 o. Bl.Nr. Tgb.-Nr 3345: Geheimhaltungsverpflichtung der Mieter.
4.Lohse: Sprengung der Bunker 1945, Geschichte der Bibliothek.
5 RLM. : Telegramm: ATHAC ex 967 o. Bl.Nr. RLM, Forschungsführung B.Az.11 B 1010 Nr. 006135.
6 H.Geller: privates Photoarchiv, Aufnahme So. 23. 07. 2000.

der **Rektor**, Herr Prof. Dr. **Ehrenberg**, sofortige Rücksprache im Rektorat Zimmer 86 bis 19.30 Uhr oder Fernruf Wohnung Nr. 35767. Falls nicht möglich, Freitag, den 16.7.43, 9,00 h[1]. *In Eile* antwortete Herr Sauer dem Rektor handschriftlich, 'dass ihn das Reichs-Luftfahrt-Ministerium (RLM) bereits telefonisch informiert habe, aber eine Verlagerung erst in etwa 14 Tagen möglich und er dort *Mitte nächster Woche* verabredet sei'.[2]
Am 29.7.1943 schreibt **Sauer** dem Rektor, 'dass er die Auslagerung nach **Ummendorf** für die vorlesungsfreie Zeit gemeldet und die wichtigsten Gegenstände für Unterricht und Lehrbetrieb in **Altenberg**[3], Restaurant **Wetzels** (s. Abb. 22c) Arno v. Lasseaustraße ordnungsgmäß sichergestellt habe' und beendet seinen Brief mit der Feststellung:

„Alles Geheimmaterial befindet sich in Ummendorf"! [4]

Die **Tarnung** war also **komplett**. (wie sie stets zur Durchsetzung der verschiedensten Interessen angewendet wird, wie z.B. auch beim 'Trojanischen Pferd').
Die „Arno von Lasseau"- Straße kennt heute in Altenberg kaum noch jemand, da sie nur während der Deutschen Besatzung von 1940 bis 1945 diesen Namen trug. Die Deutschen hatten sie nach dem aus einem alten Süd-Limburgischen Geschlecht stammenden von 1803 bis 1859, sowohl im „Alt"- und seit 1816 im „Neutral-Moresnet" genannten Ort tätigen, von Niederländisch Limburg als auch von Belgien geschätzten **Bürgermeister** benannt[5].
In der Familie Lassau gab es - am Rande bemerkt - auch einen Professor der Mineralogie. Das lag möglicher Weise an dem Mineral „Galmei" (Hemimorphit und Zinkspat), nach dem in diesem Ländchen gegraben

---

1 Rektor: ebd. Schr. v. 16.7. an Fucks und Sauer zur Besprechung mit ihm, Ehrenberg, über Auslagerung der Inst. nach Ummendorf

2 Sauer: ebd. Antwort an Rektor handschriftlich mit 5 Punkten 1) Verlagerung des Instituts n. Ummendorf in 14 Tagen und Rückkehr zum Ende Oktober. 2) Abwesenheit ab Mitte der Woche vom 19.7.43. 3) „Ich kann zu Hause nicht anrufen" aber dort angerufen werden. 4) Mein Institut ist seit heute wieder in Betrieb.5) Ich prüfe morgen planmäßig von 11-12 und 15-18 Uhr. Bis morgen 10 h ! In Eile! Ihr R. Sauer."

3 **Altenberg** : Im ehemaligen belg. Neutral-Morsnet, siehe unten, Fußnote 5

4 Sauer: vgl. Seite - 45 -, Fußnote 2, ebd.: diesmal ein Schr. v. 29.7.43 an Rektor, betr. Auslagerung, aus ATHAC ex 967

5 Jak. Langohr: Gesprächsnotiz vom 28.08.2003 AC Lütticherstr. 532 und Lehrer Pauquet Fremdenführer von Kelmis Schulstraße.

wurde. Daher jedenfalls trägt Neutral - Moresnet den Namen La Calamine oder Kelmis.

Das **„Restaurant Johann Wetzels“** lag an der Ecke Moresneter-Straße und der früheren und heutigen Patronage-Straße, an der sich jetzt noch ein Café befindet.[1]

Dort also logierte seit Herbst 1940 Prof. Sauer öfters in den Fremdenzimmern der beiden oberen Etagen wo die Vorlesungsunterlagen Ende Juli 1943 zurückblieben. Diese landeten zusammen mit den Möbeln der Familie in einem Schuppen hinter ihrem Hause, nachdem sie 1944 Kelmis verlassen hatten. Sauer musste von den Kindern mit Onkel Doktor angesprochen werden. Hin und wieder sahen sie ihn mit einem Dorf-Maler namens Jeanwell im Lokal Schach spielen.

Herr Léon Wetzels berichtete mir, dass Sauer mit seinem Vater etwa Mai 41 über die „Grüne Grenze“, dass war die zum alten belgischen Gebiet liegende neue Westgrenze von Kelmis, für 2 Tage weg waren. Diese Aktion müsste wohl mit der Zwangsrekrutierung der wehrfähigen Männer im von den Deutschen zurückeroberten Gebiet Eupen/ Malmedie zusammengehangen haben.

Abb. 22 c: **Restaurant Johann Wetzels** etwa 1939[2] Im Eingang stehend, Joh. Wetzels mit Frau, vor dem Trottoir: li. Sohn Peter und re. Sohn Léon, der mir das Bild zur Ablichtung überließ. An der Seite rechts die Fenster an der Patronagestraße mit den Gästezimmern, in der oberen Etage.

1 Stadtverw. Kelmis: Frau Hilligsmann, Schreiben v. 02. 09.2003.
2 Léon Wetzels: Abb. 22b, priv. Photoarchiv von Herrn Wetzels, Kelmis, Kriechelstein 25.

Aber auch der Mathematiker, Prof. Dr. Franz **Krauß**, hatte, wie aus seinem Schreiben vom 25.April 1946 an den Belgischen Konsul Van **Kerkhove** hervorgeht, etwa 600 Bücher, wissenschaftliche Protokolle und Instrumente, wie Planimeter, Rechenmaschine und Integraph, nach **Moresnet** ausgelagert; und zwar in das Franziskanerkloster **Eiksen**[1].

Prof. Sauer schreibt am 30. Juli 1943 an den Rektor, dass 'außer ihm selbst folgende Institutsangehörigen an der Verlagerung nach Ummendorf beteiligt sind':
„Dr. Heinr. P ö s c h, Frl. Aenne S c h n e l l, Frl. Elis. P o h l und Fr. Else W a r t u sch". Frl. Else W i e r t z wird sich jeden Vormittag zur Weiterleitung der Post und dringender Mitteilungen an mein Institut nach Ummendorf in der Hochschule einfinden".[2]

Bis dahin waren noch Promotionen (s. Fakultätsregister-Nummern) anhängig: z.B. Nr.134, Stud. Ass. Walter **Weinberger** bei Prof. **Sauer**, der zu dieser Zeit auch Dekan der 'Fakultät für Naturwissenschaften und Ergänzungsfächer' war, am 26.7.43, bei der Prof. Dr. **Schultz Grunow** als Korreferent und Prof. Dr. **Fucks** als Beisitzer fungierten.[3] Das Thema der Arbeit lautete:

„Mathematische Untersuchung der inkompressiblen Strömung um eine freifahrende Verstellschraube bei schwacher Belastung".[4]

Vor der Zulassung zur Promotion wurde vermutet, dass Teile der Arbeit von ukrainischen Wissenschaftlern veröffentlicht worden seien.
Wir kommen später noch darauf zu sprechen: Ein Herr **Litkewitsch** oder **Linkenwitsch** könnte dabei eine Rolle gespielt haben?

Fucks übersiedelte mit seinem Institut bekanntlich Anfang **August** nach **Ummendorf,** so dass vorher bei ihm Frl. Anna **Heinen** noch am 31.7.43 promovieren musste. Bei deren mdl. Prüfung hat Prof. **Sauer,** der als **Korreferent** und **Dekan** seit dem 30.7. bereits verhindert war,

---

1 ATHAC: ex 1556, Schr. der Fak. f. Naturwissenschaften und Ergänzungsfächer TH Aachen an das Belg. Konsulat für Krauß.
2 Sauer: ebd. Schr. v. 30.7.43 an Rekt. betr. Teilnahme von Institutsangehörigen an der Auslagerung nach Ummendorf , Ex 967.
3 W. Weinberger: ATHAC, ex 3028 E 24 Aus Promotionsakte, Aachen , den 26.Juli 1943, 12-13 Uhr.
4 Fakultät I: 134/43 Titel der Arbeit (bereits verschlüsselt) Walter Weinberger, * 30.06.06, Berlin-Adlershof, Winterbergreihe 64.

Prof. Dr. Franz **Krauß** diesen ordnungsgemäß vertreten[1], was ab SS 44/WS45 im Vorlesungsverzeichnis auch offiziell dokumentiert ist[2]. Ihr Thema:

„Untersuchungen zur Windgeschwindigkeitsmessung“ [3].

Dies war jedoch nur **der Tarntitel** , wie er an die Bibliotheken weitergegeben wurde. Das **eigentliche Thema** der Arbeit lautete:

„Untersuchung am Vorstromanemometer “ [4].

‘**Frl. Heinen** hat Stromgeschwindigkeiten an Gasen bei deren stationäre Strömung gemessen. Dazu hat sie, anders als bei den bis dahin bekannten Methoden, den dunklen Vorstrom einer elektrischen Gasentladung anemometrisch ausgenutzt. Dabei arbeitete sie zur **Vorionisation** mit 3 verschiedenen Arten: mit **ultraviolettem Licht**, mit **Röntgenstrahlen** und mit **radioaktiven Präparaten.**’ Das erwähnt Prof. Dr. Sauer in seinem Gutachten[5] als Korreferent und schreibt wörtlich:
„Die Bedeutung der Ergebnisse dieser **neuartigen** Methode liegt in ihrem Nutzen für die **Ausmessung von Geschwindigkeitsbereichen**, für welche gleichwertige **andere** Methoden nicht zur Verfügung stehen“, ...!

Gleich nach der Prüfung noch am 31.7.1943 sendet Prof. Dr. F. **Krauß** die Dissertation **Heinen,** „die unter Geheimschutz entstanden ist“, an das OK der Wehrmacht, Abtlg. Wissenschaft, Berlin Tripitzufer und versichert, dass die für die Arbeit verwandten Unterlagen unter vorschriftmäßigem **Verschluss** liegen[6]. (Am „Tripitz Ufer“ arbeitete auch der „frischgebackene“ Dr. **Walter Weinberger**!)
Frau Dr. Heinen war danach bis in die 50-er Jahre überwiegend im Physikalischen Praktikum tätig. - wir nannten sie immer „Tante Anna“, wurde aber von uns natürlich nicht so angeredet (Vergl. Seite -47-, Physikpraktikum in der M.T.S zu Heerlen). Bei Arbeiten, angeblich in der Dunkelkammer, erlitt sie eine Quecksilbervergiftung unter der sie lange sehr gelitten hat.

---

1 Anna Heinen : ATHAC, ex 3028 E 25, Aus Promotionsakte, Aachen, den 31.Juli 1943, 10-12 h;
2 VV1944/1945: ex A 72 / 84, S. 8.
3 Deutsche Bücherei: ‘Jahresverzeichnis der deutschen Hochschulschriften 1943; Aachen / Technische Hochschule <43. 21; **(lag nicht vor)**’.
4 Anna Heinen: **geheimer** Dissertationstitel, der **Tarntittel** ihrer Arbeit. ‘**o anemos**’ , gr. , das Wehen, der Hauch, der Wind.
5 Prof. Dr. Sauer: 3028 E 25, Promotionsakte, u.a. Korreferat zur Arbeit; „Untersuchung **zum** Vorstromanemometer“ vom 29. J u l i 194
6 Prof Krauß: ebd. Schreiben über den Rektor an OKW vom 31.7.1943.

Im Gegensatz zur Dissertation von Dr. Walter Weinberger liegt die Arbeit von Frau Heinen bei keiner Bibliothek vor! Bisher wurde sie bei meinen Recherchen auch sonstwo nicht gefunden.
Vielleicht war die Zerstörung ihrer Wohnung im Elternhaus Grüneck Nr. 28 auch die Ursache für die Vernichtung ihrer Dissertation. Später wohnte sie in der Nachbarschaft, Junkersmühle 27.[1]

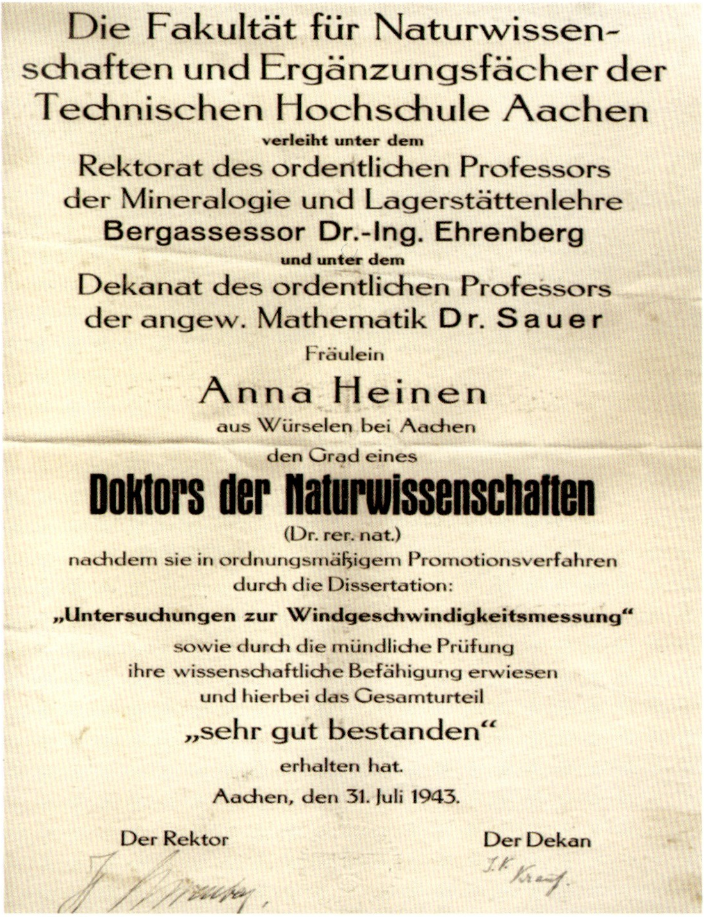

Die Fakultät für Naturwissenschaften und Ergänzungsfächer der Technischen Hochschule Aachen
verleiht unter dem
Rektorat des ordentlichen Professors
der Mineralogie und Lagerstättenlehre
Bergassessor Dr.-Ing. Ehrenberg
und unter dem
Dekanat des ordentlichen Professors
der angew. Mathematik **Dr. Sauer**
Fräulein
Anna Heinen
aus Würselen bei Aachen
den Grad eines
Doktors der Naturwissenschaften
(Dr. rer. nat.)
nachdem sie in ordnungsmäßigem Promotionsverfahren
durch die Dissertation:
„Untersuchungen zur Windgeschwindigkeitsmessung"
sowie durch die mündliche Prüfung
ihre wissenschaftliche Befähigung erwiesen
und hierbei das Gesamturteil
„sehr gut bestanden"
erhalten hat.
Aachen, den 31. Juli 1943.

Der Rektor | Der Dekan
I. V. Krauß

Abb. 22 d: Doktorurkunde-Urkunde von Frau Anna Heinen

Seit den Tagen, in denen u.a. die Institute der Mathematiker **Krauß** und

1 Frau Fürst: Nichte von Frau A. Heinen überließ mir die Informationen und einige Dokumenten: mit Copyright für Doktorurkunden, Dokumente von Beschäftigungsverhältnissen,etc.; Kopien mit gleichen Rechten sind der Bibl. der RWTH, Herrn Dr. Rappmann von Frau Fürst Simmerath überantwortet worden.

Sauer sowie des Physikers **Fucks** trotz des Infernos in Aachen beim Bombenangriff am 14.07.44 verschont blieben, war diesen Drei ein **gemeinsames Schicksal** besiegelt; denn die Forschung von **Fucks** benötigte mathematische Hilfe von **Krauß** und besonders Berechnungen von **Sauer** mit seiner Rechenmaschine und umgekehrt: dessen Anlagen konnten von der Physikalischen Werkstatt verbessert und gewartet werden. Für die beiden war *Ummendorf* ***der*** *Standort für Forschung*, in Aachen blieb nur noch ein bisschen Lehre, also:

Hier Lehre, dort **geheime** Forschung.

Die räumliche Trennung wäre alleine noch nicht das Ende der Humboldt'schen Einheit von Forschung und Lehre gewesen. Vielmehr war sie nun erst recht dadurch **für die Aachener Physik zu Ende,** weil die Ergebnisse ihrer Forschung nicht mehr öffentlich, also diese keinesfalls mehr in **Freiheit gelehrt werden durfte!**

Der nur noch 14-tägige Vorlesungs-Rhythmus von **Fucks** ist bereits bekannt. Fucks war während der „vorlesungsfreien" Zeit stets im **„Pfarrgebäude"**, in dem er nun im Stillen forschte.

Das Hin und Her allerdings zehrte an seinen Kräften. (Das erfuhr später auch Faissner, als er fast wöchentlich zwischen CERN (Genf) und Aachen hin und her pendeln musste.)

So ging es weiter in das letzte Kriegsjahr, für das das Vorlesungsverzeichnis SS1944/WS 45[1] trotz allem rechtzeitig gedruckt und die Vorlesungen angekündigt waren, aber immer mehr fielen aus, und alles Gedruckte wurde gleichzeitig auch schon Makulatur.

Wie dem auch sei; an einen vernünftigen Schulunterricht war schon vor dem 11.4.44 nicht zu denken. Das gleiche galt für die Hochschule. Die angekündigten **Physik-Vorlesungen** waren wegen Fliegeralarm und weiterer Störangriffe einzelner Jagdbomber auch tagsüber kaum noch durchzuhalten. Bereits zum 1.9.1939 wurde der Vorlesungsbetrieb wegen des Aufmarschs der Wehrmacht an der Westfront in Aachen bis Mitte 1940 eingestellt, was schon zur Reduzierung der Studentenzahlen seitdem erheblich beitrug. Sie sank gegen Kriegsende auf den Tiefststand. Und nun konnte das Häuflein Studenten allein wegen des zunehmenden Chaos kaum noch etwas lernen; es sei denn von den Plakaten auf der Straße: immer wieder mit Drill die gleichen Parolen: „Räder müssen rollen für den Sieg", oder „Feind hört mit!"

---

1 VV1944/1945: Es halfen der TH Dr. Bosch: (Seite - 31 -) ebd. ff.; s. Auch ATHAC ex 49,
Dito Berufung Prof. Schwickerath v. KKG.

Die Humbold'sche Einheit von Forschung und Lehre, deren Prinzip es war und bis heute auch immer noch ist und sein soll, das zu lehren, was an sicheren Erkenntnissen in der Forschung stets neu gewonnen wird, die war seit längerem ja schon gestört und seit der „Ummendorfer Zeit" ganz zerstört, von der Freiheit von Forschung und Lehre ganz zu schweigen!
Die Front rückte von Westen immer näher. **Schumacher,** Stütze der Institutsorganisation, aber auch **Unteroffizier**, erhielt wieder einen Gestellungsbefehl. So musste er schnellstens nach Ummendorf zu Fucks. Auf dem Wegdorthin ins „Exil", von seiner Wohnung im Haus der Schwiegereltern Schordell, Eginhardstraße 20,[1] traf er auf der Krefelderstraße, das Notwendigste in einem Koffer verstaut, **Werner Geller**. Er kannte ihn von früher, als er noch in der Hüttenkunde (Eiländer, s. Fußnote 4) assistiert hatte. Sie wohnten sogar nicht weit voneinander entfernt.[2]
Kettel hatte Schumacher von der Eisenhüttenkunde zur Experimentalphysik g-lockt, *„die doch noch viel interessanter sei"*. Auch erzählte mir Schumacher, daß Cornel **Hammer**, der bei dem Theoretiker, Herrn Prof Dr. **Seitz,** eine Diplomarbeit über Elektrophorese machte, ihn am Rande des TH - Sportplatzes während einer „Zigarettenlänge" ebenfalls zum Wechsel zur Physik bewegt habe. Damit haben ihn die beiden sicherlich nicht falsch beraten! So kam er zu Prof Dr. W. **Fucks**, der zu diesem Zeitpunkt schon apl. Prof. für Theoretische Physik war.
Mit einem 'kleinen' Umweg über Einbeck[3] ca. 15 km nördlich von Göttingen, wo seine Frau Karola schon evakuiert war, wollte Schumacher Ummendorf erreichen.
Nach dem kurzen Gedankenaustausch - auch über die Absicht meines Vetters, ebenfalls bald zum ausgelagerten Institut in die Umgebung nach Bielefeld zu flüchten[4] - gab's einen Händedruck wie unter Freunden!--- Und von all dem, was danach kam, hatte vorerst Schumacher nichts mehr gehört.
Fucks erwirkte problemlos bei Professor **Gerlach** vom Reichsforschungsrat für Schumacher die erhoffte UK - Stellung, so dass dieser seine Doktorarbeit in Ummendorf fortsetzen konnte.
Mit der Flucht Schumachers war nun zugleich auch das **Ende der Physik in Aachen** gekommen.

---

1 Adreßbuch AC: Straßenverzeichnis S. 66, und Namensverzeichnis S. 327.
2 Schumacher: Meine priv. Notiz über Gespräch e mit Prof. Dr. Schumacher, (Seine Frau Karola verstarb 19 95, Grab Westfriedhof II) Flur 59, Herbst 2001.
3 Einbeck: nach der Landkarte aus: „Der große Weltatlas" Seite 106/107, E 5.
4 Vergl.Eiländer: ATHAC ex $ 5/96, S. 279-286, von 'Wilfried Dahl' (unter Mitwirkung v. Ulrich Kalkmann, Dissertation 1999) S. 281, Flucht aus Verviers. Seite 282, Laudatio v. W. Geller zum 70. Geburtstag von Prof. Dr. Dr. hc. „Walter Eiländer, dem die RWTH Aachen einen der 4 Studenten-Wohnhaus Türmen am Ende der Rütscherstraße einen Namen widmete, den 2. hinter dem Theodor von Kármán - Turm, ebd. S. 285.

Diskriminierungen während des NS-Regimes

Ich habe bei meinen Recherchen einiges gelesen über die echten und unechten Nazis in der TH und über die wenigen Unbescholtenen. Wie man in einem totalitären Staat Menschen unter Druck setzt, belegt, neben eigenen Erfahrungen, auch das Schreiben von **W. Geller** vom 29.04.1943, in dem er gegen das „Einholen von Auskünften über <seine> Person bei Dritten", genannt **Schnüffeln**, „auf das Schärfste protestiert" hatte[1].
Ich habe so und auch anderweitig erleben können, wie man möglicherweise einer drohenden Erpressung zuvorkommen kann. Leider ist es vielen nicht gelungen!

Am 25.8.44 traf den Physikstudenten **Bruno Franzen** ein Abgangsvermerk: 'nach dem Erlass vom 22.03.43 zur **Überprüfung** der Studenten mit diesbezüglich ergangenen Durchführungsbestimmungen'**:** *„Sie sind für die Kriegsdauer vom Besuch aller Hochschulen ausgeschlossen"*! Grund: *„weil ich die Pflichtteilnahme am Sport (Klein-Kaliber Schießübungen) öfters versäumte"*, erklärte mir Franzen[2].
Ich denke in diesem Zusammenhang besonders an das Vorgehen gegen den Bibliotheksrat **Carl Walther**, über dessen Schicksal Bibliotheksdirektor Gerhart Lohse[3] in seinem Buch:
„Die Bibliothek der RWTH Aachen in der Zeit des Nationalsozialimus und in den ersten Jahren des Wiederaufbaues (1933 - 1950)" ein ganzes Kapitel geschrieben hat. Carl Walther gelang es - selbst nicht nach langem Kampf -, sich von **Schnüfflern** zu befreien. Seine Entlassung aus dem TH-Dienst war 1941 unvermeidbar, **trotz** seiner arischen Abstammung.

Das bezeichnet man heute mit dem harmlos klingenden Begriff „Mob-

---

1 Prof. Dr. Franzen: Schreiben an H. Geller vom 27.03.04 mit Kopie des Vermerks in seinem Studienbuch; „Nr. 432 Va – WJ 900/ 43 Va (b)".

2 Werner Geller: ATHAC, ex 1859 PA Schr. „an das Polizeipräsidium der Stadt Aachen" z.H. des Herrn Polizeipräsidenten 'Flasche' vom 29.4.1944, betr.: Polizeirevier III. 'Einholung von Auskünften'; (In diesem Fall war sogar der Gruß vor seiner Unterschrift: „Heil Hitler" -weil ironisch- zu verstehen!).

3 Gerhart Lohse Die Bibl. der RWTH...(33 - 50), Kapitel: e) „Die Dienstenthebung von Carl Walther (7.7. 1941)".

bing“! Nur, die Folgen konnten damals lebensbedrohlich sein, heute **noch nicht?** Wie viele Menschen verzweifeln aber heute schon an der auf diese Weise bewirkten Arbeitslosigkeit?
Besonders sei auch an die Entlassung des Mathematikers **Otto Blumenthal** am 22. September 1933 aus politischen Gründen erinnert, der am 12.11.44 nach 3 Tagen Bewusstlosigkeit im Krankenhaus des Konzentrationslagers Theresienstadt seiner Lungenentzündung erlag. Er war jüdischer Abstammung, **hoffte** aber, da er 1895 schon zum Protestantismus konvertierte und darin ein Funktionsträger wurde[1], auf eine eventuell noch zu erwartende **Ausnahme** nach „*§ 3 (2)*“ des

*„Gesetzes zur **Wiederherstellung** des Berufsbeamtentums vom **7.4.1933.**“* [2] **- Vergeblich!**

Seine Konversion blieb für die rassistische Argumentation der Machthaber irrelevant.
„Wiederherstellung“ bedeutet grundsätzlich etwas Gutes, aber der Staat bestimmt, was gut ist. Zwar war klar, dass er als Jude entlassen werden musste! Aber sowenig wie er deswegen etwa umgebracht worden wäre, starb er später dann lediglich an den Folgen der Inhaftierung! Auch der Grund zu seiner Verhaftung war und musste ein anderer sein:
Hinter dem für einen ahnungslosen Bürger **harmlos** anmutenden obigen Gesetz verbarg sich die Forderung zur politischen Integrität eines Beamten. Aber **Blumenthal** wurde nicht als Nichtarier, sondern aufgrund seiner Zugehörigkeit zu internationalen und pazifistischen Vereinigungen am 27.4.33 von der SS in Schutzhaft genommen und deswegen bereits am 10.5.33 von seiner Tätigkeit als Hochschullehrer **beurlaubt**; denn Blumenthal stand als Mitglied in der „Gesellschaft der Freunde des neuen Rußlands“ sowie der „**Deutschen Liga für Menschenrechte**“ und wegen Vorträge in Rußland und insbesondere in Aachen über ‘**seine Eindrücke vom russischen Mathematischen Bildungswesen**’ unter ständiger Beobachtung. So hat der ASTA der TH Aachen nach oben berichtet, ‘dass Blumenthal durch seine kommunistische Betätigung schon länger den Unwillen der „(... national gesinnten Studenten erregt habe ...)“.’
Der bereits oben genannte Direktor des Instituts für **Physik**, Prof. Dr. ‘**Hermann Starke**, 1933 selbst ein Opfer nationalsozialistischer Angrif-

1 Otto Blumenthal: ATHAC A5/ 95, von Pro. Leo Butzer 1876 - 1944, S. 189, Mitte, 3. Abs. und ff auf den Seiten 189bis 193, unter Mitwirkung von Ulrich Kalkmann und Lutz Volkmann
2 Reichsgesetz -Blatt: Nr. 34, Jahrgang 1933, Teil 1, Seite 175

fe, berichtete, dass einzelne Studierende Blumenthal außerdem noch mit wissenschaftlich haltlosen Angaben denunziert hätten'.[1]
Das geschieht dann nach der Devise: Der **Betroffene** kann sich ja dagegen **wehren!**
Mobbing übelster Art!

Als ich am 9.11.1938 nach der Frühmesse St. Adalbert verließ, stand eine Rauchsäule über der Blondelstraße. Ich lief hin, die Synagoge stand in Flammen. Feuerwehr schützte die Dächer des **Gasborn:**
„Warum löschen diese nicht die Synagoge?", fragte ich Passanten. Von den Schaulustigen keine Antwort: Schweigen!
Ein Schweigen, wie es auch **Edith Stein**[2] 1933 gegenüber Rom bitter beklagte. Wiederum: Der Betroffene kann sich ja dagegen wehren!

Aufnahme: Frau Marie-Luise Schubert
Abb. 23: Prof. Dr. O. Blumenthal[3]

Wir wissen, dass neben Hermann Starke auch Sauer und Krauß sich 1933 um das Schicksal ihres Kollegen Blumenthal bemüht haben, indem sie ihn z.B. *„in der Schutzhaft im Gefängnis zusammen besuchten."*[4]

Da ich eingangs schon die Verbindung der Aerodynamik zur Physik betont habe, darf beim Zurückschauen die Persönlichkeit von **Ludwig Hopf** (1884-1939) hier nicht fehlen, der erst am 22.1.1934, wie seine jüdischen Kollegen, ebenfalls in den Ruhestand versetzt wurde.

---

1 Otto Blumenthal:	ebd. Seite 19, Fußnote 3, ff...
2 Dr. E. Stein:	Wer ihre geschliffene komprimierte Sprache erfahren möchte, lese ihre Dissertation.
3 Otto Blumenthal:	ebd. Seite 18, Fußnote 3, Deckblatt: ebd. Seite 195 , letzter Satz: Frau Marie-Luise Schubert, Foto-Ansprechpartner, hier jetzt,: Pressestelle RWTH Aachen, bzw. Außeninstitut der RWTH AC.
4 Krauß:	ATHAC, ex 315 o. Bl.-Nr. Schreiben des Dekans Krauß vom 29.12.1945 an Rektor, 3. Absatz, letzter Satz.

Auch er fiel dem **teuflischen Mobbing** zum Opfer, nicht nur, weil er Jude war, sondern weil gegen ihn *„bereits im März eine* ***(Mobbing)-Kampagne*** *des ASTA gegen jüdische und angeblich kommunistische Mitglieder des Lehrkörpers öffentlich eingesetzt hat“.*[1]
Die Anschuldigung der Mitgliedschaft in der „Gesellschaft der Freunde des neuen Rußlands“ hat Hopf zurückweisen müssen, da er auf nur **einer** ‘Rußlandreise wissenschaftliche Vorträge gehalten und später in einem Vortrag an der TH seinen Standpunkt zu Rußland zum Ausdruck gebracht habe.’ Das und noch andere Argumente verzögerten nur seine Entlassung um einige Monate über die seiner anderen jüdischen Kollegen hinaus. Er konnte 1939 noch nach England emigrieren.
Nach seiner Promotion bei **Sommerfeld** begleitete **Hopf** Albert **Einstein** von Zürich nach Prag, wo ihre gemeinsamen Arbeiten den guten wissenschaftlichen Gedankenaustausch zwischen den beiden Wissenschaftlern bezeugen.[2]
Seit 1911 in Aachen, habilitierte er am 21. März 1914 und war bis zu seiner Einberufung 1916 Privatdozent für **„Mathematische Physik** mit Einschluß der physikalischen **Mechanik**“.

Seine Fähigkeiten führten ihn nach Teilnahme an der **Sommeschlacht** ab Sept. 1916 an die Prüfanstalt und Flugzeug-Werft in **Berlin**-Adlershof. Dort schrieb Hopf noch im gleichen

Aufnahme: Im Außeninstitut der RWTH Aache

Aufnahme: Außeninstitut der RWTH Aachen

Abb. 24: Prof. Dr. Hopf (1884-1939) Kollegen der Aerodyn. im Hintergrund[3]

1 Müller-Arens: ATHAC, A5/ 95, in Ludwig Hopf, (1884-1939) S. 208-215, S. 212, 1.Abs. Mitte, sowie ff. auf anderen Seiten.
2 ebd.: ATHAC, AS/ 95, S. 209, Sommerfeld über Ludwig Hopf: ... (vorletzter Absatz) ‘gemeinsame Arbeiten in „Analen der Physik“, Bd 33,1910’...
3 ebd.: Photo des Außeninstituts der RWTH Aachen; rechts hinter Prof. **Dr. Hopf:** Th. v.**Kármán,** vgl. Abb. 81a, S. -166-.

Jahr schon zusammen mit anderen Wissenschaftlern in den ebenfalls **geheimen** „Technische Berichte" Artikel: „Zur Berechnung der Längsmomente von Flugzeugen."

Nach dem Krieg setzte er dann wieder seine Lehrtätigkeit an der TH erfolgreich fort: als Institutsdirektor Dekan etc....! Er verfasste nach Herausgabe des II. Bandes „Aerodynamik" zusammen mit **Fuchs,** - nicht zu verwechseln mit unserem Physiker Professor **Fucks** mit dem **„echten ck"**, wie die Buchstaben zu meiner Zeit stets apostrophiert wurden, - das „Handbuch der Flugmechanik", und **1922** dann **alleine** den 2.Teil: *„Die Bewegung des Flugzeuges".* Hiermit trug er dazu bei, 'die damals herrschenden unklaren Vorstellungen über die Stabilität der Flugzeuge, ihr Verhalten im Kurvenflug und insbesondere die im überzogenen Flug durch klar definierte **Begriffe** zu ersetzen'.

Als **Herausgeber** der *„Vorträge aus dem Gebiet der Aerodynamik und Verwandter Gebiete"*, Springer 1930, zusammen mit August **Gilles** und Theodor v. **Kármán,**[1] was 1933 im Wissenschaftsministerium zu Erwägungen über einen Einsatz von **Hopf** in Berlin-Adlershof führte, wird belegt, dass Hopf durchaus für Forschungsaufgaben im 3. Reich prädestiniert gewesen wäre.[2] Aber Müller-Arends und Kalkmann's Recherchen lehren uns jedoch eine andere, blamablere Strategie der Forschungsführung des Ministeriums für Wissenschaft, wobei leider **Ludw. Prandtl**, Uni Göttingen, mit einem doppeldeutigen Urteil das Beil über Hopf zum Fallen brachte: *„Er ist selbst wohl nicht sehr ideenreich und kann sich z.B. mit Kármán in keiner Weise vergleichen*[3]*, aber er versteht eine Menge Mathematik und Mechanik."* [4]

Als **Hopf** am 21. Dezember **1939** in Dublin im Exil am Versagen der Schilddrüse verstorben war, sprach an seinem Grabe der Aerodynamiker **Friedrich Seewald** die Worte: *„...Die mathematische Erforschung der Naturvorgänge hat in ihm einen treuen Interpreten verloren"* [5]

1 Gilles, v. Kármán, Hopf: An diese Gemeinsamkeit hätte sich Prandtl erinnern müssen.
2 D.Müller Arends: ebd. Seite - 60 -, Fußnote 2, Seite 213, 1.Abs. 3. Satz.
3 Fußnote 1: ebd. Seite - 60 -, **trotz seiner gemeinsamen Publikation mit v. Kármán.**
4 D.Müller-Arends: ebd. Seite - 60 -, Fußnote 2, Seite 213, 1.Abs. 2. Drittel.
5 D.Müller Arends: ebd. Seite - 360 -, Fußnote 2, Seite 214, 1.Abs. letzter Satz .

Dieser Nachruf und die oben angedeutete wissenschaftlich Leistung sprechen seiner Verurteilung durch das Ministerium baren Hohn; leider ist es aber auch bei Hopf so wie bei Blumenthal gekommen. Die Verleumdung durch die Studenten und ein vielleicht unbedachtes Mobbing-Wort eines bei den Nationalsozialisten angesehenen Kollegen genügte den Machthabern, heute genauso wie damals, jemanden zu liquidieren.

Mit der Prandtl'schen Beurteilung von Hopf hatte das Ministerium für Wissenschaft indirekt aber auch über Th.v. Kármán ein Zeugnis erhalten, ein besseres als Hopf es von Prandtl erhielt!

Aber wie hat das MfW gegenüber v. Kármán reagiert? Es fragte ihn am **27. Jan. 1934** nur, wie **er** es denn mit seinem **Verbleib in** Deutschland halte?[1] Schon **vor** dieser 'Gretchenfrage' hatte Professor **Theodor v. Kármán** (1881 - 1963) sein Schicksal wohl erkannt und die Zeichen der Zeit rechtzeitig bemerkt; denn er war 1930 gleichzeitig schon Direktor des Guggenheim Laboratory am CALTECH geworden[2], hat ohne weitere Aufforderung die TH dann am 17.02.1934 um Verabschiedung gebeten[3] und Aachen schließlich gewissermaßen in letzter Minute verlassen, nicht, ohne **seine *Wirbelstraßen* doch in Deutschland zurückzulassen** (!), von denen auch **Hopf** so viel verstand!

Alle drei - **Kármán, Blumenthal und Hopf** - ahnten und erlitten das Chaos hautnah schon an seinem Anfang**!** Obwohl auf Hopf die Ausnahme des Gesetzes nach § 3 (2) hätte angewendet werden können, sollte er v. Kármán nicht beerben dürfen! Schade!

Das Unglück nahm seinen Weg bis zur Katastrophe. Obwohl Fucks sich nur mit **kleinen** Wirbeln in Luftströmungen beschäftigte, sollten wir uns doch einmal die Größe und Menge von **anderen** Wirbeln vor Augen halten, mit denen wir in unserer Welt in vielfältiger Weise konfrontiert sind.

---

1 DZA, HA II Merseburg: Rep. 76 V b Sekt. 6 Tit. III Nr.. 2 A Bd. I, Bl. 412 ff.
2 D. Rein: 'Kurze Geschichte der Physik an der RWTH Aachen' , Seite 11.
3 HStA Düsseldorf: Bl. 421, **nicht 1933**, wie D.Rein in 'Kurze Geschichte der Physik an der RWTH Aachen' Seite 11 schreibt, Die TH ehrt Karman mit dem **Kármán-Auditorium**, die Stadt Aachen mit der **Theod. v. Kármán-Straße.**

Geheimnsvolle Vielfalt von Wirbel

Die Wirbel, die beim Durchziehen eines Bretts durch eine mit Bärlappsamen bestreute ruhende Wasseroberfläche entstehen, lösen sich im allgemeinen auf „Lücke“ gegenüberliegend abwechselnd ab (wie z. B. Bäume am Rande einer Landstraße), in deren Mitte eine etwas gewundene „Straße“ bildend: Dies ist die nach ihrem 'Entdecker' benannte

„Kármán'sche Wirbelstraße“.
Abb. 25: Die nach **Kármán** benannte Wirbelstraße [1]

Anstatt Prof. Dr. L. Hopf beerbte nun Professor Dr. Ing. **W. Fucks** den großen Meister Th. v. Kármán, indem er seit 1941/42(?) Geräte für Messungen von *Turbulenzen in Luftströmungen* entwickelte[2] wohl im Auftrage der Deutschen Luft- und Raumfahrt, besonders für seinen Kollegen Prof. Dr. **Quick,** Aerodynamisches Institut, **Berlin-Adlershof**, (auch für Peenemünde?).
Die Welt schien auf dem Kopf zu stehen! Diese **„Wirbelstraßen Kár-Mán's “** wurden jetzt seit Sommer 1943 in Ummendorf streng geheim

---

1 Grimsehl: Lehrbuch der Physik Bd 2, Ernst Klett Verlag Stuttgart, Für Höhere Lehranstalten Grundsatzgenehmigung erteilt vom KM Württbg.-Baden am 6.3.1950, §29 Seite 73, Abb. 96, Copyright-Gehnemigung nachträglich Juni 2004,Frau Sobotta.

2 Bundes-Arch. (ehem BDC): Reichsforschungsrat Akte R 26 III/716, Antrag an DFG v. 31.8.42 über Beschaffung eines Kathodenstrahl-Oszillographen, sowie als Begründung der Notwendigkeit: Vg „Ingenieure“ Fucks Wilhelm„ geb. 04.06.1902 Schr. v.18.1.1943:„*Seitens des Oberkommandos der Kriegsmarine bin ich mit der Entwicklung eines Stoß-Messgerätes für denFronteinsatz beauftragt. Seitens der DVL, Berlin-Adlershof, bin ich mit der Entwicklung neuartiger anemometrischer Methoden für Turbulenzuntersuchungen mit dem Ziel der **Widerstandsverminderung bei*** **Flugzeugen** *beauftragt.Der beantragte Elektronenstrahloszillograph ist für die Durchführung dieser bereits seit längerer Zeit laufenden Entwicklungsaufträge dringend erforderlich. gez.: Fucks GEHEIM.*

von **Fucks „vermessen“**[1] (vgl. Hutzel)[2]. Über die Resultate der Erforschung des so bekannten Begriffs der Physik schwieg man so wohl nur aus Gründen militärischer Geheimhaltung, als auch wegen seines **„nichtarischen“** Namens? Ein Witz!

Wir sollten aber noch weitere Erscheinungsformen betrachten und Forscher erwähnen, die in der Vergangenheit auch versuchten, sie mathematisch zu beschreiben, für Gase, Flüssigkeiten und feste Stoffe. Es ist erstaunlich, manchmal sogar auch beängstigend, in welcher Vielfalt und welche den Wirbelbewegungen entsprechen[3] verfasst und **Euler**[4] zitiert, der schon **1755** darauf hinwies, dass es Flüssigkeitsbewegungen gibt, in denen kein Geschwindigkeitspotential existiert.

Helmholtz nennt dafür z.B. die Drehung einer Flüssigkeit um eine Achse mit gleicher Winkelgeschwindigkeit allerTeilchen. Für diesen Idealfall definiert er „Wirbellinien“ und „Wirbelfäden“, wohlwissend, dass die **Reibung** der **Flüssigkeitsteilchen aneinander und an festen Körpern** (z.B. an einer Wand) ihre Bewegung stark beeinflusst und den math. Idealfall einschränkt.

Abb.26: Hermann von Helmholtz (1707 - 1783)[3]

---

1 RML.Geheim: ATHAC ex 967: **Telegramm vom 14. Juli 1943 an TH, Siehe auch Seite - 49 -, Fußnote 5**

2 H. Hutzel: Schreiben vom 04.01.2001 an H.Geller, mit „Fucks und Kettel-Arbeit“ in dessen Anlage.

3 H. v Helmhotz: Aero. Dyn. Inst. TH Aachen, Stand- Nr.: Ah 301; Crelle-Borchardt, Journal für reine und angewandte Mathematik, Bd. LV, S. 25 - 55. Berlin **1858**; hier: Herausg. A.Wangerin, Leipzig, Verlag: Wilhelm Engelmann, 1896; S.3-6

4 Leonhard Euler: Schweizer Mathematiker;* 15.4.1707, † 18.9.1783,“ Histoire de l‘Acad. Des Scienses de Berlin“. An. **1755, p. 292.**

<Denken wir noch einmal an die Grenzschicht zwischen dem Hoch- und Tiefdruckgebiet über Irland sowie der Luftströmung um einen Flugzeugtragflügel (s.S.13).>

So formuliert ***Helmholtz die „Wirbelsätze"*** und verweist zur mathematischen Beschreibung der Wirbelbewegung auf ihre **Analogie** zu **magnetischen Kräften,** welche auf eine von elektrischen **Strömen** durchflossene Flüssigkeit wirken, und erlaubt sich deshalb, *„dieAnwesenheit von magnetischen Massen oder elektrischen Strömen zu* ***fingieren****, bloß, um dadurch für die Natur von Funktionen einen kürzeren und anschaulicheren (math.) Ausdruck zu gewinnen".*[1]

Professor Dr. W. **Tollmien** aus **Dresden**, der Ludwig Prandtl zum 70. Geburtstag am **04.02.45** vorsorglich bereits im Bd 24, Nr. 5+6, also im Herbst **1944,** eine Laudatio schrieb, berichtete u.a., dass Prandtl um 1900 bei seiner praktischen Tätigkeit in der Maschinenfabrik „Augsburg und Nürnberg" eine Abscheidemaschine zum Absaugen von Holzspänen, einen sog. **Zyklon**, konstruierte[2]. Er bekam die Idee, die Wirbelbewegungen einmal nicht **von außen** nach innen sich bildend zu betrachten, sondern **umgekehrt** (!) einmal **von innen** nach außen, quasi in einem Punkt, in ihrem Kern beginnend, d.h. so wie man auch einen **Wirbelsturm** entstehen sieht. Trichterförmig schleudert er alles vom Kern und vom Boden aus, in die Luft, in die Höhe. Wie bei der Windhose vor kurzem über dem Dörfchen „**Alt**" in der Nähe des Nürburgringes (Eifel). Prandtl waren sicher schon die Helmholtz'schen Wirbel-Sätze und **-Integral-Gleichungen** bekannt. Wenn man so will, war Prandtl einer der Vordenker für den Entwurf der Protonenzyklotrone oder einer Gaszentrifuge zur Trennung radioaktiver Isotopen (Uranzentrifugen). Die Bedeutung seiner übrigen Leistungen für die Aerodynamik wären wichtig zu beschreiben, aber das zu lesen, überlasse ich dem Leser in der von Tollmien angegebenen Literatur.

Dieser kurze Exkurs soll nur verdeutlichen, dass die Frage nach der mathematischen Beschreibung der Wirbelströmungen, gleich welcher Art, von je her ein Hauptanliegen der Wissenschaft war und bleibt.

---

1 Helmholtz: Über Wirbelbewegungen (1858), Verlag W. Engelmann, Leipzig 1896, S. 5.
2 Tollmien: Z. f. ang. Math. und Mech. Bd. 24 1944 Heft 5 / 6, S. 185 und
Lit. f f.! Zu Prandtl's '70. Geburtstag' 4.2.1875-1953.
3 Helmholtz: auf Seite -64-, ebd., Vergleiche: Fußnote 3.

Prof. Ludwig Prandtl hat in der **Grenzschicht-Theorie** wie sie Helmholtz suggerierte, die kleinen Turbulenzen in der Trennschicht zugrunde gelegt und die nach ihm benannten **Prandtl'sche Regeln** aufgestellt. Über Wirbel in der Grenzschicht aber wird noch berichtet.

Unter anderem untersuchte G. Schumacher diese Strömungsverhältnisse von Luft in seiner Dissertation!

Abb. 27: Ludwig Prandtl
(1875 - 1957)

Expandierende Wirbelsysteme sind aber auch schon vor Prandtl be-kannt gewesen. Der ungarische **Baron von Hruschka** erfand 1865 die Zentrifuge und hat sie den Imkern als **Honig Wabenschleuder** vorgestellt.
Insofern hätte Tollmien in seiner Laudatio zu Prandtl auch den Baron als wahren Erfinder der Zentrifuge nennen können. Bekannt sind heute jedem die Schleudervorgänge in einer **Waschmaschine**.
Auf inzwischen möglich gewordenen photographischen Aufnahmen bzw. Rekonstruktionen von **Galaxien** unseres Universums sieht man die Materie auseinanderfliegen. Unseren „Kleinen" ist die **Zuckerwattemaschine** bereits ein Begriff.--- Andererseits wiederum beobachtet man gannze „Straßen" von Wirbeln z.B. in **Kondensstreifen,** bei denen sich Wölkchen spiralenförmig aufgewickelt haben. Ein elementarer Wirbel entsteht bei der Bildung eines sogenannten **„Schwarzen Lochs"**, bei dem die „Materie" sich ebenfalls spiralenförmig zusammenzieht, wie wir z.B. Wasser eines **Strudels** in einem Loch verschwinden sehen.

Wer z.B. Kondensstreifen einmal an einem klaren Tag beobachtet, sieht bei günstigen Luftdruckverhältnissen, wie aus ihnen **„Wirbelballen“** entstehen, die sich etwas später zu halben gekringelten Wölkchen formen und vor blauem Himmel übrigbleiben, teils als gekrümmte Streifen, die aber nicht so sehr wie bei der Kármán'schen Wirbelstraße „auf Lücke“ gegenüberliegen, bevor sie dann schließlich gänzlich zerfallen. Das Phänomen solcher Wirbelstraßen und Wirbelballenbildung ist von Strömungsgeschwindigkeiten der Medien stark abhängig, die besonders in großen Höhen erreicht werden.

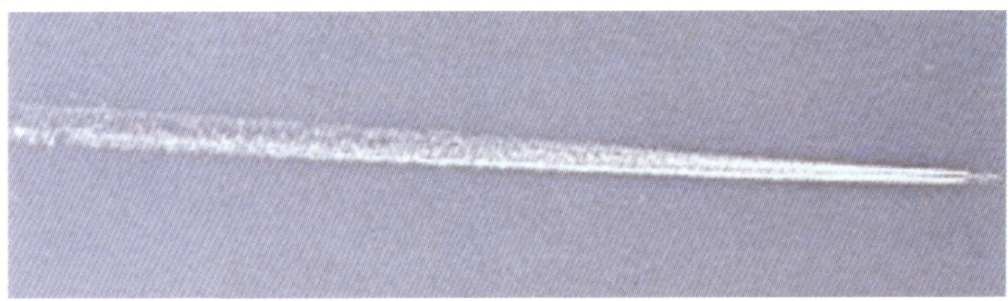

Aufnahme: Geller, Neg.- Nr.: 19

Abb. 28 a: Kondensstreifen, bei dem sich wegen der hohen Reynold'schen Zahl vermöge der hohen Fluggeschwindigkeit des Düsenjets turbulente Wolkenballen bilden.

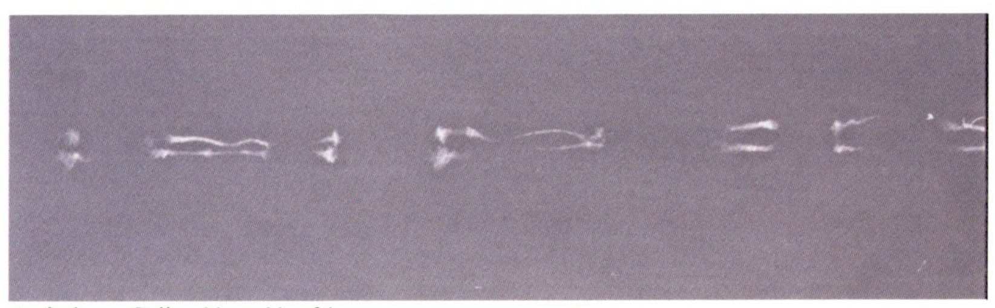

Aufnahme: Geller, Neg.- Nr.: 21

Abb. 28 b: Kondensstreifen, die im Zuge ihrer Auflösung gegen Ende die hier abgebildeten Wolkenwirbelreste zeigen.

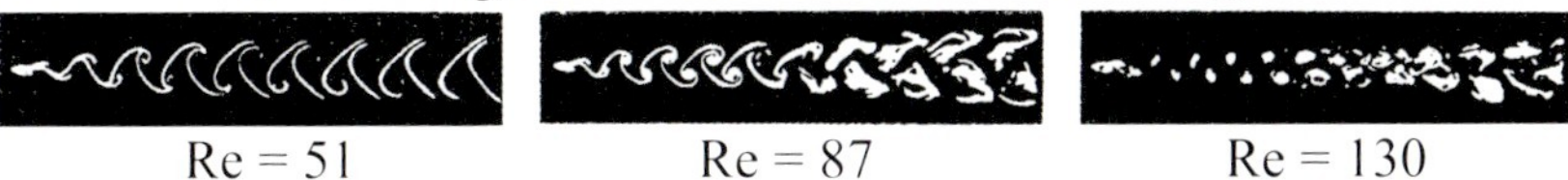

Re = 51 Re = 87 Re = 130

Abb. 28 c: Wirbelformationen hinter einem Zylinder. Laminare und turbulente Strömung[1].

1 E. Krause: Alma Mater Aquensis Bd XIV 1976/77, herausgegeben vom Außeninstitut der RWTH AC, Seite 65 „Zukünftige Probleme der Strömungsforschung“ Vortrag am 22.1.1976 Aachen von Egon Krause, Lehrstuhl für Strömungslehre (Aerodynamisches Institut)

Abb. 29: Die Darstellung einer **Galaxie**: Satellitenaufnahme ESO PR Photo 37 d / 98

Diese Aufnahme schmückte die Einladung zu dem öffentlichen Abendvortrag, den Professor **Dr. Th. Hebbeker**, Direktor des III. Physikal. Instituts III A der RWTH Aachen, anlässlich der Frühjahrstagung der Deutschen Physikalischen Gesellschaft über Teilchenphysik in Aachen am Mittwoch, den 12. März 2003, hielt. Thema: ***„Elementarteilchen aus dem Urknall“.***

Die **größten** Wirbel auf unserer Erde bilden unterschiedliche Luftmassen, wenn sie zwischen einem Hoch- und Tiefdruckgebiet den Isobaren entlang gleiten <nicht allein entlang einer festen Wand wie beim Tragflügel (s.S.-29-, Abb.9)>, sondern der ablenkenden Wirkung der Erddrehung, der Corioliskraft, unterworfen sind.

Die Satellitenaufnahmen des **12. 10. 90** zeigen die Entwicklungen von **riesigen Wolkenwirbeln** von Tiefs auf der nördlichen Erd-Halbkugel grundsätzlich sich linksdrehend. Mitgerissen (s. z.B. Abb. 30 c) von den unsichtbaren Luftmassen eines hohen Luftdruckgebietes auch schon

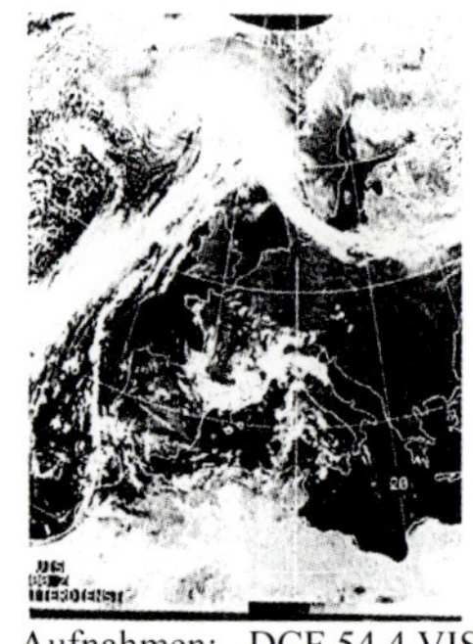

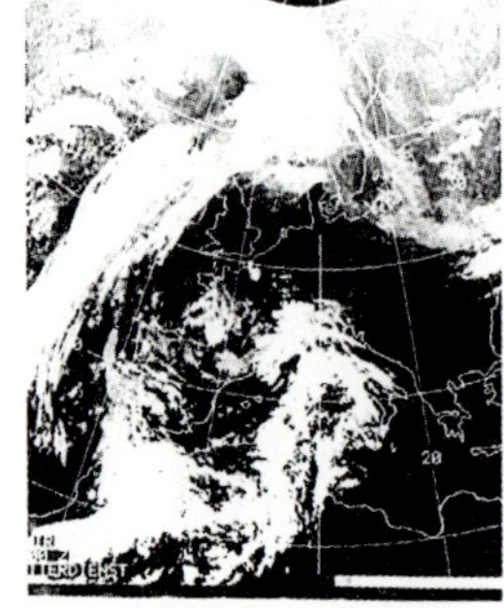

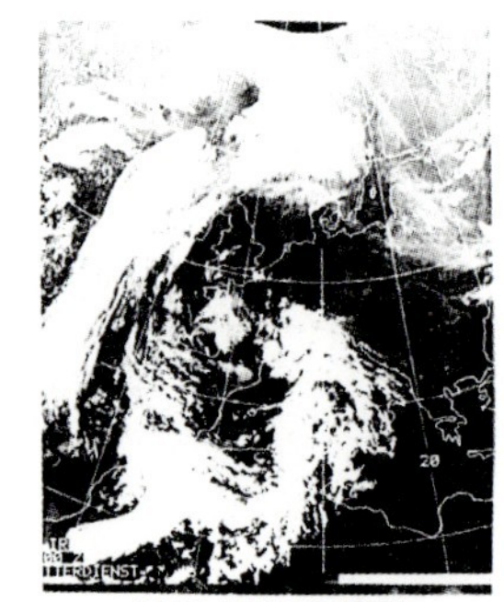

Aufnahmen: DCF 54 4 VIS — METEO SAT 4 IR — AUZ / RUZDWD

Abb. 30 a, **11:00 h** — Abb. 30 b, **15:00 h** — Abb. 30 c, **17:00h**

mal kurzzeitig etwas rechtsdrehend.
Die **unscheinbarsten** Wirbel bilden Insekten mit ihren Flügel, z.B. Bienen oder vor allem Libellen; rotierende scheibenförmige Luftwirbel wirken als eine Art Widerlager für deren enorme blitzartige, sprunghafte seitliche Bewegungen. Wenn man die Achse eines rotierenden Rades mit beiden Händen in eine andere Lage bringen möchte, spürt man die **stabilisierende** Kraft der Rotation. Dies ist bei wirbeligen „Scheiben" in der Luft genauso.

Wie sehr Wirbel nicht nur Biologen, Wetterkundler, Astronomen, Physiker, Mathematiker beschäftigen, sondern jeden Menschen schlechthin, möge wohl, stellvertretend für uns alle, ein Bild eines Malers zeigen, der mit visionärer Kraft etwas aus seinem Inneren aufleuchten lässt. Um auf die „Wirbelstraße" am Anfang dieses Abschnittes über die geheimnisvolle Wirbelvielfalt in unserer Natur noch einmal hinzuweisen, dem v. Kàrmàn ihren Namen gab, darf deshalb das Gemälde Vinzent van Gogh's hier nicht fehlen:

Abb. 30 d: Sternennacht, Vincent van Gogh, 1889, The Museum of modern Art, New York [1] (Vergleiche Seite - 29 -, Abb. 9)

Lange bevor v. Kàrmàn seine Wirbelstraße darstellte und mathematisch beschrieb, hat v. Gogh den nächtlichen Sternenhimmel entworfen, ,

1 MoMA: Werbe-Prospekt der Ausstellung in Berlin ab 23.05.04 bis 19.09 2004.

mit einigen Wirbeln, ähnlich wie sie in Luftströmungen später von dem Aerodynamiker gesehen wurden. Es naht zwischen den leuchtenden ruhenden Gestirnen über einem in abendlicher Stille daliegendem Dorf ein sich anbahnendes unheimliches Chaos: drei Wirbel. Ob vielleicht v. Gogh steinzeitliche Bilder von Stonehedge oder dergleichen Pate gestanden haben?

Aber auch Bilder von Lebensspiralen sind weitere Beispiele, die das Denken der Menschen ausdrücken: Zum Beispiel auf Grabstelen.

Doch nun möchte ich mich wieder mehr dem eigentlichen Thema zuwenden, welches einmal in mitten des zuvor geschilderten und teils von mir selbst erlebten Chaos des 2. Weltkrieges und zum anderen in der Beschreibung der Physik an der TH Aachen besteht. Bei letzterem hat Herr Professor **Fucks** seine Kenntnisse über die Gasentladungsphysik auf die Messung von kleinen Turbulenzen und besonders von charakteristischen Wirbeln in Luftströmungen angewendet.

Diese Methoden hat Fucks neben seinen anderen Aktivitäten **nach dem Kriege** mit feinsten, spitzen Elektroden auch auf Messungen von **Turbulenzen in Flüssigkeiten** ausgedehnt[2].

2 W.Fucks: In: Festschrift für Leo Brandt zum 60. Geburtstag, Westdeutscher Verlag, Nr.072002, herausgegeben von **J. Meixner** und G. Kegel.
Seite 33, *„Über neue Methoden zur Messung* ***von Turbulenz in Flüssigkeiten*** *und über die Statistik der intermittierenden Strömung“, erschienen 1968*. Siehe auch Bemerkungen auf Seite -186- über Meixner.

Physik auf dem Lande - Ummendorf

Die Unterbringung und das Umfeld

August 43 war Herr **Bohrer** (April 1910 - April 1969), Mechanikermeister und Leiter der Mechanischen Werkstatt des Physikalischen Instituts, mit einem großen Teil der Werkstattausrüstung und Experimentiergeräten nach Ummendorf bei Biberach ins Allgäu gekommen, untergebracht im Gebäude des Pfarramtes, dem **Schloß** von Ummendorf, „wie das Gesetz es befahl“[1].

Im Erdgeschoss waren das Pfarrbüro und die Mechanische Werkstatt mit Meister- und Konstruktionsbüro eingerichtet. Auf der 1. Etage befanden sich die Wohnung des Pfarrers und seiner Haushälterin, die Büros für die Professoren, sowie die E-Werkstatt. In der 2. Etage befanden sich das physikalische Labors auf der einen Seite und auf der anderen Seite der Rechner von Prof. Sauer[2].

Abb. 31: Die Portalseite des Ummendorfer Schlosses[3]

---

1 RLM a.a. Stelle: ATHAC ex 967, Telegramm vom 14/7 43, es sieht so aus, als ob das Luftfahrtministerium den Bombenangriff vom 14.7.1943 vorabgemeldet bekommen hätte, und mit dem Telegramm Sauer und Fucks damit hätten schützen wollen, **(s. S. - 49 -,** Fußnote 5) Aber das Telegramm kam erst angeblich am 16.07.1943 bei den Professoren an.

2 H. Geller: Private Notizen über informative Gespräche mit Herrn Professor Dr. G. Schumacher.

3 H. Geller: Fotoarchiv Geller, photographiert am So., den 23.7. 2000.

Im Januar 44 kam Bohrer's Familie nach und wohnte vorübergehend[1] im „Bräuhaus“, in dem sich hin und wieder auch die Wissenschaftler aus Aachen zum Essen und Trinken trafen. Erst etwas später zog sie in die bei **Frau Huber** in der Fischbacher Straße 16 vorgesehene Wohnung im ersten Stock, weil eine Phase des Kennenlernens vorangehen musste, ehe sich der Vermieter auf den Mieter einlassen konnte. Frau Huber sei dann aber doch immer sehr hilfreich und freundlich gewesen, berichtete mir die älteste Bohrertochter Agnes[2]. **Die Oberschwaben sind eben alle so**!

Professor **Fucks** wohnte mit seiner Frau, Mariechen genannt, etwa 200 Meter vom **Ummendorfer** Bahnhof, 'in der Biberacherstraße 87, im Gasthof Cafe Reich', (vgl. Hutzel Schr. v. 29.12.01)[3], in dem lt. **Schumacher** auch ein **Luftwaffenmajor Weinberger** oft zeitweise logiert habe[4], wenn er sich denn in Ummendorf aufhalten musste.

Abb. 32: Frau Huber vor ihrem Haus in der Fischbacherstr. 16.[5]

W. Weinberger, am 30.06.06 in Stuttgart geboren, war nach seinem Studium als Wissenschaftlicher Mitarbeiter in der DVL e.V. für Strömungsforschung und Flugmechanik von April 1935 bis März 1936 bei der Erprobungsstelle der Luftwaffe bei der Zweigstelle Rechlin und vom April bis März 1939 bei der Hauptstelle Berlin-Adlershof tätig. Nach einem beabsichtigten Kriegseinsatz als Flieger-Stabs-Ingenieur bei der Luftwaffe war er Referent in der Geschäftsstelle der Forschungsführung des Reichsministers der Luft-

---

1 H. Geller: Private Notizen über Gespräche mit Frau Agnes Bohrer, jetzt verheiratete Messinger, Angst. Abtlg. Studentensekretariat.

2 H. Geller: Private Gesprächsnotizen über Informationen von Agnes Messinger, geb. **Bohrer**.

3 H. Hutzel: Schreiben vom 29.12.2001.

4 H. Geller: Private Notizen über mehrere Gespräche mit Prof. Dr. Gerd Schumacher,

5 H.Bohrer: Fotoarchiv **Agnes Messinger**, geb. Bohrer, Die Aufnahme hat ihr Vater, **Meister Bohrer** 1944 gemacht.

Abb. 33: Dr. **Walter Weinberger** aus Stuttgart[1]

Abb. 34: Fritz Weinberger aus Selb[1]

fahrt und Oberbefehlshaber der Luftwaffe und hat von dort aus seine Dissertation gewissermaßen im 'Fernverfahren' bei Prof. Dr. R. Sauer angelegt[2] (Abb. 33).
Da in Ummendorf nur immer von einem **Luftwaffenmajor** Weinberger (ohne Vornamen und Dr.-Titel) geredet wurde, ist es noch die Frage, ob er **„unser“ Dr. Walter Weinberger** war, den Sauer und Fucks vermöge der Dissertation kannten, und jetzt entweder als „Bewacher“, „Freund“ oder sogar als „Beschützer“ vor NS-Zugriffen bei Fucks im Gasthof wohnte? Oder war dieser Gast etwa ein anderer Weinberger? Ein Fremder hätte sicher nur als Aufseher fungiert. Dann war es erst recht mit der ersehnten 'Freiheit von Forschung und Lehre', der jeder Wissenschaftler sich verantwortlich fühlt, zu Ende. Ein **Spitzel** wäre dann mitten unter ihnen.

Tatsächlich gab es ab Herbst 1944 auch einen Flieger-Oberingenieur Fritz **Weinberger**, aus Selb bei Bayreuth, im Range eines Oberleutnants, der mit einer Beurteilung vom 30.9.44 zum Hauptmann befördert werden sollte.
Da dieser aber nach eingesehenen Unterlagen außer deutsch über keine

1 BArchiv ZNS: 52078 Aachen, Abteigarten 6, Zentrale Nachweisstelle der Personalunterlagen von Angehörigen des Heeres, Luftwaffe etc.; Frau Baldes.
2 W. Weinberger: ATHAC ex 3028 E-24, PA Lebenslauf, sein Antrag v. 5.7.1943 aus Berlin-Adlershof **an TH** auf Zulassung zur Promotion.

weiteren Sprachkenntnisse verfügte, ist es unwahrscheinlich, dass dieser Fritz Weinberger eine Dissertation mit Bezug auf so viele fremdsprachliche Referenzarbeiten angelegt haben konnte, wie dies unser Dr. Walter Weinberger tat. Deshalb sollte man noch fragen, wer von beiden schon ab 1943, der Ummendorfer Zeit, bereits ein Major war?
Nach einer Sammlung wehrrechtlicher Gutachten und Vorschriften im Bundesarchiv in Kornelimünster[1] gliederte sich das Ingenieurkorps der Luftwaffe in Gruppen, deren Amtsbezeichnung 'Fl. **Stab**singenieur' dem militärischen Rang eines **Majors** entsprach und das war W. Weinberger vermutlich schon seit 18. Feb. 1941, obwohl er vom 10.02. bis 9.4.42 nur als 'Fl. **Haupt**ingenieur' zur Luftflotte -I- abkommandiert wurde, was nur dem Range eines Hauptmannes entsprochen hätte.
Obwohl aus dem **Fronteinsatz** nichts wurde, ist doch der angegebene Abkommandierungszweck, seiner wohl nur vorübergehenden Zuordnung zur „Luftflotte I" aufschlussreich, nämlich: „Sammlung von Fronterfahrungen auf dem Gebiet von Luftschrauben (Vereisung) **und** Mitarbeit bei den anfallenden Aufgaben",[2] Ob etwa die Mitwirkung an der Sicherung oder Sichtung des Beutegutes aus Kiew **eine** der anfallenden Aufgaben war, die dann **doch** zustande kam? Hätte dabei das Bekanntwerden von russischen Arbeiten, die seine Dissertation betrafen, für seine Promotion sehr hinderlich werden können, selbst wenn er nicht an einer Übersetzung beteiligt war? Nein!
Denn Prof. Schubert schreibt an Prof. Sauer,[3] dass die Luftschraubengruppe der DVL etwa um **Ostern 1943** für die Besprechung in der internen Luftfahrtliteraturschau „außer der Darstellung der gesamten Luftschraubentheorie einige russische Arbeiten über die Wirbeltheorie der Luftschraube übersetzt worden sind, die aus dem Beutegut von Kiew stammen."..und er fährt fort: „G. J. **Maikapa**r (russ.) geht genauso wie Herr W. Weinberger im Gegensatz zu **Reissner** von der vollständigen Lösung der gewöhnlichen inhomogenen Differentialgleichung aus, die sich aus ... ergibt, und schreibt wenige Zeilen später die richtige Darstellung des Geschwindigkeitspotentials hin, ohne **auf die Konstantenbestimmung näher einzugehen und den Nachweis...zu erbringen**...."!

1 ZNS, Abteigarten 6: Bundesarchiv; 'Zentrale Nachweisstelle für Personalunterlagen der Angehörigen der Wehrmacht und angegliederten Wehrmachtsteile, besonders Luftwaffe', im ehemaligen Lehrerseminar in Kornelimünster (vergl. Leh. Ausbildg. Dr. H. Lahaye) Sachakte.
2 RMfLF: An den Verteiler : Gl/C - E 1 - , Berlin, den ---- 1942, Sachakte.
3 Prof. Schubert: ATHAC ex 3028 E-24 Schr. an Prof. Sauer vom 24.6.43 aus Berlin-Adlershof.

Schubert und Sauer waren sich darin einig, dass „Weinberger schon seit langem im Besitz des richtigen Resultats ... mit ausreichend begründeter Herleitung desselben war .. und durch das Bekanntwerden der Aufsätze die Promotion nicht gestört werden könnte.“[1]
Die Luftfahrtforschungsanstalt München E.V. antwortet dem „Reichsminister der Luftfahrt“ am 27.10.1943,[2] dass **„Fl. Stabsing. d.B. W. Weinberger** als angewandter Mathematiker zur Bearbeitung von Problemen der Luftschrauben und der *Hochgeschwindigkeit* mit ihren kompressiblen Einflüssen eingesetzt ist. Zurzeit ist Herr Weinberger besonders mit den Aufgaben der Gasdynamik beschäftigt. Als einziger Mathematiker in unserer Anstalt wird Herr Weinberger unentbehrlich werden.“ Was immer der Anstaltsleiter des LFA, München e.V. mit der *„Hochgeschwindigkeit“* gemeint haben mag: sicher ist jedenfalls, dass **dieser** Weinberger als **Fl. Stabsing.** d.h. als **Major**, vom RLM der Forschungsanstalt München zugeordnet worden war, von wo er aus auch Ummendorf aufsuchte, als Vertrauter, und zwar mehr als Beschützer der Aachener Gruppe vor der Gestapo.
W. Weinberger hatte im Krieg weniger Dienst bei der Luftwaffe geleistet als **Fritz** Weinberger. Dennoch bin ich mir nach obigen Überlegungen sicher, dass Walter Weinberger Herbst 1944 der Luftwaffenmajor in **Ummendorf** war, selbst, wenn er nicht mit **„Dr.“** angeredet wurde.

Herr Hutzel überließ mir ein Bild mit drei Personen vor dem ‘Gasthof zum grünen Baum’ mit der Bitte, den in der Mitte dargestellten großen, schlanken „Mitarbeiter“ der Aachener Forschergruppe identifizieren zu helfen. Ob es Dr. Walter Weinberger ist? Oder war es der russische Mitarbeiter Linkenwitsch? Links von ihm steht Agathe Schiele und rechts Maria Schiele aus Ummendorf.

Mit und mit folgten auch Physikassistenten Prof. Fucks nach Ummendorf, hauptsächlich, um mit ihren Doktorarbeiten weiterzukommen; so z.B. die Herren Dipl. Ing. Schumacher, wie bereits oben erwähnt, und Kettel; ferner **Herr Oertl** als Hilfsassistent sowie Frl. **Reinarts**. Über

1 Prof. Sauer: ATHAC ec 3028 E-24 Schreiben von Prof. Sauer an Schubert vom 28.6.1943, abschriftlich an Weinberger.
2 LFM: Tätigkeitsbericht der Luftfahrtforschungsanstalt München e.V. vom 27.10.1943 an den Reichsminister der Luftfahrt u. Oberbefehlshaber der Luftwaffe über Fl. Stabsingenieur W. Weinberger.

Abb. 35: „Gasthof zum grünen Baum“ mit unbekanntem TH-Mitarbeiter in der Mitte[1].

diese beiden muss später noch etwas gesagt werden. Als besondere Stütze galt die in Aachen nach ihrem Vorexamen 1943 ausgebombte Hilfsassistentin und Diplomandin Frau Elisabeth **Feldermann**[2] , die in Ummendorf nach Hutzel's Bericht bei Familie Sauter in der Bachestraße 2 auch über das Kriegsende hinaus noch länger logierte.[3]

An ein Auftauchen von Frau Anna **Heinen** dort kann Herr Schumacher sich nicht erinnern. Sie hielt bekanntlich die Stellung in Aachen, allein wegen des ‘Physikalischen Praktikums’ in Heerlen.

1 H.Hutzel: Fotoarchiv, Nr. 45,HH BC 70 Schreiben Geller an Hutzel vom 1.9. 2001 bzgl. eines Bildes mit 3 Personen vor Gaststätte zum Baum; Links: Agathe Schiele, geb. Veit; Mitte: Mitarbeiter von Prof. Dr. Fucks (oder ein anderer der TH) im Schloss 1944/ 45; Rechts: Maria Schiele; (In Ummendorf) Brief an H. Geller vom 02.08.2001, sowie Antwort von H. Geller vom 20.08.2001, ff; s. auch Schreiben von Prof. Dr. Bauer. Ist auf dem Bild der für Hutzel unbekannte Fremde der russische Mitarbeiter (Wissenschaftler ?) der Aachener Gruppe namens Linkenwitsch, der vor den Nachstellungen eines russ. Kommandos nach dem Kriege die Nervenheil-Anstalt im benachbarten Schussenried zu seinem Schutz aufsuchte?

2 W. Fucks: ATHAc, ex 967, o.Bl.-Nr.Mitteilung von Sauer an Rektor vom 30.7.43 über das auszulagernde Personal, was von Fucks versäumt wurde, konnte mir von Schumacher im Jahr 2000 aufgezählt werden, im Gegensatz zu Sauer, der die nach Ummendorf mitzunehmenden Mitarbeiter dem Rektor benannt hatte!

3 H. Hutzel: Hutzel-Brief vom 02.08.2001, sowie seinn Schrift über Ummendorf, s. S. -9-.

Frau Feldermann erwarb 1945 an der Technischen Hochschule Aachen ihr Diplom für Physik und wechselte dann zum Institut für Fernmelde- und Hochfrequenztechnik der Technischen Hochschule Braunschweig, wo sie mit den Erfahrungen auf dem Gebiet der Frequenzmodulation und Regeltechnik 1952 über das Thema. ***„Praktische Untersuchungsmethoden zur Beeinflussung des Instabilitätseinsatzpunktes bei rückgekoppelten Röhrensystemen“*** promovierte.[1]
Sie hat später Herrn Hutzel berichtet, dass des öfteren ein **Major Weinberger** aufgetaucht sei und am Ende des Krieges sehr schnell seine Uniform wieder ausgezogen habe; War er demnach erst recht nur ein Beschützer der Aachener Gruppe vor Übergriffen der NS ?

Seit Mitte 1943 war bekanntlich auch Mathematik-Professor Dr. Robert Sauer[2] ausquartiert, Frl. E. Pohl und E. Wartusch waren schon S. - 52 - genannt, zeitweise auch **Dr. Heinz,** Mechanik-Spezialist, den man von 1943 bis 1945 nach **Peenemünde** einzog. Wegen seiner Beziehung zu seinem Doktorvater, Prof. Sauer, arbeitete er, nachdem er noch rechtzeitig von Peenemünde wieder nach Ummendorf gekommen war im Deutsch-Französischen Forschungsinstitut **St. Louis** in Frankreich, in das er anfangs wie auch andere Ummendorfer Mitarbeiter der Aachener Gruppe – gewissermaßen freiwillig in Internierung ging, bis dass er am 1.6. 1964 als **apl. Professor** wieder nach Aachen zurückkehrte auf den Lehrstuhl für **Mechanik**. An Sauer‘s Seite in Ummendorf. durften natürlich sein Assistent, Dr.-Ing. **Heinrich Bösch**, und **Frl. Anna Schnell**

Abb. 36: Prof. Dr. C. Heinz [3]

---

1 E. Feldermann: Dissertation ausfindig gemacht von Herrn Bibliotheksrat Dr.Roland Rappmann, Bibliothek der RWTH, Kunst, Architektur, Geschichte, Politik, Aachen.

2 R. Sauer: ATHAC ex 967, o.Bl.Nr.Schr. an Rektorat v. 29.7.1943 sowie H. Geller, Ziffer 2 aus Gesprächen mit G. Schumacher ff.

3 Dr.C.Heinz: Alma Mater Aquensis; Bd II 1964, Außeninstituts der RWTH AC, Druck W. Giardet, Essen, S. 77; * 20. 1. 1817 in Aachen,1936 Abitur, Stud. 36-40 Von 1940 Wiss.M. bei Prof. Sauer, v. 43 bis 45 Heeresversuchsanstalt Pee-Nemünde-

mit ihrer Schwester nicht fehlen.Frl. Schnell erledigte die Korrespondenz für die **Mathematik** und die anderen Wissenschaftler.[1]
Zu ihnen gehörte auch Professor Dr. **Franz Krauß**[2], den es in die Nähe von Ummendorf verschlagen hatte. Er wohnte etwa 15 km abseits, in **Gutenzell**, vielleicht deswegen, weil er wegen seiner Einstellung gegen den Nationalsozialismus von der Gruppe etwas getrennt leben wollte? Jedenfalls kam er sicherlich um der Wissenschaft willen öfters im „Ummendorfer Schloß" mit seinen Kollegen zusammen.

Fucks hatte ein altes Fahrrad erworben, damit er schneller zur Arbeit ins Schloss kommen konnte. Sein *Mariechen* dagegen musste ihm mittags das Essen zu Fuß bringen. Später hatte sie sich auch ein Fahrrad gekauft, damit war sie beweglicher, und das Essen war noch warm, wenn sie mit der Mahlzeit ins Pfarrhaus zu ihrem Wilhelm kam.

Professor Fucks erzählte mir nach etwa anderthalb Jahrzehnten, als ich ihm bei statistischen Arbeiten zu seiner Stilanalyse half, über seine Zeit in Ummendorf einige Anekdoten:

'Der Organist der Pfarrkirche sei beim Militär, und der Pfarrer sei kaum imstande gewesen, die Messgesänge lagengerecht anzustimmen.

Als guter Klavierspieler habe Fucks ein Instrument organisiert. Das habe der Pfarrer gehört und daraufhin gefragt, ob er auch Orgel spielen könne. Im Schloss hatten sie ihre Büros Tür an Tür. Fucks erklärte dem Pastor, er habe noch nie Orgel gespielt, aber ihm dann doch versprochen zu helfen. Auf dem Klavier habe er abends fleißig Kirchenlieder intoniert, dazu aber auch noch ein Harmonium beschafft und ebenfalls darauf - wie auch schon mal in der Kirche - auf der Orgel spielen geübt.

Während also zunehmend in Aachen die Bomben krachten, hatte die **katholische Gemeinde** von Ummendorf wieder einen Organisten, der ihre Orgel' (Abb. 37)[3] spielte.

---

1 A.Schnell: ATHAC ex 315, o.Bl.Nr.Vgl. ihr Schr. vom 10.09.1945 an W. Geller, Aachen, siehe deswegen auch die Seiten - 102 -, - 104 - und - 105 - .
2 Adreßbuch AC: Prof. Dr. phil. Franz Krauß, Martelenbergerweg o. Nr. !
3 H. Geller: Foto der Orgel, auf der Fucks die Kirchenlieder begleitete und übte. Foto aufgenommen am 23.Juli 2000.

Herr **Hutzel** bestätigt diese Fucks'sche Erzählung[1], das **Klavier** und Harmonium im Zimmer des Dachgeschosses des Hauses Biberacherstr. 70 Platz gefunden hätten und der Raum zu einem Konferenzraum hergerichtet worden sei. Dort trafen sich die Wissenschaftler dann zu Gesprächen in einer Kaffee- oder Tee-Runde. Die Liebe von Professor **Sauer** zur Musik hat schließlich dort auch das freundschaftliche Verhältnis zu Fucks bestärkt, ähnlich wie sie später Sauer mit **Lense**[2] in München verband.

Aufnahme: H. Geller

Abb.37: Ummendorfer Orgelbühne

In **Ummendorf** mussten zusätzlich beide gemeinsam ihr Schicksal durchstehen, nach dem Motto:

Mit Musik wird vieles besser!

'Die Zeit neben Forschen habe er, Fucks, auch genützt, um seine französischen und englischen Sprachkenntnisse zu verbessern. Er nahm sich vor, in den Langenscheidt-Wörterbüchern täglich seitenweise vorsorglich Vokabeln zu wiederholen. Das wäre seit Herbst 44 vermehrt möglich gewesen und wegen des Vorrückens der Alliierten auch notwendig geworden'.

In der Dorfverwaltung gab es – wie bereits erwähnt – eine Broschüre „Ummendorf in der Hitler- und Franzosenzeit, 1933-1948", herausgegeben von Hans Hutzel, Biberacher Straße 70, 88444 Ummen-

1 H. Hutzel: Vgl. Seite - 9 - , Fußnote 2: ebd. Seite 29, und sein Brief vom 28.12.2001, s. auch Seite - 64 - , Fußnote 2.

2 R. Sauer: Lebensabriss: v. Prof. **Bauer** und G.A. Schmidt München in 'http: / triton. Mathematik. tu-muenchen.de/~kaplan / fakul / node 23. hrm.

dorf.[1] Während meines Besuches am Fr. den 14. Juli 2000 bei Herrn Hutzel in Ummendorf erzählte er mir noch mehr aus seinem Buch. Demnach sollen die Aachener Wissenschaftler in Ummendorf **Kriegsforschung** betrieben haben, über die man dort aber erst 35 Jahre später etwas Näheres erfuhr:
Hutzel zitiert deshalb aus einem Brief von Frau Dr. Else Feldermann[2] , bis 1945 Dipolmandin bei Fucks, an ihn folgendes:
„Die Gruppe kam von der Technischen Hochschule Aachen und wurde wegen Bombenangriffen aus Sicherheitsgründen nach Ummendorf verlegt. Sie hatte die Aufgabe, Messungen und Berechnungen über Wirbelströme an Flugzeugtragflächen und an Leitwerken für Flugzeuge und Raketen durchzuführen. Die deutsche Flugzeugindustrie entwickelte zu dieser Zeit Düsen- und Raketenflugzeuge, die in Geschwindigkeitsbereiche vordrangen, die einige strömungstechnische Probleme aufwarfen. So erreichte zum Beispiel das Raketenflugzeug Me 163 *eine Geschwindigkeit, die knapp unter der Schallgrenze lag.* (Zwischen Weihnachten und Neujahr 1944 kam die Me 163 beim Kampf im Raum Geilenkirchen noch zum Einsatz) *Im Erdgeschoss des 'Schlosses' waren Werkstätten zur Herstellung von Vorrichtungen und Geräten untergebracht, die für die aerodynamischen Messungen ge-braucht wurden. Im großen Saal im ersten Stock stand einer der größten Analogrechner der Welt, er hatte eine Breite von 8 m, eine Höhe von ca. 2 m und eine Tiefe von 1,5 m, was einen Inhalt von ca.24 Kubikmeter ergab. Mit diesem Rechner wurde versucht, die aerodynamischen Probleme theoretisch zu untersuchen.* (Die Raumnutzung der Etagen entspricht in etwa der Version von Schumacher). *Nach Auskunft von Frau Dr. Ing. Feldermann leistete dieser Rechner allerdings nicht mehr wie heute ein kleiner digitaler Taschenrechner.*
*Den **Analogrechner** hatte die Gruppe von Aachen mitgebracht, in Ummendorf wurde er erweitert und verbessert. Des weiteren wurde versucht, in kleinen Windkanälen fotographische Aufnahmen über **Strömungsverhältnisse** an Versuchsmodellen festzuhalten.*
Die Forschungsgruppe erhielt ihre Aufträge direkt von der Raketenver - suchsanstalt Peenemünde, wobei das Projekt V2 bevorzugt behandelt werden musste.

1 H. Hutzel: 'Ummendorf', Gesamtherstellung: Schussen-Druck, Gebr Frick, Bad Schussenried.
2 H. Hutzel: vgl. Seite - 9 -, Fußnote 2, Seite 36 /37.
3 H. Geller: privatArchiv.

Leiter der Entwicklung in Peenemünde war Wernherr von Braun, der nach dem Kriege maßgeblich an den Erfolgen der amerikanischen Weltraumfahrt beteiligt war. ***Luftwaffenmajor Weinberger****, der immer eine Uniform trug, hatte die Aufgabe, die in Ummendorf erarbeiteten Erkenntnisse sofort und persönlich abzuliefern. Dort erhielt er auch die Aufträge für die Forschungsgruppe.*"
Ob damit eine aktive Kriegsforschung verbunden war, ist durch diesen Bericht nicht eindeutig belegbar. Das bedarf noch anderer Überlegungen.

Nach August 1944 haben 8- bis10-jährige Jungen auf dem Gelände des Holzwerks Himmelsbach unter Abdeckplanen lange Flugzeugteile entdeckt[1]. Wie Jungen in dem Alter so sind, klettern sie gerne überall herum und - entdecken dann die wundersamsten, geheimnisvollsten Dinge. Das dort insgeheim mitgebaute Flugzeug war die **Dornier** Do 235. Der Erstflug fand am 26. Oktober 1943 auf dem Flugplatz Mengen statt[2]. Zum Kriegseinsatz kam dieser Typ aber nicht. Und Fucks hatte damit auch **nichts** zu tun.
Das Gespräch mit Hutzel erinnerte mich an den chaosträchtigen **Karfreitag**[3] 1945 in Warendorf, als Tiefflieger um 14,45 h auch einen unter „Planen versteckten" V-Waffenzug angriffen, der unterwegs war zur nahen Abschussbasis. Fast täglich stand ein solcher Zug direkt an der Bahnlinie hinter unserer Wohnung. Öfters hatte ich nachts das Fauchen der **V-1** oder **V-2** gehört. Jetzt hatte ich mich nur 200m entfernt in einen Straßengraben geworfen, als die Lightning-Bomber wie Blitze in Richtung der Güterwagen stürzten und ich um mein und das meiner Eltern Leben

Abb. 38: Start einer „V 2"[4]
(V-2 = Vergeltungswaffe Nr.2)

1 H. Hutzel: Vgl. S. - 9 - ebd. Fußnote 4: S. 38, 1. Abs.
2 H. Hutzel: Vgl. S. - 9 - ebd. Fußnote 4: S. 39, 1. Abs.
3 H. Geller: Vgl. S. - 9 - ebd. Fußnote 4, Odyssee: Seite 19, 4.letzter Abs.
4 Aus: 'das Beste': Bilddokumente aus dem II. Weltkrieg, Verlag: DAS BESTE GmbH, Stuttgart, ca. 1975, Geschenk-Broschüre an H. Geller.

zittern musste. Ich sah wie die Bomben sich von den Fliegern ausklinkten. Vierlingskanonen vom Anfang und Ende des Zuges ballerten ihnen entgegen. Der Güterbahnhof wurde durch ein abgeschossenes Flugzeug getroffen. Einige Häuser in der Nähe der Bahnlinie standen in Flammen.

Gottlob waren meine **Eltern** schon zum Gottesdienst in die Hauptpfarrkirche gegangen und erlebten deshalb das alles nicht so sehr wie ich. Später fanden wir in unserem Fachwerkhaus an der Wallpromenade die Zimmer von Geschossen durchlöchert.

Nach den Erzählungen Hutzel's hatte ich den Eindruck, dass die Exil – Aachener damals in Ummendorf auch nicht sicherer vor feindlichen Fliegerangriffen sein konnten als in Aachen. Doch im Vergleich zu dem, was sonst überall noch an Kämpfen tobte, blieb es dort wider Erwarten ruhig.

WARUM bloß ?

Wissenschaftliche Arbeiten im Kriege

Über seine wissenschaftlichen Arbeiten hatte Fucks mit mir kaum gesprochen. Dafür findet sich aber eine Liste seiner Arbeiten im „Gelehrten Kalender, Poggendorf "[1] u.a. auf S.142/143, in dem jeder nachlesen kann, welche wissenschaftlichen Themen er bis 1955 bearbeitete und wie seine wissenschaftliche Laufbahn bis dahin war.
Es kann gefragt werden, inwieweit Prof. Dr.- Ing. Wilh. Fucks sich wehrwissenschaftlich[2] betätigt hat.

In den **Kriegsjahren** sind 1940 zwei Arbeiten erschienen in der Zeitschrift **„Naturwissenschaft"**:

'Zündspannungsänderung m. Wasserstoff '

28 ('40)110 **und** in der **„Zeitschrift für Physik"**: **116** ('40) 657-92:

'Zündung in Wasserstoff',

Die erste Publikation war mit Dipl. Ing. Gerd **Schumacher**, die zweite zusammen mit Dipl. Ing. Friedrich Wilhelm **Kettel,** erstellt.
Die von Fucks zusammen mit dem Theoretiker **Prof. Dr. Seitz** in der" **„Phys. Zeitschrift**" veröffentlichte Arbeit über:
'Zündspannungsänderung durch Bestrahlung', **37** ('36) 813-817, die, auch gleichzeitig in der **'Zeitschrift für Technische Physik' 17** ('36) 387-91 erschien, wurde **1939** von ihm zusammen mit Dipl. Ing. Gerd Schumacher unter dem Titel:

'Zündspannungsänderung **durch Bestrahlung** bei Molekülgasen'

in der„Zeitschrift für Physik", **112**('39) 605-613, **noch einmal** aufgegriffen**.** Es ist die Arbeit, für die Schumacher eine Seitz'sche Apparatur für seine Diplomarbeit modifizierte. (s. Diss. Lahaye, Seite -27-).

Ein Arbeit, die von Professor Fucks **während** des Krieges auch noch erschien, veröffentlichte er ebenfalls in der **„Zeitschrift für Physik** gemeinsam mit Dipl. Ing. Heinrich Bongartz nämlich über :

'Zündkanalquerschnitt u. Zündung mit querschnittsbegrenzter **Bestrahlung'**, **120** (**1943**) 468-475.

---

1 Poggendorf : Gelehrtenkalender Ausgabe Seite 142/143 Fucks, Wilhelm, Physik. - 1923-29 stud. TH München; '31 Dr. - Ing. TH Aachen; '34 Pdoz., '38 ao. Prof., seit '41 o.Prof. TH Aachen;'40 Gast-Prof. TH Berlin. (eig.Mitt.) * 1902, Juni 4, Leverkusen, ff bis S.14 3; Vgl. **Lebenslauf Fucks**, ATHAC: ex PA 1505, bes. S. 1-18, vorn. **16,** ex 3102.A, s. Nachruf z. Tode Fucks, 01.04.90, ebd. ex 160 b.

2 U. Kalkmann: *„Die Technische Hochschule im Dritten Reich"* , Dissertation 1999; im Druck befindlich. Herausgeben Ende 2003 im Mainz-Verlag, Aachen Süsterfeldstraße.

Alle diese Schriften hatten mit der sog. Wehrwissenschaft , z.B. mit der Luftfahrt, (noch) nichts zu tun.

Auch war nach dem Gelehrten-Kalender keinerlei Kriegsforschung belegt, verständlicherweise! Nur eine Arbeit aus dem Jahre 1935 über: **„Messg. v. Geschoßgeschwindigkeiten und deren Schwankungen“** könnte in einen solchen Rahmen passen. Aber selbst diese Arbeit war publiziert in**: Z. techn. Physik**: **16,** 170-177, somit jedermann zugänglich, und deshalb **nicht „geheim“!** Sie konnte also **allen** Interessierten eine lehrreiche Lektüre sein, etwas für Freund **und** Feind!

Fucks war mit seiner Berufung 1941 zum ordentlichen Professor und zum Direktor des Physikalischen Instituts und der weiter bestehenden Vertretung in der ‘Theoret. Physik’ zunächst stark belastet. Seine Forschung dabei intensiver auszubauen, fiel ihm schwer; aber er tat, was er konnte:

Am Ende der Fucks’schen Literaturangaben im Poggendorf - Register wird quasi nur noch der Vollständigkeit wegen eine Bemerkung angefügt:
‘Ferner **10 Arbeiten** in: “Untersuchungen und Mitteilungen (UM) an die Deutsche Luftfahrt-Forschung “, 1944/1945.’
Bezeichnend ist besonders, dass es dafür **keine Titelangaben** im Gelehrten-Kalender gibt.

Die Kürze der Notiz vermittelt sogar den Eindruck, als wären diese Arbeiten fast bedeutungslos. So dachte ich jedenfalls, als ich Anfang 2000 mit meinen Aufzeichnungen beginnen wollte.

Wenn der Autor die Schriften nicht detailliert angibt, hält er die Arbeiten entweder wissenschaftlich nicht für so wichtig, oder sie sollten tatsächlich auch in seinem Sinne unbeachtet bleiben (?), ganz gleich aus welchen Gründen auch immer.

Die Schriftenverzeichnisse in den Veröffentlichungen der Jahre 1948 bis 1954 und insbesondere im Forschungsbericht Nr. 760 des Landes NRW des uns schon früher begegneten Dipl.-Phys. **Bruno Franzen**, Prof. Dr.-Ing. W. **Fucks** und Prof. Dr. rer. nat. Georg **Schmitz** über:

„Vergleich von Korona- Hitzdrahtanemometer durch Messung von Turbulenzspektren 1959“[1],

enthalten nur die Registriernummern der **„DVL“** sowie die Erscheinungsjahre der Fucks'schen UM. Franzens Verzeichnis verweist zudem auf Diplom- (1947) und Doktorarbeit (1951) des 1943 in Ummendorf evakuiert lebenden Hilfsassistenten **Herbert Oertl.** Mit diesen Angaben konnte man endlich nach einzelnen Exemplaren der 1999 einmal von Ulrich Kalkmann so bezeichneten **wehr-wissenschaftlichen Fucks'-schen Arbeiten** zielgerichteter suchen.

Wäre es damals etwa zu gefährlich gewesen, im Text den „wahren“ Empfänger anzugeben? Warum gingen Berichte oft nur per Bote nach Berlin, wie Frau Feldermann berichtete? Die DVL war doch eigentlich **nur** eine wissenschaftliche Institution? !
Ich war völlig überrascht, als mir Herr Hutzel in Ummendorf von einer Arbeit erzählte, die er zufällig aus Geheimakten der USA, vom Smithonian Institut, Washington, auf einem Microfilm in Ablichtung erhalten hatte[2], und die er mir später mit aufrichtiger Freundlichkeit in Kopie zuschickte[3]. Es war sicherlich die letzte Arbeit der gesuchten Untersuchungsserie von Prof. Dr.-Ing. W. Fucks rund um Meßtechniken strömender Gase während der letzten Kriegsjahre:

Das **Deckblatt des Microfilms** ist nachträglich maschinenschriftlich erstellt und trägt die Registriernummer *IP 4566, R F* sowie die Autoren- und Titelangabe: **„Fucks, Wilhelm**

Corona-anemometer readings in vortex path[3]

(Messungen in Wirbelstraßen mit einem Koronaanemometer)

by Wilhelm Fucks and Friedrich-Wilhelm Keitel (muss heißen Kettel). *Ummendorf/Württemberg, Technische Hochschule Aachen im* ***Nov. 1944*** *Germ. Unclass.12p incl. photos, graph“* sowie ein *„ABSTRACT The corona-anemometer, an anemometer with static predischarge, is used for measurement in Karmans vortex doublerow street. Quantitative ratio between alternating inflow currents and variations in airflow*

---

1 Franzen: Dissertation publiziert im: Westdeutschen Verlag/ Köln und Opladen 1959, herausgegeben durch das Kultusministerium, NRW, Nr.760.
2 Fucks u. Kettel: „Messungen in Wirbelstraßen mit einem Koronaanemometer“.
3 H. Hutzel: Brief vom 4.01.2001 mit Kopie der Fucks/Kettel Arbeit (**später UM 1470).**

*velocity at place of discharge are measured. A frequency constant or basic mean coefficient of **0,191** is derived and it is shown by oscillograms that doublefrequency influence is negligible when compared to the other components.*
(4) (447) Flow - Measurement (A) Keitel, Friedrich Wilhelm
Air DOCUMENT INDEX (TECH) (GERMAN) T_2 Hq AMC USAAF"

Das **deutsche** Originaldeckblatt enthält die dokumentarisch wichtige Angabe, dass tatsächlich von

'Prof. Dr. W. Fucks und Dipl. Phys. Friedrich Wilhelm Kettel'

diese 'Untersuchungen und Mitteilungen' (**UuM**) oder verkürzter geschrieben '(**UM**)' im Auftrag der Deutschen Versuchsanstalt für Luftfahrt, (DVL) - Aerodynamisches-Institut - **durchgeführt** wurden, und zwar:

'im Physikalischen Institut, Technische Hochschule Aachen, Der Instituts Leiter.'

Darin ist aus Gründen der **Geheimhaltung** von **Ummendorf** keine Rede!

Diese (**U u M**) erhielten später die **DVL-Nr:** ***1470*** **.** Ab 1945 trug der Bericht den Stempel der *Air Documents Division, T 2, AMC, Wright Field Microfilm No.8244 F 4566.*
Der Bericht besteht aus dem Deckblatt, 7 Textseiten, 1 Seite *Schrifttum*, 7 abgelichteten Oszillographen Aufnahmen und einem Diagramm über die Ergebnisse der

Kármán'sche Wirbelstraßen Messungen.

Die Bilder sind auf das Jahr ***1945*** datiert. Das lässt vermuten, dass die Versuchsergebnisse zwar im ***Nov. 1944*** schon bekannt waren, ihre Darstellungen mit Reproduktionen und die endgültige Fassung jedoch gewollt oder ungewollt erst **Anfang 1945** möglich waren und deshalb die gesamte Arbeit erst 1945 verzögert in Berlin-Adlershof, Peenemünde oder sonstwo ankam.
Dem vollständigen Schriftenverzeichnis der Nummer **1470** entnimmt man nun endlich konkret die **Titel** zu den von der **DVL** verteilten Registriernummern und insbesondere, welche **9 anderen** Fucks'schen **U u M** dieser **10. 'Untersuchung und Mitteilung'** (Nr.1470) vorangingen. Die im **'Schrifttum'** der Arbeit 1470, **'Nr. 3)'**[1] angegebenen

1 UM 1470: UM Fucks/Kettel **Schrifttum**, besonderrs Ziffer 3)

Veröffentlichungen sind der Wichtigkeit wegen auf einem Vorblatt in jeder **UM** - Ausgabe extra von mir reproduziert worden.
Das, was bis dahin in der Physik in Aachen noch etwas verborgen war, lag jetzt plötzlich vor, ein unglaublicher Zufall (!!), der dem Heimatgeschichtsschreiber Hutzel zu verdanken ist.

Ich dachte, alle 9 anderen Publikationen auch in Aachen zu finden, um diese Herrn Hutzel im Gegenzug überlassen zu können. –
Die Enttäuschung war groß! Die Suche nach den anderen im Krieg entstandenen sog. „Kriegsarbeiten" erwies sich als schwierig.

In der zentralen Physikzentrums-Bibliothek war keines der Exemplare vorhanden. Im 1. Physikalischen Institut, dem Heimatinstitut von Fucks, seltsamerweise auch nicht! In der TH - Bibliothek war nichts. Andere Uni-Bibliotheken? Von fast allen Fehlmeldungen!
Nur von der Uni-Bibliothek Dresden war seltsamerweiser ein Original zur Ablichtung zu erhalten; und zwar das mit dem Titel:

'Über Turbulenzmessungen mit dem Vorstromanemometer*, UM Nr. *1431' .

Es enthält neben den Angaben über as Schrifttum eine **Verteilerliste**, deren Kennntnisnahme für mich jetzt sehr nützlich war, wenn sie auch damals als „Geheimsache" viel wichtiger war, zu verheimlichen.

Deshalb wurde damals vor offizieller Versendung einer **UM** jeweils ein Blatt eingefügt:
„Dies ist ein Staatsgeheimnis im Sinne des § 88 des Reichs Strafgesetzbuches (Fassung vom 24. April 1934). Mißbrauch wird nach den Bestimmungen dieses Gesetzes bestraft, sofern nicht andere Strafbestimmungen in Frage kommen.Weitergabe nur verschlossen, bei Postbeförderung als 'Einschreiben'.
Aufbewahrung unter Verantwortung des Empfängers unter gesichertem Verschluß. Nachbestellungen sind über Berlin-Adlershof, Brieffach 2, erhältlich"[1]. Heute ist leider keine Nachbestellung mehr möglich, die meine Suche nach weiteren **UM** hätte erleichtern können.

Mit der Beilage des damals geheimen Verteilerregisters auf der letzten Seite dieses Exemplars aber habe ich die anderen Empfänger der **UM**

---

1 UM 1257: UM Quick/Schröder: Rückseite des vorderen Einbanddeckels

ausfindig machen und deren heutige Standorte anschreiben können.

In der jetzigen Haus-Bibliothek des Aerodynamischen Instituts, dessen Direktor im Krieg Professor Seewald und seit 1959 Professor Dr. **Naumann** war, der als TH-Dozent 1944, in den letzten Kriegswirren sich nach Eupen in Sicherheit brachte, fand ich sechs interessante **U**ntersuchungen und **M**itteilungen mit den **DVL** Geheimnummern:
UM: 1189 Fucks/Schumacher,
UM: 1202, 1203, 1205, 1299, 1452 Fucks/Kettel, und außer der Reihe, **'Berechnungen'** von **Quick/Schröder,** Reg. Nr. Cf 231/2
UM: 1257 (35) 0706, 12. Juni 44, in Berlin - Adlershof vorgelegt am 25.5.44 unter dem Titel:

„Verhalten der laminaren Grenzschicht bei periodisch schwankendem Druckverlauf". [1]

Hatte dieses Thema vielleicht auch etwas mit der Entstehung von Wirbelstraßen zu tun? Es wurde hierin untersucht, unter welchen Bedingungen **eine laminare Strömung in eine turbulente** umkippt und wie deren vielfältige Folgeerscheinungen vorausberechnet werden können. Am Ende der Arbeit heißt es dann:
„Die Ergebnisse der ***Rechnung*** *führen zu der Auffassung, den Umschlag laminar-turbulent durch die beginnende Rückströmung mit anschließender Wirbelbildung* ***innerhalb der Grenzschicht*** *zu erklären, die durch Schwankungen der Anströmung und durch* ***Wandrauhigkeit*** *verursacht wird. Experimentelle Ergebnisse stützen diese Auffassung" (ebda., S. 15).*[1]
Vermöge der dort z.B. zitierten Arbeiten der Amerikaner **Dryden** < 1 > und **Runsaker** < 7 >, siehe Diskussionsbeitrag in Journal of the Aer. Sciences 6 (1939), S. 105, über ***Hitzdrahtmessungen***, (siehe[1] ebd. S.14 u. 16). Eigentlich hat die von **Quick** beschriebene Entstehung der **Wirbel** auch schon **Helmholtz** in seiner Arbeit 1858, vgl. S.-64- , 3. Abs. u. S. -65- oben, mit dem Hinweis auf den Einfluss von Reibung in gleicher Weise zu erklären versucht und letztlich auch Prandtl:

Die Teilchen lösen sich vermöge ihrer Reibung an einer Wand ab, was Quick in iterativen Verfahren aus wellenförmigen Stromlinien berechnet, und führen dann in Abhängigkeit der Strömungsgeschwindigkeit

1 Quick/Schröder: „Verhalten der Laminaren Grenzschicht bei periodisch schwankendem Druckverlauf", UM-Nr. 1257, Verteilerschlüssel 34), Berlin-Adlershof , den 23.05. 1944, (35) 0706, 16 Seiten, 15 Abbildungen, S.14-16 (S. 16 = Ref.-Liste)

der Luft entlang einer ebenen oder auch welligen Wand zu einer mehr oder weniger starken rückläufigen Bewegung, die in Wirbeln endet.
Dies wurde schon von den o.g. Amerikaner experimentell ermittelt. Es sind die ersten Versuche, die Strömungsverhältnisse in der Grenzschicht experimentell zu erfassen.
Auf Grund von Störungen gemessene Stromlinien sind auf Seite -90- in Abb. Nr. 39 und ihre Berechnungen mit Geschwindigkeitsvektoren in Abb. Nr. 40 dargestellt. Ein zweites Beispiel mit höherer Anblasgeschwindigkeit ist auf Seite -91- in Abb. 41 und 42 gezeigt.
Auf weitere Einzelheiten der **Quick'schen** und **Helmholtz'schen** Arbeiten soll hier nicht eingegangen werden und auch nicht auf die zu diesem Grenzschicht-Thema gehörenden speziellen **Prandtl'schen** Arbeiten. Die Diagramme sind insofern in diese Arbeit übernommen worden, weil die Problematik in der Dissertation von G. Schumacher aufgegriffen und nach den Amerikanern Dryden und Runsack mit neuer experimenteller Methode von ihm ebenfalls behandelt wurde.

Am Rande sei noch bemerkt, daß Prof. Dr. **Quick** nach dem Kriege in London ein halbes Jahr interniert war und dort sicherlich nicht ohne Grund von den Engländern intensiv verhört wurde[1].
Man wird ihn über seine Berechnungen, die sich auf die zurückliegenden amerikanischen Experimente aus dem Jahre (1928/39) stützten und mit Hitzdrahtanemometer durchgeführt wurden, aber besonders als Direktor des Aerodynamischen Instituts der DVL **befragt** haben und sicherlich auch über die Entwicklung des neuartigen **Anemometers** auf der Basis der Gasentladungsphysik, weil diese und die Untersuchungen mit diesem für das Reichs-Luftfahrt-Ministerium von besonderer Bedeutung war. Ob sie technisch auch tatsächlich verwendbar war? Eine Frage!

In dem oben zitierten Forschungsbericht des Landes NRW, **NR. 760,** (1959)/ „Franzen Fucks/Schmitz" zeigt die **Dissertation von Franzen** mit dem Titel: (Fortsetzung Seite - 92 -):

'Vergleich von Korona- und Hitzdrahtanemometer durch Messung von Turbulenzspektren'

die Vor- und Nachteile von Vorstrom-, Korona- und Hitzdraht**anemometer** in Bezug auf ihre damalige Weiterentwicklung zu

1 Quick: ATHAC, ex PA, Nr. 4801, Lebenslauf, Seite 2

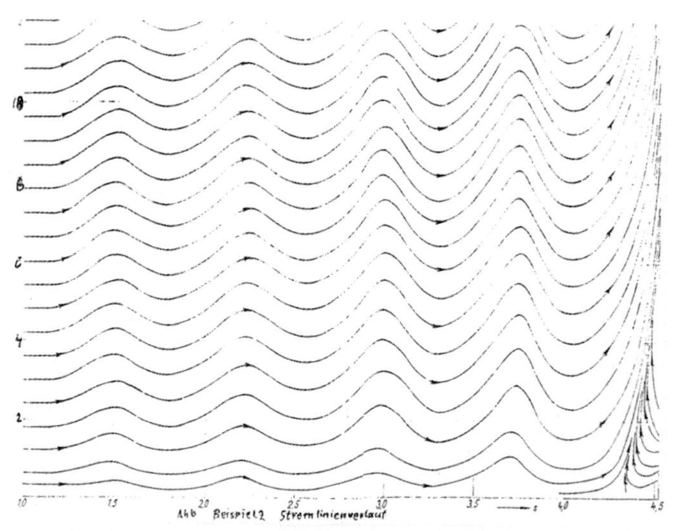

Abb.39: Stromlinienverlauf entlang einer Wand, von der sich Luftströmung nach einer Störung ablöst

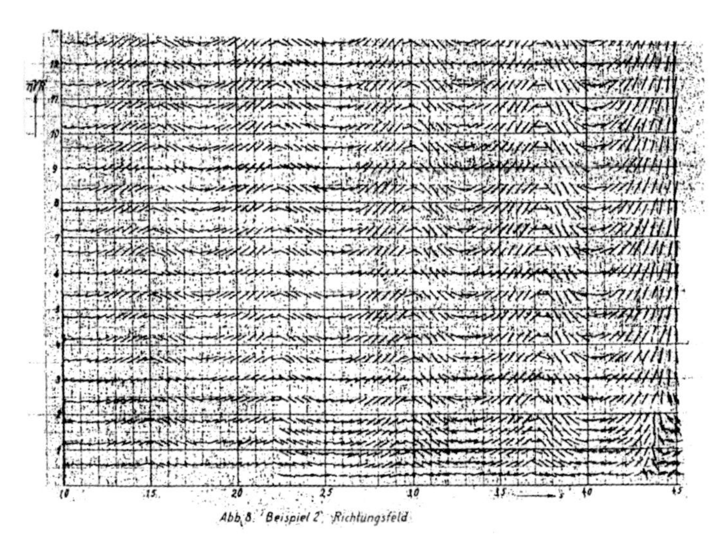

Abb.40: Das zugehörige Richtungsfeld nach der integrativen Berechnung

Aufgetragen sind jeweils in Abhäningkeit von der Wurzel der Reynoldschen Zahl die Abweichungen **in** der Grenzschicht gegen ihre Strömungsgeschwindigkeiten entlang einer rauhen oder gewellten Wand in krummlinigen tangential- und Normalkoordinaten.

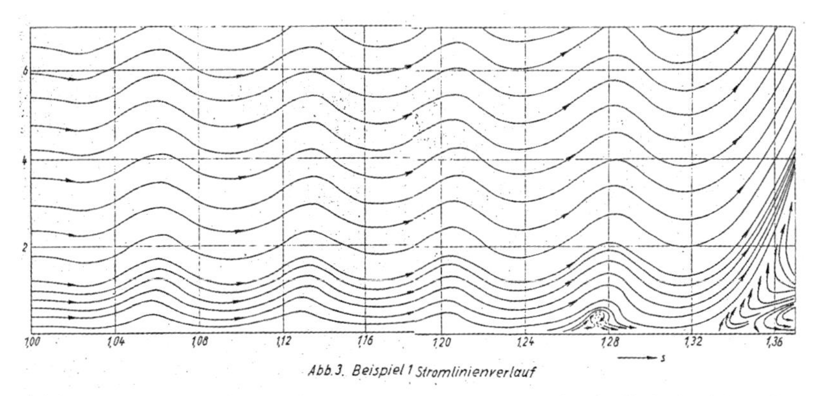

Abb.41: Bei ausreichend hoher Strömungsgeschwindigkeit führt der Abriss der Luftströmung zu Wirbelbildungen

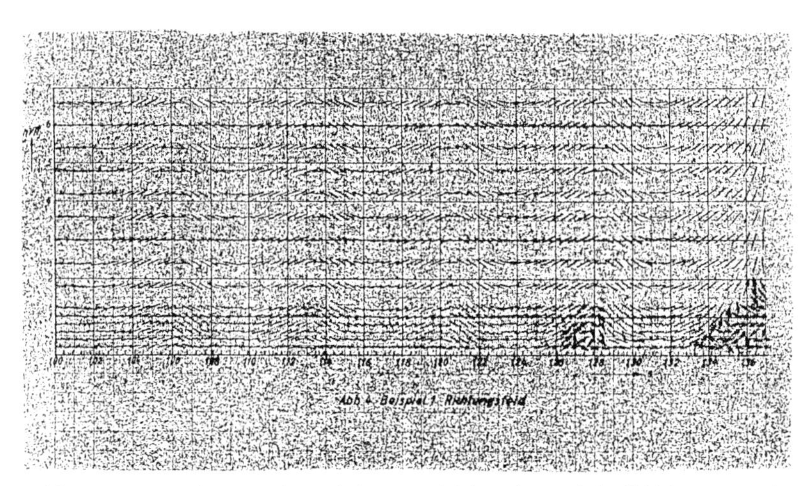

Abb. 42: Berechnung der Richtungsfelder der Wirbelbildungen wie Abb.40

Man sieht, dass nach dem Umschlag der laminaren Strömung in eine wellige Strömung alsbald mit der Wirbelbildung der Ablösepunkt der Strömung folgt. Dies ist in der Dissertation von Schumacher 1945 experimentell bestätigt worden.

verfeinerten Ausführungen, mit deren Hilfe Turbulenzmessungen an Luftwirbeln verbessert und neue Erkenntnisse gewonnen werden konnten. Aus seinen im Chaos erlebten 'eigenen Ruinen' - als Physikstudent in die Wüste geschickt - ließ **Franzen** unmittelbar selbst **neues Leben** in der Physik Aachens erblühen. (Vgl. S. -47-, Fußnote 3, u. Seiten -57- sowie -89-.)
Beim Vergleich der Untersuchungen mit den verschiedenen Instrumenten in der Arbeit von Franzen drängt sich ebenfalls die Frage auf, ob mit dem Fucks'schen Gerät damals überhaupt etwas Nachhaltiges für die Kriegsforschung von Bedeutung hätte gewonnen werden können. Sehr plausibel bschreibt er die physikal.Vorgänge insbesondere den Einfluß der Elektronen auf die Messungen in den Stromzuleitungen über einen el. Widerstand demzufolge die Geschindigkeitsschwankungen von Luftströmungen zwischen pos. Anoder und neg. Kathode sich auf dem Kathodenstrahloszillographen als elektr. Feldänderungen darstellen lassen.

Während Franzen als Physikstudent Ende des Krieges in die Wüste geschickt wurde, hat **Oertl** in Ummendorf als Hilfassistent an den UM mitwirken können. In seiner Dissertation bei Fucks mit Meixner als Korreferent, mündliche Prüfung am 19.1.1951, über das Thema:

„Knallwellenoszillographie mittels Koronasonde"[1]

finden wir im 1. Kapitel einiges über die Arbeiten von Fucks und ihm während und in der Endphase des Krieges, davon später (s. S. 111).

Bei Quick wie bei Fucks geht es um die Frage: Wie kann man etwas in einem Bereich messen, zu dem man auf den ersten Blick keinen „Zugang" hat, **und** ohne dass man die Verhältnisse, z.B. **in** den einzelnen „Wirbeln" oder gar in der „Kármán'schen Wirbelstaße selbst, durch die Messung bzw. ein Messgerät zerstört? Das vermochte nur eine **trägheitslose Messmethode**, wie sie eine **elektrische Feldmessung** anbot.
(Wenn man z.B. ein Vakuum messen will, darf die Meßsonde das, was man messen will, selbst nicht beeinträchtigen oder gar zerstören! Das ist ein grundsätzliches Messprinzip.) Bisher leisteten dies meistens nur optische oder fotographische Messmethoden.
Das Hitzdrahtanemometer war schon ein richtiger Ansatz, aber zur Messung höherer Blasgeschwindigkeiten der Luft aus dem Windkanal zu träge; denn bei schnellen Luftgeschwindigkeitsänderungen kann der

1 Bibliothek THAC: Herbert Oertl: Dissertation, 19.1.1951 (!), Standnummer: Sm 2546 T. 1952.1.

Hitzdraht wegen seiner **Wärmekapazität** nicht **trägheitslos** folgen.

Nachdem in den Uni- bzw. Landesbibliotheken Marburg, Dresden und Berlin z.B. **UM 1230** als 'nicht vorhanden' gemeldet wurde,[1] fand sich **diese UM** schließlich später erst in der Zentralbibliothek der DLR Köln - Porz mit dem Titel:

'Weitere Aufzeichnungen turbulenter Strömungsvorgänge mit dem Vorstromanemometer' [2]

Das Deutsche Museum München schickte je eine Kopie der Berichte **UM Nr. 1452** und **UM** Nr. 1299 sowie eine weitere der letzten bereits oben erwähnten *Ummendorfer* **UM Nr. 1470** [3]; aber leider fehlen immer noch die **drei un**nummerierten Arbeiten des Schrifttums aus Nr ***1470.***

1 Uni Bibliotheken: Absagen der Anfragen nach UM, Rücklaufscheine des Fernleiheauftrages vom 3. Aug. 2001, über Bibliohtekarin Frenken .

2 DLR Köln-Porz: Zusendung der UM 1230, Schreiben des Deutschen Zentrums für Luft- und Raumfahrt, Bibliotheks- und Informationswesen D-51170 Köln, an H.Geller vom 15.01.2001 mit Hinweis, dass die übrigen Titel bei derDLR nicht vorhanden sind. Vgl. auch mein Schreiben v. 08.12.2001.

3 Deutsches Museum München: Zusendung der UM 1299, UM 1452 und der bekannten 1470 auf Grund der Bestllg. v. 28.11.2001, Lieferung über die 3 UM vom 04.12. 2001, diese UM erhielt das Deutsche Museum angeblich aus Washington.

Die Untersuchungen und Mitteilungen

an das Aerodynamische Institut (der DVL): Berlin – Adlershof

Um nun einen tieferen Einblick die damaligen Forschungsanstrengungen zu geben, sind die inzwischen vorliegenden 7 UM der Reihe nach aufgelistet entsprechend den Titeln des Schrifttums von 1470. Dort sind die von Fucks verfassten Überschriften dokumentiert worden.

Die mit * versehenen Arbeiten wurden nicht gefunden. Eine Erklärung zum physikalischen Inhalt der UM wird im Kapitel über das **„Das Vorstromanemometer“** auf Seite -118- gegeben.

Die **gefundenen UM** wurden in Kopie der Bibliothek des Physikzentrums und der RWTH zusammen mit dieser **‘Geschichte’** übergeben:

W. Fucks: 1. *Über die Eignung der Vorstromentladung zur Messung der Strömungsgeschwindigkeit von Gasen (Vorstromanemometer),*
Geheim U u. M Nr. **1202**
(„gem. Schrifttum zu 1230 **schon** eingesandt **29.10.42**") jedoch erst der DVL zugeleitet: Aachen, den 20.12.1943; Eingang Berlin-Adlershof, den 22.3.1944 Regist.-Nr.: UM 1202 (31) 2203, am 27. April 1944, Deckel-Nr. 14, das Exemplar erhielt demnach Prof. Seewald, Aachen. Diagramme tragen das Datum 1942, von Prof. Dr. **Schröder erhalten,** Aerod. Inst. RWTH Aachen.

Übersicht: Es wird ein „Vorstromanemometer“ angegeben, bei dem der vor der Zündung einer elektrischen Gasentladung in einer Funkenstrecke fliessende „ dunkle Vorstrom“ zur Messung von Strömungsgeschwindigkeiten in Gasen und deren Schwankungen ausgenutzt wird, Die Theorie des Gerätes ist auf Grund gasentladungstheoretischer Vorstellungen entwickelt und es sind experimentell „Blaskennlinienfelder“ ausgemessen worden, wobei zur Vorionisierung Ultra-Violettbestrahlung und radioaktive Bestrahlung verwendet wurden**. (Heinenarbeit?)** Eine eingehende Zusammenfassung des Inhalts findet sich am Schluss der Arbeit (S. 49 ff). Die Arbeit wurde der DVL am 29.10. 1942 zugeleitet.
*
W. Fucks: 2. *Theorie der Schwankungsempfindlichkeit des Vorstromanemometers*
Nicht auffindbar ! Am 1.7.1943 der DVL zugeleitet („gem. Schrifttum zu 1230 als eingesandt gemeldet: am 1.7.43")

W. Fucks: 3. *Untersuchungen der Betriebseigenschaften des Vorstromanemometers,*
Geheim U u. M Nr. **1203**
Gemäß Schrifttum zu UM 1230 gab es schon einen Bericht mit dem Titel: („Experimentelle *Untersuchungen am Vorstromanemometer*.Eingesandt 14.10.43“) Hier jetzt: Der DVL zugeleitet: Aachen, den 4.2.44 Eingang Berlin Adlershof, den (Dat. unbek.), Regist.-Nr.: UM 1203

(31) 2203, am 18. 4. 44;Verteiler wie 1. Deckel-Nr 14, das Exemplar erhielt demnach Prof. Dr. Seewald, Aachen. Die Diagramme tragen das Datum 1943. Das Exemplar habe ich vom Aerodynamischen Institut, Aachen, erhalten.

Übersicht: Freiheit von Trägheit, Abbrand und Rückwirkung machen die Vorstromentladung zur Messung v. Strömungsgeschwindigkeiten in Gasen besonders geeignet. Früher beschriebene Apparaturen wurden nunmehr durch eine aerodynamische erforderlicheVerringerung der Elektrodenflächen um das Tausendfache und um eine Vergrößerung der Ströme um das Tausend- bis Zehntausendfache verbessert und zwar letzteres durch Verwendung von Quecksilberhochdrucklampen, die in dem einen Brennpunkt eine ellipsoidischen Reflektors gestellt werden, in dessen anderem Brennpunkt die Kathode angeordnt wird oder durch Verwendung geeigneter Röntgenbestrahlung. Es wurden unter verschiedensten Bedingungen Blaskennlinienfelder aufgenommen und durch Berechnung der Schwankungsempfindlichkeit die Betriebseigenschaften des Gerätes umfassend aufgeklärt; und zwar zunächst bei ausschliesslich stationärem Betrieb, woraus wegen der Trägheitslosigkeit die instationären Verhältnisse mitgegeben sind. Danach sollte das Vorstromanemometer für Turbulenzuntersuchungen geeignet sein.
*

W. Fucks: 4. *Aufzeichnung turbulenter Strömungen mit einem Vorstromanemometer.*
Nicht auffindbar ! *am 28.10.1943 der DVL zugeleitet*

W. Fucks: 5. *Über die stille Vorentladung in Luft bei Atmosphärendruck und ihre anemometrische Verwendung,*
Geheim U u M Nr.: **1205**
der DVL zugeleitet: AC?, den 27.2.44 (laut.1230 am 28.2. 44 Eingang Berlin Adlershof, den .... Regist.-Nr.: UM 1205 (31) 2803 am 24. 4. 1944 Verteiler wie 1. Deckel-Nr.11, das Exemplar erhielt demnach Professor Seewald, Aachen (!) Die Diagramme tragen kein besonderes Datum. Das Exemplar habe ich vom Aerodynam. Institut, Aachen, erhalten.

Übersicht: Ehe eine Gasentladung bei Steigerung der Spannung in Entladungsformen mit fallender Kennlinie (Glimmentladung, Bogen, Funken) kippt, sind zweierlei „Vorentladungen“ möglich, die Townsendentladung und die stille Vorentladung. Letztere stellt physikalisch eine Hintereinanderschaltung einer Glimmentladung und einer unselbständigen Dunkelentladung in der Gasstrecke dar. Sie brennt auch ohne Vorionisierung mit Stromstärken, die mit Townsendentladung nur durch ungewöhnlich starke Vorionisierung erzielt werden können. Die Verwendbarkeit der stillen Vorentladung für die Messung von Strömungsgeschwindigkeiten in Gasen und deren Schwankungen ist in der vorstehenden Arbeit untersucht. Der Existrenzbereich der Entladung, der zwischen der Anfangsspannung U_a und Zündung U_z in die Glimmentladung liegt, ist bestimmt in Abhängigkeit von den wesentliche Parametern. Der Einfluss eines Luft-stromes auf die Strecke ist durch Aufnahme eines Blaskenn-linienfeldes ermit-telt, aus dem rechnerisch die anemometrische Empfindlichkeit des Gerätes be-stimmt wird.

W. Fucks: 6. *Weitere Aufzeichnungen turbulenter Strömungsvorgänge mit dem Vorstromanemometer*
Geheim U u M. Nr.: **1230**
Der DVL zugeleitet: Aachen, den 27.3.1944; Eingang Berlin-Adlershof, den 29.4.4; Regist.-Nr.: UM 1230 (31) 0305 (Dat. Unbkt); Verteil.-Nr. wie 1., Deckel-Nr. 11, das Exemplar erhielt Professor Seewald, T.H. Aachen; Diagramme tragen kein besonderes Datum; Die Arbeit wurde vor der 6. Arbeit der DVL zugeleitet. Diese Mitteilung verfügt erstmals über ein „Schrifttum". (gem.. diesem ist den UM 1230 bereits ein Bericht: „Aufzeichnungen turbulenter Strömungen mit einem Vorstromanemometer. Einges. 28.10.43" vorgeschickt worden). Von der Zentralbibliothek der DLR Köln-Porz erhalten.

Übersicht: Frühere **Schwankungsaufzeichnungen** zeigten, **dass das Vorstromanemometer auf Schwankungen der Strömungsgeschwindigkeit mit Schwankungen des elektrischen Stromes der Vorentladung reagiert.** Die vorliegende Arbeit fragt, ob diese Stromschwankungen quantitativ eindeutig den Verlauf der Geschwindigkeitsschwankungen der Luftströmung wiedergeben. Dazu werden zwei bekannte Probleme studiert: ein aus einer kleinen Düse austretender Luftstrahl und ein Strahl, der eine gesunde Kernströmung und eine Mischzone aufweist.
Die Oszillogramme von den Schwankungen zeigen, dass das Vorstromanemometer sinngemäß arbeitet. Durch Versuche wurde geprüft, ob mechanische oder elektrische Schwingungen oder andere unerwünschte Störungen ins Spiel treten. Das Zusammenwirken von Druck- und Geschwindigkeitsschwankungen in der Turbulenz wird untersucht mit dem Ergebnis, dass bei den vorliegenden Aufnahmen der Druckeinfluss vernachlässigt werden kann.

W. Fucks: 7. *Vorstromanemometer mit radioaktiver Vorionisierung,*
Geheim U u M Nr.: **1299**
Der DVL zugeleitet: Aachen, den 25.5.1944, Eingang Berlin - Adlershof, den 1.8.1944; Regist.-Nr.: UM 1299 (35) 0308 am 30.Aug.1944,Verteiler Nr. bis 28. Fucks, Ummendorf, Deckel-Nr. 14, Das Exemplar erhielt demnach Herr Prof. Sauer, Ummendorf. Die Diagramme tragen kein bes. Datum. Dieses Exemplar **auch** vom Deutschen Museum erhalten. Es wurde wie UM 1470 auf Microfilm übertragen: No 2086, Hq USS<J> ADRC, (Air Docu. Resarch Centr.)? A - 2;169/IV/32 ZWB-Nr. 1584. Der letzte Buchstabe der Abkürzung USS<J> ist nicht deutlich in der Kopie zu lesen. Außerdem ist nicht bekannt, für welche Worte diese Abkürzung steht, vielleicht für eine russische Dienststelle?

Übersicht: Bei stationärem Betrieb ist ein Vorstomanemometer mit radioaktiver Vorionisierung untersucht. Die radioaktive Schicht ist auf die Elektroden selbst aufgebracht Es werden Entladungsströme in der Größenordnung bis 10^{-7} Amp. erzielt. Es sind Blaskennlinienfelder aufgenommen und daraus die Spannungsschnitte ermittelt und die Schwankungsempfindlichkeiten berechnet. Da das Gerät mit Spannungen betrieben werden kann, die rund eine Größenordnung unter den Spannungen liegen, mit denen die früher untersuchten Vorstromanemometer arbeiten, so ergibt sich bei

mittleren Windgeschwindigkeiten von einigen m/sec eine um mehr als eine Größenordnung höhere Schwankungsempfindlichkeit. Man kann also erwarten, mit dem mit radioaktiver Vorionisierung betriebenen Anemometer feinere Schwankungen aufzeichnen zu können als mit den anderen Anordnungen.
*

W. Fucks: 8. *Über die Abhängigkeit des dunklen Vorstroms von Schwankungen der Entladungsparameter* ***erscheint in den Marineforschungsberichten***.
Nicht auffindbar
Vor 31.08.1944 zugeleitet (Hierzu ist das Korreferat von Prof. Sauer zur Diss. A. Heinen zu vergleichen !)

W. Fucks: 9. *Über Turbulenzmessungen mit dem Vorstromanemometer,*
Geheim U u M. NR.: **1431**
erscheint *in Deutsche Luftfahrtforschung;* der DVL zugeleitet: Aachen, den 31.August 1944. Eingang Berlin-Adlerhof, den (Datum nicht angegeben) Regist.-Nr.: UM 1431(40)1101 03 (Dat. ?) Verteil.-Nr. 37.-38. Fucks, Ummendorf (Wttb) Schloss, Deckel-Nr. 40, dieses Exemplar erhielt die DVL/Jl. Die Diagramme tragen das Datum 1944. Früher VEB Gasturb.-Bau und –Maschinenentwicklung, Pirna - Technische Bücherei. Jetzt bezogen von TU-Dresden,- UB/Zweigbibl. 30/SL, 1997.4 007971 001; ZO 7270. Diese UM 1431 trägt auf der 1. Seite einen unkenntlich gemachten Stempel, von dem im Original noch eine Nr. 3467 **zu** erkennen war; auf 4. Seite einen Stempel mit Kyrillischen Buchstaben. Ob dieses Exemplar vor 1945 oder danach in russische Hände kam, wäre noch zu prüfen. Es wäre denkbar, dass der von Hutzel genannte Russe Litkewitsch, nach Hutzel's Brief v. 18.12.02[1] Linkenweitsch Eugen, geb. 4.2. 1909[1], vielleicht an der „Verteilung“ der Arbeiten insgeheim beteiligt gewesen war? Diese UM hat eine Schrifttumsangabe. Dort ist unter 3) **die Arbeit 9a ! zitiert.**

Übersicht: Nach dem Nachweis des quantitativ eindeutigen Zusammenhangs des Stromes des Vorstromanemometers mit der mittleren Strömungsgeschwindigkeit wurde gezeigt, dass das Anemometer auf Schwankungen der Windgeschwindigkeit sinngmäß reagiert. Die vorliegende Arbeit fragt nach dem Quantitativ eindeutigen **Zusammenhang zwischen Schwankungsvorgang und Stromsschwankung im Anemometer**. Das Anemometer kann elektrisch quasistationär oder elektrisch instationär betrieben werden. Im ersteren Fall kann die bei stationären Messungen gewonnene Eichung verwendet werden. Temperatur und Druckeinfluss sind bei den vorliegenden Untersuchungen vernachlässigbar klein. Die Fragen nach der statischen und dynamischen Kennlinie der Feldverzerrung durch Raumladung, dem Aussteuerungsbereich des Gerätes, dem Betriebspunkt, sowie die Frage nach dem Zusammenhang zwischen den Gerätedimensionen und dem Auflösungesvermögen werden studiert. Es werden zwei Zahlen von der Dimension einer Frequenz eingeführt, die Zahl der Nulldurchgänge und die Zahl der Vorzeichenwechsel der Tangente im Schwankungsoszillogramm, ihre

1H.Hutzel: Schr. V. 18.2.02 Korrektur des bisher angenommenen Namens des Russ. Mitarbeiters durch Dr. **Baumann** Uni Tüb. in Lintkenwitsch. Hat dieser etwas mit der „Ukrainischen Beuteliteratur “ zu tun, deren Inhalt bzw.(Übersetzung?) u.a. W. Weinberger betroffen haben könnte?

Abhängigkeit von den Grenzfrequenzen und der Frequenzverteilung der Turbulenz wird betrachtet. Ergebnisse von Turbulenzuntersuchungen im runden Freistrahl werden mitgeteilt.

*W. Fucks 9a. Vorstromgerät zur Messung von Drucken und Druckschwankungen.
Nicht auffindbar
Erscheint in Deutsche Luftfahrtforschung Am 12.2.1943 eingesandt und trägt (noch) keine UM-Nr. ! Sie wurde bereits vor dem Umzug des Instituts nach Ummendorf fertig. Es ist offen, ob sie als geheim angesehen wurde.
Auf diese Arbeit bezieht sich in UM 1470 nichts. Sie wird nur **in 9.** zitiert! Dr. Oertl aber erwähnt sie!!! **Dazu gibt es kein Exemplar.**

W.Fucks: 10. *Physikalische Vorgänge in Townsend- und Korona-Entladungen beim -*
und F.W. *Anblasen mit turbulenten Luftströmungen, erscheint in Deutsche Luft-*
Kettel: *fahrtforschung.*
Geheim U.u. M. Nr.: **1452**
Der DVL zugeleitet, Ummendorf (Wttb.), den (Dat. unbkt) gez.:Fucks, Die Bearbeiter: gez.: Fucks Kettel. Eingang Berlin-Adlershof, den (Daum unbekannt) Jf 198 Regist.-Nr.: UM 1452 (35) 1801, **den 23.1.45** Verterteiler-Nr. 12.-13. Fucks, Ummendf. Deckel-Nr. (nicht lesbar oder nicht vorhanden.) Die Diagramme tragen das Datum 1944. Exemplar vom Deutschen Museum erhalten.
Übersicht: Für das Auftreten von Wechselströmen in den Zuleitungen einer Korona- oder Townsendentladung beim Anblasen mit turbulenter Luftströmung sind mehrere Ursachen zu unterscheiden. Frequenz, Phasenlage und Frequenzgang der verschiedenen Wechselstromanteile werden zu den Schwankungen der Luftgeschwindigkeit in Beziehung gesetzt. Die experimentelle Trennung der Wirkungen, die auch bei stationärem Betrieb auftretenden Influenzströme wird behandelt.

Und schließlich befand sich im Deutschen Museum München noch einmal das Exemplar von Fucks und Kettel:

W. Fucks: **11.** ***Messungen in Wirbelstraßen mit einem Koronaanemometer***
und F.W. **Geheim** U.u. M. Nr.: **1470**
Kettel: Regist.-Nr **UM 1470** (22) 0102 vom **13.2.1945;** Bezogen zusätzlich vom Deutschen Museum München, das nicht mit dem maschinenschriftlichen Deckblatt der US Dokumentations-Division versehen war.
Übersicht: Zum Nachweis des frequenzrichtigen Arbeitens eines Koronaanemometers wurden Messungen in Kármánschen Wirbelstraßen ausgeführt. Aus der Frequenz der Wechselströme in den Zuleitungen des Anemometers ergibt sich für die Konstante in der Frequenzbedingung für die Kármán'sche Wirbelstraße der Mittelwert 0,191. Der Mittelwert aus allen bekannten Messungen beträgt 0,193. Ob eine gewisse Abnahme der Konstanten bei zunehmenden Hindernisdimensionen durch Messfehler bedingt oder von grundsätzlichem Interesse ist, muss noch geklärt werden.

Im Aerodynamischen Institut Aachen fand sich dann noch die Arbeit von Fucks /Schumacher:

W. Fucks und G. Schumacher: 12. *Versuche mit einem Wechselstromglimmanemometer* bei stationärem Betrieb
Geheim u. M Nr.: **1189**
Der DVL zugeleitet, Aachen, den **14. Feb. 1944**. Eingang Berlin-Adlershof, den 26.2.44; Jaf 1033/2; Regist.-Nr.: UM 1189(35) 1103, den **4. April 1944** Verteiler-Nr.7.-8. Fucks, Ummendorf (Wttb) Schloss, Deckel-Nr. 12,; Exemplar erhielt Prof. Seewald, Aachen, Diagramme tragen kein Datum. Das Exemplar erhielt ich vom Aerodynamischen Institut, Zu dieser Arbeit gibt es keine Schrifttumsangabe.

Übersicht: (Siehe die Erläuterung der Dissertation von Professor Schumacher im nachstehenden Text).

Die wichtigsten Arbeiten, dic in Ummendorf fertiggestellt wurden, und zwar erst **kurz vor** Kriegsende möglicherweise **mit Absicht**, waren **die Dissertationen von Kettel und Schumacher;** denn nach **Berlin** gingen nur noch **Teile** ihrer Doktor-Arbeiten.

Die darin untersuchte **trägheitslose Mess-Methode** zur Messung von Windgeschwindigkeiten und Windgeschwindigkeitsänderungen mit dem neuartigen schon von Frau Heinen 1942/43 benutzten Anemometer wird mit Perspektiven für einige nach dem Kriege entwickelte physikalische Messinstrumente in einem eigenen **Kapitel** ab Seite -132- erläutert.

Dissertation

*von Friedrich **Kettel***

zur Erlangung der Würde eines Dr. Ingenieurs

vorgelegt von

Dipl. -Ing. Friedrich Kettel, Stadtkyll

I. Teil.

„Untersuchung über die Ionisierungsvorgänge und die Zündung in Wasserstoff“

Referent: Prof. Dr.-Ing. W. Fucks - Korreferent: Prof. Dr. H. Sauer.

Der Tag der mündlichen Prüfung war der Samstag, **17. März 1945**, über den noch gesprochen werden wird.

Zu dem vorliegenden 1.Teil der Dissertation möge man die **inzwischen** in der Zs. f. Phys. 116, 657. 4c **(1940) erschienene Arbeit** von W. Fucks u. F. Kettel[1], über *Zündung in Wasserstoff,* vergleichen!

Darüber hinaus verweist Kettel darauf, dass man zum

2. Teil:

„Untersuchung über die Arbeitsweise und die Eichung des Koronaanemometers“

also dem 2. Teil der vorliegenden Dissertation, die Arbeiten UM 1452 und **UM 1470** vergleichen möge.

1 Fucks und Kettel: Z.f. Phys. Bd. 116, Seite 657, (Eingegangen am 22. Juli 1940)

Dissertation

von Gerd ***Schumacher:***

„Über Messungen von Strömungsvorgängen in Gasen„

Teil I :

„Versuche mit einem Wechselstromglimmanemometer bei stationären Betrieb“

Teil II :

„Versuche mit einem Wechselstromanemometer zur Messung der Turbulenzen in der Nähe einer angeblasenen Wand“

(Dieser Teil betrifft auch die Messung an einem Tragflächenmodell)

Der Tag der mündlichen Prüfung war ebenfalls der **17.3.1945**. Dieses Datum trägt handschriftlich ein Exemplar der TH-Bibliothek, während auf einem zweiten von der TH-Bibliothek erfassten Exemplar dieser handschriftliche Nachtrag fehlt! Im Jahresverzeichnis der deutschen Hochschulschriften 1945 - 1948[1] wurde offensichtlich unter Mitwirkung der Fakultät die Dissertation von Gerd Schumacher mit Datum v. **3. Okt. 1945** festgelegt, als Fucks und andere Professoren der Fakultät sicher wieder zurück in Aachen waren und die Promotion offiziell bestätigt werden konnte.

Der **1. Teil** der Dissertation, also die unter Ziffer 12. auf der vorhergehenden Seite - 99 - genannte UuM von Fucks und Schumacher an die DVL, **UM -Nr. *1189,*** wurde bekanntlich dort schon am ***26.2.44*** vorgelegt!!

Sowohl **UM 1189** (S.25) als auch der 1. Teil der **Doktorarbeit von Schumacher** (S.13) enthalten die Bemerkung, dass sich das **Glimmstromanemometer** für Turbulenzmessungen bei Werten von Blasgeschwindigkeiten über 50m/sec, entsprechen 180 km/h, als **begrenzt** erweist, und, dass *„das* ***Vorstromanemometer*** *in Bezug auf den Arbeitsbereich um ein Vielfaches leistungsfähiger ist“* (**UM 1189**, S.14), weswegen er dieses im **2. Teil** der Dissertation behandelt, den die Zentrale für Wissenschaftliches Berichtwesen der Luftfahrtforschung des General-Luftzeugmeisters <abgekürzt (ZWB)> nicht erhielt und somit für einen wehr-wissenschaftlichen Nutzen (**bewußt?**) zu spät gekommen wäre.

1 Bibliothek d. THAC: Jahresverz. D.deutsch. Hochschulschriften 1945-1948; bearb. v. d. Deutschen Bücherei 61.- 64. Jhrg.; Börsenverein der Deutschen Buchhändler zu Leipzig 1951, Schumacher Seite 6; T-Biblio. Stand-Nr. 61/64 Za, 1307; KS. 451.716.

Schumacher erwähnt in seiner Arbeit Herrn Dr. **Schlichting**[1], Braunschweig, der „turbulente Strömungen" modellmäßig berechnet hat (S.13). Er habe nun diese experimentell mit dem **Vorstromanemometer** bei Blasgeschwindigkeiten von 10 - 20 m/sec bzw.16m/sec ebd. S. 16 bestätigt. '*Mit höheren Blasgeschwindigkeiten und entsprechend höheren transversalen Wirbelgeschwindigkeiten hat man in Ummendorf nicht arbeiten können*', wegen zu schwacher Windkanäle[2]. Dennoch untersuchte Schumacher mit dem Vorstromanemometer die Strömungsverhältnisse an einem Flugzeugtragflächen-Modell und an einem Kreiszylinder[2]. Während er an der Tragfläche nicht den Übergang der laminaren in die turbulente Strömung (den sog. **Umschlagspunkt**), sondern nur das **Ablösen** der Strömung von der „Wand" nach vorangegangenen „Störungen" oder unmerklichen Turbulenzen mit der sich **anschließenden Wirbelbildung** messen konnte, gelang ihm am Kreiszylinder beides: die Bestimmung sowohl des vorausgehenden Umschlagpunktes als auch die des Ablösungspunktes, wörtlich schreibt Schumacher:
Diese neue Messmethode (Vorstromanemometer) wurde erstmals auf eine Turbulenzmessung an einem Tragflächenprofil angewendet und dann an einem Kreiszylinder näher studiert",[2] bei dem auch der **Umschlagpunkt** experimentell (pünktlich, erst **zum Kriegsende**) bestimmt wurde. An der Tragfläche war die Sonde festinstalliert. Beim Kreis-Zylinder drehte sie sich kontinuierlich über dessen Oberfläche.

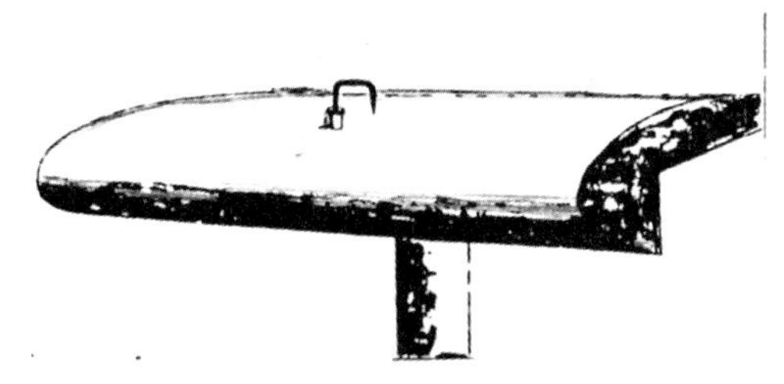

Abb. 43: Eine der möglichen Anemometermessstellen auf einem Tragflügel-Modell[2]

Schumacher ortete den **Ablösepunkt** hinter dem **Beginn** der Tragflächenkrümmung! Was dort keine feste Wand ist, wird weggerissen.Ein Ergebnis, das in Peenemünde mit Sicherheit nicht mehr ankam.

---

1 G. Schumacher: Bilbl. St.-Nr. Sm 2280a, T 1946.1, Dissertation: Teil 2, Seite 16, Vgl. Quick/ Schröder: S. -88-, Fußnote 1, ff; in „Einleitung" 2. Absatz, in dem die Berechnungen von Pretsch, der die **Stabilität der Grenzschicht** im Sinne von Tollmien (Dresden) Schlichting (Braunschweig) an gewellten Wänden untersuchte, erwähnt werden.

2 G. Schumacher: Dissertation: Teil 2, Vergl. Erläuterungen ebd. Seiten: 10 u.11 sowie S. 22;

Abb. 44 a: Dipl. Ing. G. Schumacher[1]

Zu seinem Diplom mit der Springorum-Plakette 1939 geehrt

MENS AGITAT MOLEM

Bildnis von Springorum

Abb: 44 b und c [2]

Mit dieser Messmethode Kriegsforschung zu betreiben, hätte bedeutet, dass zig Kompanien von Soldaten in Peenemünde die spitzen Elektroden während vieler Tag- und Nachtschichten auf einem echten Versuchs-Tragflügel per Hand für jeden Messpunkt hätten stets neu installieren müssen. Für diesen Aufwand war es bewusst zu spät geworden. Die Frage nach Kriegs-Forschung klären wir im übernächsten Kapitel. Die **UM** geben jedenfalls keinen direkten Hinweis darauf.

Erst in den 60-er Jahren hat man die Messmethode mit speziellen Elektrodenanordnungen zur Luftwirbeluntersuchungen an Tragflächen wieder aufgegriffen.
Auch ebene Elektroden, Kondensatorplatten, benutzt man heute wieder, so wie Fucks sie in ihrer Funktion beschrieb, um Verwirbelungen bei Diesel-Einspritzvorgängen in Brennkammern trägheitlos zu untersuchen und dann die Vorgänge zu optimieren.

---

1 G. Schumacher: Privates Fotoarchiv, Prof. Dr. Ing. Gerd Schumacher, Am Friedrich 19, 52074 Aachen. * 02.08.1914 (Beginn 1.Weltkrieg)
2 H. Geller: Privates Fotoarchiv, Aufnahmen: H. Geller.

Die Mathematischen Hilfen
der Professoren Sauer und Krauß

Erwähnt seien nur noch zwei Berichte, die im Zusammenhang mit den Physikalischen Experimenten zu sehen sind; denn die physikalisch theoretischen Überlegungen erforderten auch umfangreiche **Modellrechnungen**, für die der Großrechner von Professor Sauer zur Verfügung stand:

Foto: v. Prof. Dr. Bauer, München

Abb. 45: Prof. Dr. R. **Sauer**

Sauer[1] (1898 - 1970) war seit 1934 Aachen Nachfolger auf dem Lehrstuhl von Prof. Dr. Th. v.**Kármán**[2]. Im Studienjahr **1954/55 Rektor** der TH **München**[3]. Prof. Dr. Dr. hc. mult. Heinrich Nöth, Präs. d. Bayer. Akad. Wissenschaften zitiert ihn 'als den Doyen der Informatik':

„Der vom Menschen verfertigte programmgesteuerte Automat wird nie ein selbständiger Partner des Menschen sein, wie er uns in makabren Zukunftsvisionen eines Roboters zuweilen vorgestellt wird. .... ".

Aufnahme: Stadtarchiv Aufnahme: Star & Stripes

Abb. 45 a: Ein Sherman-Panzer vor der ehem. Wohnung (1935) von Professor Sauer Pastorenpl. Nr.1 / Ecke Kongreßstraße[4]. Hier hätte er den Einmarsch der Amis in Aachen begrüßen können, wenn er denn die hinter den Fenstern der oberen Etagen liegenden Räumen 1944 noch bewohnt hätte. Vor Ummendorf wohnte er 'Im Brockenfeld', wenn er nicht in Kelmis war.

---

1 Prof. Dr. Bauer: Abb.: Prof. Sauer und: Beiträge anl. eines Gedenkkolloquiums am 5.10.1998 an H. Geller v. 18. Dez. 2001; nach Anschr. H. Geller an Bauer vom 15.12.2001.

2 Fak f. Allg.Wiss: Schreiben des Dek., Prof. Dr. Starke, a. d. Rektor mit der Bitte um Weitergabe des Antrag zur Besetzung des durch Ausscheiden von Th. v. Kármán freige – wordenen Lehrstuhls mit Prof. Dr. R. Sauer an den Min. f. Wiss., Kunst; 1934

3 TH München: ATHAC, ex 59, Schreiben des Rektors der TH München an die Herrn Rektoren sämtlicher Hochschulen.

4 Stadtarchiv: Bild Nr. 43, Neg. Nr. T 748/16, unbekannter Fotograph.; Genehmigung s. Bild 3.

Professor Sauer, Institutsleiter des Instituts für praktische Mathematik der TH Aachen, und sein Assistent Dr.-Ing. Pösch hatten bereits vom 26.10 - 14.11.42 die Versuchsausführung eines Rechners der Fa. Askania Berlin getestet und darüber am 10.5.1943 eine Arbeit gemeinsam **mit** der Luftfahrtforschungsanstalt **München** verfasst, die dann - an **Berlin-Adlershof** gegeben - die **UM-Nr. 723** erhielt:

„Bericht über die Erprobung einer Universal-Integriermaschine für gewöhnliche Differentialgleichungen“[1].

Eine zweite Arbeit folgte dann allerdings unter alleiniger Verantwortung von **Sauer und Pösch** am 30. Okt. 1943 mit der **UM-Nr.723/2**. Sie wurde sicherlich schon in Ummendorf erstellt:

„Gebrauchsanweisung der Integriermaschine für Differentialgleichungen“[2].

Der Bearbeiter war in diesem Fall auch wieder Herr Dr. Pösch. Beide Arbeiten waren nur für den Dienstgebrauch bestimmt und so gesehen ebenfalls als **geheim** eingestuft. Eine Verteilerliste ist den Arbeiten nicht beigefügt. Aber beide Publikationen tragen die Verteiler-**Nr.17** auf dem Deckblatt, die Nummer, die bei Fucks-UM gelegentlich Herrn Professor Dr. **Seewald** zugeordnet war. Außerdem fand ich sie im Institut für Aerodynamik der RWTH Aachen, so dass man annehmen muss, dass der Empfänger tatsächlich derselbe war, wie der von den damaligen Fucks'-schen Arbeiten, also in damaliger Zeit Herr **Prof. Seewald** in **Sonthofen**.

Verbesserungen an den mechanischen Teilen des Rechners konnten ab Mitte 1943 in der Werkstatt des physikalischen Instituts im Ummendorfer Schloss unter Leitung von Meister Hubert **Bohrer** vorgenommen werden.

Eine mathematische Schrift von Sauer allein war die Arbeit über:

„Theoretische Einführung in die Gasdynamik“,

die in einer 1. Fassung während des Krieges bereits in englischer Sprache erschienen war und die Sauer später in St-Louis bei den Franzosen für eine Neuauflage fertigstellte sowie eine Arbeit besonders im Hinblick auf die Entwicklung des Fucks'schen Anemometers über:

„Nichtstationäre Probleme der Gasdynamik“

---

1 + 2 Prof. Dr. Sauer, u. Dr. Pösch: Die Publikationen sind in der Bibl. des Aerodynam. Inst. und in der Physikzentrumsbibliothek aufbewahrt.

Herr Professor **Dr. Franz Krauß,** Direktor des Instituts für „Reine und Angewandte Mathematik“, hat während des Krieges drei Arbeiten[1] geschrieben, die beiden letzten in Ummendorf:

„1) Über die Grundlagen der Invariantentheorie im nichtholonomen Basenfeld. (Dissertation, zus. mit Dipl. Ing. ***C. Heinz)****, 1942.*

2) Über die funktionale Analyse von Häufigkeiten, 1944.

3) Über die ansatztheoretische Form der Grundgleichungen für die adiabatische ***Gasströmung, 1945.****“*

Über die Arbeiten schreibt Krauß an den Rektor der TH Aachen nachträglich am 20.02.1946:

„1) liegt als Schreibmaschinenexemplar vor, bei ***Dr. Heinz, Lörrach. Mein eigenes Exemplar wurde im Krieg zerstört.***

2) liegt im Unreinen vor. ***Das fertige Manuskript*** *mitsamt gewissen Materialunterlagen* ***wurde zerstört****, lässt sich aber aus dem vorliegenden Unreinen mit geringerem empirischen Material wieder herstellen.*

3) liegt im Manuskript vor und verlangt noch kürzende Überarbeitung. gez.: Prof. Dr. F. Krauß“

Abb. 46: Prof. Dr. Franz Krauß, links, bei der Verleihung der akad. Würde eines Senators ehrenhalber durch den Rektor der RWTH Aachen Professor Dr.-Ing. Herwart Opitz am 23. Jan.1959[2]

1 Prof. Krauß: ATHAC ex Schr. v. 20.02.1946 an den Rektor der TH Aachen, s. auch S. -106-, Fußnote 1, Fucks betreffend. Wie Prof. Sauer hatte auch Prof. Krauß Bücher etc. in Belgien ausgelagert, die er erst nach 1946 zurück erhielt; s. auch S.-52-, Fußnote 1.

2 ATHAC: ex 59, Nr. 1.3.1: Fotodokumentation bei der Verleihung der akad. Würde eines Senators Ehren halber an Prof. Dr. F. Krauß durch den Rektor der RW TH Aachen, Sr. Magnifizenz Herrn Professor Dr.-Ing. H.Opitz am 23. Jan. 1959

Die o.g. Zerstörung der Manuskripte von Krauß muß den Umständen entsprechend in Ummendorf geschehen sein. Denn auch Dr. G. Schumacher schreibt am 21.2.46 an den Dekan der „Fakultät für Naturwissenschaften und Ergänzungsfächer“, als ob man die Wiederbeschaffung der Originalberichte vom Institut für Aerodynamik in Berlin - Adlershof abwarten müsse. Dass sie selbst vielleicht einen Teil der UM in Ummendorf aus Furcht vor den Franzosen vernichtet haben könnten, ist nirgends erwähnt: Was wir schon aus der Liste der UM wissen, schreibt Schumacher wahrheitsgemäß:

*„Während des Krieges sind im physikalischen Institut die Forschungsarbeiten über Betriebseigenschaften und Anwendungen von Anemometern, die auf dem Prinzip der Gasentladungen beruhen, durchgeführt worden. Für die Veröffentlichung vorgesehen sind insbesondere Berichte über das Vorstromanemometer zur Messung von Windgeschwindigkeiten und Windgeschwindigkeits**änderungen** (Turbulenz!).*

*Die Zusammenstellung der Forschungsergebnisse soll erfolgen, **sobald die Originalberichte zur Verfügung stehen**.*
I.A. gez.:Dr. G. Schumacher“.
Dieses Schreiben[1] von Schumacher wurde

„An
S. Magnifizenz den Rektor
der Technischen Hochschule Aachen weitergereicht.
21.2.1946
gez.: Krauß, Dekan“

Möglicherweise waren die UM, wenn sie denn nicht in Schumachers Händen waren, in einer von Frl. Feldermann erwähnten Kiste - wie seine Pistole - im Schloßgarten vergraben[2] ? Ist das vielleicht ein Grund, dass Fucks den Inhalt nur eines Teiles der UM **erst 1949** publizierte? Kam in der Tat Fucks nicht viel früher an die sog. Originale? Und unter welchen Umständen?

1 Prof. Dr. Ing. G. Schumacher: ATHAC ex Schr. von Schumacher an den Rektor über die Fak. f. Naturwissenschaften vom 21.2.46.
2 H.Hutzel: „Ummendorf“ Seite 35, vorletzter Satz.

Wehr-wissenschaftliche Forschung?

(auch zwei Schriftenverzeichnisse)

War gewisse Forschung nur Vorwand, in einem totalitären Staat zu überleben?

Oder, gab es Forschung, die einem Kriege nicht nutzen konnte?

Eingangs erwähnte ich schon Herrn Doktor Ulrich Kalkmann, der über den politischen Aspekt seiner Intentionen hinaus durchaus manche Hinweise auf die fachlichen Tätigkeiten der einzelnen Wissenschaftler gegeben hat. Er hat 1999 so in seiner Dissertation (von der er mir einige Passagen vorab überließ) *„Die Technische Hochschule im Dritten Reich, 1933 - 1945"* [1] im Kapitel über die Fakultät I: 2, u. a. über die *Fachabteilung für Mathematik und Physik, S. 202 bis 218* geschrieben. Auch nach Kalkmann hat in den Kriegsjahren nur noch Prof. Dr. Ing.**W. Fucks** **die** Rolle in Aachen gespielt. Wie weit er dabei etwa auch aktiv Kriegsforschung betrieb, oder ob er sich in dieser Stellung nur ein Forschungsgebiet wählte, das wissenschaftlich integer, politisch allenfalls nur ambivalent und in der Tat für einen eventuellen kriegerischen Nutzen vorerst nicht von besonderem Wert sein konnte, ist nicht leicht zu beantworten.

Kalkmann hat zu Fucks diesbezüglich auf Dokumente hingewiesen, die er vorsichtiger Weise als nur für *wehr-wissenschaftliche Forschung* von Bedeutung interpretierte. Jedenfalls sollte man sich diesem Thema doch einmal besonders zuwenden, denn Kalkman sagt:
„Seine fachliche Kompetenz wurde von keiner Seite bestritten. Er widmete sich seit Ende der dreißiger Jahre der ***wehr-wissenschaftlichen Forschung****, wobei seine Hauptgebiete auf der Physik elektrischer Entladungen in Gasen - hier galt er als einer der führenden deutschen Wissenschaftler -, der Kathoden-Oszillographie, den Druck- sowie Dehnungsmessungen lagen"* (ebd.S. 211, letzter, Abs.), was seine wehr-wissenschaftliche Aktivität aber nur recht grob beschreibt; denn gemäß unserer Ausführungen auf Seiten -21- und -83- ist dies allenfalls erst ab den 1. Kriegsjahren, also etwa seit dem Frühjahr1940 zu datieren, als Fucks sich länger in Berlin aufhielt.
Wenn die Ergebnisse nicht in einer kriegerischen Auseinandersetzung eingesetzt werden oder gar nicht eingesetzt werden können, ist das mei-

---

1 U. Kalkmann: *„Die Technische Hochschule im Dritten Reich"*, besonders Seite 211. Dissertation 1999 im Druck befindlich, jetzt publiziert.

nes Erachtens zumindest nach heutiger globaler Rechtsauffassung keine Kriegsforschung. Die einzige Arbeit, die in den 30-iger Jahren auf eine solche Forschung hindeutet ist die, wie oben schon erwähnt, die in der **Z. f. techn. Physik 16**, ('35) 170-77, erschienene allgemein zugängige und im allgemeinen wissenschaftlichen Interesse liegende Publikation über die

„Messung von Geschoßgeschwindigkeiten und deren Schwankungen."

Um zu beurteilen, was tatsächlich Kriegsforschung hätte sein können, sind die in der Kalkmann'schen Arbeit genannten Quellenangaben unter der Fußnote 5 (siehe bei Kalkmann ebenfalls auf Seite 211), von Bedeutung: Nach diesen Registerhinweisen und dem dazu noch greifbaren Schriftverkehr zwischen Fucks und dem Reichsforschungsrat ist festzuhalten:
Von den **9** dort auf der *Karteikarte Wilhelm Fucks* beim ***Reichsforschungsrat (RFR)*** *in Register (R): 26 III 8, Karteikarte 1006,* aufgeführten Arbeiten sind **sieben Arbeiten** - gleichlautend mit denen im „Poggen-dorf"[1] - Gelehrtenkalender zitierten - in den einschlägigen Zeitschriften der Physik veröffentlicht worden, also jedem - auch dem Ausland zu-gängig - und deshalb erstens nicht geheim und zweitens für echte Kriegs-forschung äußerst irrelevant gewesen.

Auf den nächsten Seiten sind deshalb das Schriftenverzeichnis von Professor Fucks und die Karteikarte 1006 des Reichsforschungsrates abgebildet.

1 Poggendorf: Gelehrtenkalender: W. Fucks Literaturangaben, Seite 142 und 143

Kohlenpyrolyse: 274-76. — Kältebeständ. Teeröle[9]): **33** ('52) 338-43. — Vers. z. Herst. schwefelarmen Hüttenkokses[11]): **34** ('53) 108-13. — Wesentl. Variable in d. Systematik u. in d. Entstehg. d. Kohlen: 161-67.

Chem. Age. Brennstoffind. 1949: **62** ('50) 72-74.

Chemiker-Ztg. Neuere Unters. üb. Entstehg. d. Kohle: **76** ('52) 61-66. — Das Aachener chem.-techn. Praktikum[14]): **78** ('54) 572-76.

Chem. Techn. Üb. d. Aachener Kreidekohlen u. verwandte Kohlenvorkommen: **6** ('54) 378-80. — Theoret. u. exp. Behandlg. v. Probl. in d. chem. Technol.: **7** ('55) 131-38.

Erdöl u. Kohle. Zusammensetzg. u. Umwandlg. d. KWStoffe d. Steinkohlenschwelteers[4a]): **5** ('52) 80-83. — Petrolatum aus d. Erdöl d. Emslandes[2b]): 148-51. — Umwandlungs- u. Verwendungsmöglichk. d. KWStoffe d. Steinkohlenschwelteers[4a]): 561-63. — Zur Thermodyn. d. Kohlenoxyds: Aldehydspaltungen[15])[4b]): 624-28. — Üb. einige prakt. wichtige Probl. d. Kohlenforschg.: **7** ('54) 491-96. — Infrarotspektroskopie als Hilfsmittel d. quantitat. Analyse von KWStoffgemischen[16]): 631f.

Fette u. Seifen. Reaktionsgeschwindigk. u. Gleichgewicht b. d. Verseifg. v. Esterwachsen: **55** ('53) 14-17. — Chromatogr. Zerlegg. v. Bienenwachs[17]): **56** ('54) 218-20. — Synthesen auf d. Wachsgebiet[18])[18]): **57** ('55) 1-3.

Fuel Sci. Pract. Investigat. of hydroxycarboxylic acids: **19** ('40) 45-48. — Investigat. concerning hydroxycarboxylic acids from bituminous coals[1]): 241. — Pressure developped during carbonizat. in byproduct ovens: **20** ('41) 161. — Studies on coking pressure[9]): **21** ('42) 70-73. — Microbiol. of coal[2])[8]): 96-102. — Thermodynamics of humic acid react.: **22** ('43) 112-16. — The origin of coal and the change of rank in coal fields: **25** ('46) 132-34.

Gas- u. Wasserfach. Aachener Kreidekohlen: **75** ('32) 1017-20.

Gesammelte Abh. Kenntn. Kohle. Synth. höherer KWStoffe aus Methan u. Kohlenoxyd[1]): **11** ('34) 327-29.

Ind. chim. Belge. La chimie des houilles: (2) **17** ('52) 144-48.

Ind. Engng. Chem., analyt. Edit. Determinat. of hydroxyl groups with Grignard reagent[4])[9]): **12** ('40) 507-09.

Ind. Engng. Chem., ind. Edit. Alumina as a catalyst of hydrocyanic acid format.[10]): **27** ('35) 410-13. — Rare elem. in German brown coal ashes: 1099f. — Theory of coal pyrolysis[9]): **34** ('42) 567-71. — Coal oxydat.: **35** ('43) 343-45.

J. Amer. chem. Soc. Investigat. concerning phenol lignin and methoxy-glycol lignin from spruce wood: **58** ('36) 673-80.

J. Franklin Inst. Thermodynamic treatment of the swelling pressure of coal: **231** ('41) 103-19.

Mining Ind. Penn. State Coll. Studies on fusain[4])[4])[11]): **23** ('38) 41 S. — Studies concerning the pressure developped during the carbonizat. of coal: **34** ('41) 45 S.

Mitt. Vereinig. Großkesselbesitzer. Forschungsaufgaben auf d. Gebiet d. Dampferzeugg.: **17/18** ('51) 86-92. — Die neuere Entwicklg. d. Schnellbewertg. v. Ionenaustauschern: **29** ('54) 159-64. — Unters. üb. d. Probl. d. Kupferkorrosion in Dampfkraftwerken, 1: Auflösg. v. Kupfer in hochverdünnten wäßr. Lösungen: **37** ('55) 670-75.

Trans. Amer. Inst. Mining metallurg. Engr. Thermodynamics and coal format.: **149** ('42) 218-30.

Z. analyt. Chem. Probl. d. Behandlg. v. Gleichgewichten m. vielen Komponenten im Rahmen d. Technol. d. Kesselspeisewassers[6b])[7a]): **141** ('54) 102-17. — Eine neue coulometr. Zelle[19]): **147** ('55) 181-95.

Z. Elektrochem. Entferng. d. Kupfers aus ammoniakal. Kupferlösungen m. Ionenaustauscher Levatit KS[7a]): **57** ('53) 365-69.

Mit: [1]) R. Daur; [2]) Frieda Fuchs; [3]) R. Gagarin; [4]) A. W. Gauger; [4a]) K. A. Hamacher; [4b]) H. R. Hömig; [5]) C. O. Hsiao; [6]) Norman H. Ishler; [7]) Hilde Kothny; [7a]) A. Leyer; [7b]) W. Lommerzheim; [8]) James J. Reid; [9]) Allan G. Sandhoff; [9a]) W. Schmidt; [10]) H. Verbeek; [11]) C. C. Wright; [12]) G. Wunderlich; [13]) Arden; [14]) Dikkersbach-Baronetzky; [15]) Gavatin; [16]) F. Glaser; [17]) de Jong; [18]) Pietsch; [19]) Quadt; [20]) Wagner.

Fucks, Wilhelm. Physik. — 1923-29 stud. TH München; '31 Dr.-Ing. TH Aachen; '34 PDoz., '38 ao. Prof., seit '41 o. Prof. TH Aachen; '40 Gast-Prof. TH Berlin. [Eig. Mitt.]

*1902, Juni 4, Leverkusen.

S. ● Veröff. Arbeitsgemeinsch. Forschg. d. Landes Nordrhein-Westfalen **8**, **1951** (Köln-Opladen '52) 7-34: Die Naturwiss., d. Techn. u. d. Mensch. — ● Festschrift d. Arbeitsgemeinsch. f. Forschg. d. Landes Nordrhein-Westf. zu Ehren d. Min.-Präsid. Karl Arnold (Köln-Opladen '55) 421-41: Gesetzmäßigkeiten b. d. Zündg. d. elektr. Gasentladg.

W. ● Über d. Entwicklg. physik. Erkenntn. (Düsseld. '38) 7 S. — ● Energiegewinnung aus Atomkernen (Essen '48) 100 S. — ● Mathematische Analyse v. Sprachelementen, Sprachstil u. Sprachen (Köln-Opladen '53) 110 S.

Ann. Physik. Spannungseffekt b. d. elektrolyt. Lösungen u. Kathodenoszillograph: (5) **12** ('32) 306-18 [Diss.].

Arch. Elektrotechn. Unters. d. Helmholtzschen Pendels m. d. Kathodenoszillogr.: **23** ('29/30) 589-92. — Einf. Stoßgenerator f. einmal. u. period. Vorgänge: **25** ('31) 723-44. — Wanderwellensteuerg., Strahlsperrg. b. Kathodenoszillogr. u. Erzeugg. sehr kurzer Lichtstöße: 847-52. — Dämpfg. einer Stoßwelle auf einem Kabel: **26** ('32) 118-20. — Kathodenoszillograph. Meth. z. Messg. v. Widerstandsänderg. b. kurzen Spannungsstößen: 183-92. — Verschärfg. stroboskop. Messg. durch Verwendg. kurzzeitiger Spannungsstöße[10]): 801f. — Einf. Schaltg. m. zwangsläufiger Kopplg. v. Strahlsperrg. u. Zeitablenkg. b. Kathodenoszillogr.[5]): **27** ('33) 125-28. — Registrierg. v. Überspanng.[3]): 597-605. — Zwangsläufig gekoppelte Strahlsperrg. u. Zeitablenkg. b. Kathodenoszillographen[6]): 606-08. — Modelle z. Theor. d. Durchschlags u. d. Entladg. in Gasen[7]): 743-48. — Zündg. einer bestrahlten Funkenstrecke[7]): **29** ('35) 362-70. — Rückwirkg. u. Ähnlichkeitsbetrachtg. b. d. Zündg. d. elektr. Gasentladg.: **40** ('50) 16-30.

Biometrika. On math. analysis of style: **39** ('52) 122-29. — On Nahordng. and Fernordng. in samples of literary texts: **41** ('54) 116.

Naturwiss. Zündspannungserhöhg. durch Ultraviolettbestrahlg.[9]): **24** ('36) 346. — Zu R. Schade, Zündspannungserhöhg. durch Bestrahlg.[9]): **25** ('37) 106. — Zündspannungsänderg. m. Wasserstoff[8]): **28** ('40) 110. — Ähnlichkeitsverhalten v. Gasentladg. m. Fremdionisierg.: **35** ('48) 282f. — Üb. ein statist. Gerät: **41** ('54) 57f. — Eine statist. Verteilg. m. Vorbelegung. Anwendg. auf math. Sprachanalyse: **42** ('55) 10.

Physik. Z. Zündspannungsänderg. durch Bestrahlg.[9]): **37** ('36) 813-17.

Studium generale. Techn. u. d. physik. Zukunft d. Menschen: **4** ('51) 14-24. — Math. Analyse d. literar. Stils: **6** ('53) 506-23.

Verh. Dtsch. physik. Ges. Z. Theor. d. Zündg. b. period. Fremdstrom u. b. Wechselspanng.: (3) **16** ('35) 47. — Zündg. im inhomogenen Feld: **18** ('37) 18. — Abhängigk. d. Fremdstromes v. Abstand d. Strahlenquelle[9]): **20** ('39) 79. — Zündg. m. querschnittsbegrenzter Bestrahlg.[1]): 79f. — Zündspannungsänderg. durch Bestrahlg. m. Wasserstoff[8]): 80.

Z. angew. Physik. Elektr. Vorstrom-Anemometer m. radioakt. Vorionisierg.: **4** ('52) 51-53.

Z. ges. Staatswiss. Üb. d. Zahl d. Menschen, d. bisher gelebt haben: **107** ('51) 440-50. — Arbeitslohnkomponenten u. ihre Wechselwirkg.: **108** ('52) 495-503.

Z. Naturforsch. Schwankg. v. Entladungsparametern b. Vorstromentladg. u. Schwankungsmessg.: **5a** ('50) 89-98. — Posit. Kugelkorona u. Schwingungsmessg.[2]): **6a** ('51) 494-504.

Z. Physik. Gasentladg. m. Diffusion u. Querkraft: **87** ('33) 139-53. — Gasentladg. m. Fremdstrom aus d. Kathode. Die Zündg. im Raumladungsfeld: **92** ('34) 467-84. — Z. Theor. d. Zündspannungssenkg. einer bestrahlten Funkenstrecke: **98** ('36) 666-71. — Zündspannungsänderg. durch Bestrahlg., 1[9]): **103** ('36) 1-17. — Zündg. b. Wechselspanng. Zündg. b. pulsierender Bestrahlg.: 709-27. — Zündspannungsänderg. durch Bestrahlg. b. Molekülgasen[8]): **112** ('39) 605-13. — Zündg. in Wasserstoff[4]): **116** ('40) 657-92. — Zündkanalquerschnitt u. Zündg. m. querschnittsbegrenzter Bestrahlg.[1]): **120** ('43) 468-75. — Messg. d. Turbulenz u. v. Turbulenzkomponenten m. Hilfe d. Koronaentladg.: **137** ('54) 49-60.

Z. physik. u. chem. Unterr. Elektr. Kippvorgänge: **46** ('33) 206-10.

Z. techn. Physik. Erklärg. v. Lichterscheing. b. elektr. Gasdurchschlag: **14** ('33) 59-61. — Messg. v. Geschoßgeschwindigk. u. deren Schwankg.: **16** ('35) 170-77. — Zündspannungsänderg. durch Bestrahlg.[9]): **17** ('36) 387-91. — Zündspannungsänderg. b. techn. Funkenstrecken[1]): **20** ('39) 205-09.

Ferner 10 Arbeiten in: Unters. u. Mitt. Dtsch. Luftfahrtforsch. 1944/45.

Mit: [1]) Heinrich Bongartz; [2]) Walter Budde; [3]) J. M. Dodde; [4]) Fritz Kettel; [5]) Helmut Kroemer; [6]) Karl Mennicken; [7]) Walter Rogowski; [8]) Gerd Schumacher; [9]) Wilh. Seitz; [10]) H. Weyrauch.

V, VI **Füchtbauer,** Christian. Physik. — 1922-35 o. Prof. U Rostock; '35 o. Prof. U Bonn; '46 em. in Gauting b. München lebend. [Eig. Mitt.]

*1877, Febr. 24, Nürnberg.

Sohn d. Physikers Georg Füchtbauer[III, IV, VIIa].

S. ● Heinr. Ritter v. Füchtbauer, Georg Simon Ohm (Bln '39) 216-24; [2](Bonn '47) 245-54: Bedeutendste wiss. Leistungen v. G. S. Ohm.

Naturwiss. Entgegengesetzte Unsymmetrie d. Verbreiterg. b. versch. Linien einer Serie[3]): **21** ('33) 315. — Verschiebg. u. unsymmetr. Verbreiterg. v. Absorptionslinien durch Fremdgase[3]): 675f.

Physik. Z. Verbreiterg. u. Verschiebg. v. Absorptionslinien: **35** ('34) 975-77. — Dichteabhängigk. d. Verschiebg. hoher Alkaliserienlinien durch Fremdgase[3]): **41** ('40) 555-59 [auch in: Naturwiss. **27** ('39) 658f.].

Verh. Dtsch. physik. Ges. Abhängigk. d. Verschiebg. hoher Alkaliserienlinien v. d. Dichte d. Fremdgases (Neon)[2]): (3) **21** ('40) 39f.

Z. Physik. Verschiebg. u. unsymmetr. Verbreiterg. v. Absorptionslinien durch Fremdgase[3]): **87** ('33) 89-104. — Verschiebg. von hohen Serienlinien d. Natriums und Kaliums durch Fremdgase[1])[7]): **90** ('34) 403-15. — Verschiebg. u. Verbreiterg. hoher Serienglieder d. Caesiums durch Quecksilber u. Xenon[3]): **93** ('35) 648-55. — Verbreiterg. u. Verschiebg. d. Linien d. Cäsiumserienendes durch Krypton[4]): **95** ('35) 1-5. — Störg. hoher Caesiumterme durch Grenzkohlenwasserstoffe u. Messungen am Dublett 1s-3p der Kaliumhauptserie[4]): **97** ('35) 1-7. — Einfl. v. Fremdgasen auf d. hohen Hauptserienlinien des Na[7]): 699-707. — Üb. d. Verbreiterg. u. Verschiebg. d. höheren Serienlinien des Natriums durch Caesiumdampf[5]): **110** ('38) 8-29. — Verbreiterg. u. Verschiebg. v. mittleren u. höheren Kaliumserienlinien durch Helium v. hohem Druck[4]): **113** ('39) 323-33.

Z. techn. Physik. Verbreiterg. u. Verschiebg. v. Absorptionslinien: **15** ('34) 551-53. — Dichteabhängigk. d. Verschiebg. hoher Alkaliserienlinien durch Fremdgase[3]): **21** ('40) 307-11.

Mit: [1]) A. F. Brandt; [2]) F. Gößler; [3]) Günther Häusler; [4]) W. v. Heesen; [5]) Georg Heimann; [6]) H. J. Reimers; [7]) Paul Schulz.

III, IV **Füchtbauer,** Georg. Physik. — 1868-1900 Leiter der Kgl. Industrieschule, 1873-1900 Leiter der Kreisrealschule Nürnberg. [Mitt. des Sohnes: Christian Füchtbauer[VIIa]]

*1829, Mai 25, Erlangen;
†1906, Juli 13, Nürnberg.

Neffe des Physikers Georg Simon Ohm[II, IV, VI].

VI **Führer,** Hermann Georg. Pharmakol. — 1924-37 o. Prof. u. Dir. Pharmakol. Inst. U Bonn; '37 em. [Mitt.: Hugo Gierlich, Wuppertal-Elberfeld]

*1871, Apr. 10, Pforzheim;
†1944, Jan. 11, Bonn.

Kurzbiogr. ● Reichshandb. Dtsch. Ges. **1** (Bln '30) 506 (m. Bildn.).

Nekr. Chronik Rhein. Friedr.-Wilh.-Univ. Bonn **64** ('49) 44.

W. ● Pharmakologie f. Pharmazeuten [1](Bln '37) 8+235 S.; [2](Bln '40); [3](Bln-Frkf./M. '48) 204 S. — ● Medizinische Toxikologie. Ein Lehrb. f. Ärzte, Apotheker u. Chemiker (Lpz. '43) 12 + 295 S.; [2]('47); [3](Stuttg. '51) 12+251 S. — ● Lithotherapie (Ulm/Donau '36) 150 S.

Arch. Gewerbepathol. Gewerbehyg. Gewerbl. Cadmiumvergiftg.[1]): **5** ('34) 177-84.

Dtsch. med. Wschr. Erregende Wirkg. d. Alkohols: **58** ('32) 1041-43.

Dtsch. Z. Verdauungs- u. Stoffwechselkrankh. Giftiger Honig: **1** ('38) 2f.

Naunyn-Schmiedebergs Arch. exp. Pathol. Pharmakol. Beitr. z. vergleich. Pharmakol., 1:

Themen der Forschungsarbeiten	Auftraggeber	abgeschlossen
Fucks-Bongartz: Zündspannungsänderung bei techn.Funkenstrecken, ZS.f.techn.Phys. 20.Jg. Nr. 7, 1939		
Fucks-Schumacher: Zündspannungsänderung durch Bestrahlung bei Molekülgasen, ZS.f.Phys. 1939, 112, 9 u. 10		
Fucks-Kettel: Zündung in Wasserstoff, ZS.f.Phys. 116 1940, 11 u. 12		
Fucks-Schumacher: Zündspannungsänderung in Wasserstoff Naturwissenschaften, 1940, 28.Jg. 7, S. 110		
Fucks-Bongartz: Zündkanalquerschnitt und Zündung mit querschnittsbegrenzter Bestrahltung (ZS.f.Phys. (31) 1942		
Fucks: Rückwirkung u. Aehnlichkeitsbedingungen b.d. Zündung der elektr. Gasentladung, Jahrb. d. T.H. (im Erscheinen)		
Fucks-Bongartz: Zündung mit querschnittsbegrenzter Bestrahlung ZS.f.Phys. (im Erscheinen)		
Fucks: "beschäftigt an Luftfahrtforschungsaufgaben im Auftrage der Forschungsführung des Reichsministers der Luftfahrt und Oberbefehlshabers der Luftwaffe"		nein
Fucks: Stossmessgerät	Oberkommando der Kriegsmarine	nein
	1006	

Abb. 47: Kopie der Akt 1006[1]

Nur die **zwei letzten Themen** der Akte deuten auf eine Verbindung zu kriegswichtiger Forschung hin:

1. aerodynamische Untersuchungen mit elektrischen Sonden für die Luftwaffe, wobei hier unzweideutig die oben genannten 9 bzw.10 UM an die DVL zu verstehen sind und
2. *etwa die* ***Entwicklung eines „Stoßmeßgerätes"*** *für die Marine,* die im Zusammenhang mit der oben erwähnten 8. „Ummendorfer" Arbeit stehen könnte, die dem **O**ber-**K**ommando der **M**arine (**OKM**)zugeführt worden sein sollte, aber von der bisher jede Spur fehlt. Wie auch über die Arbeit für ein „Stoßgerät" bis heute **kein Exemplar auffindbar** ist.

Wohl aber taucht plötzlich in der letzten Inventarliste vom 28.4.1947 (!) zur Rückführung der Instrumente und Maschinen **ein Stoßmessgerät** auf! Warum war das in den 1. Listen nicht erwähnt? Eine Erklärung wäre: Das Gerät war in Ummendorf „versteckt" und **weder** dem deutschen **noch** französischem Militär zugängig? Hat Fucks die Ergebnisse seiner „Kriegsforschung" nicht weitergegeben?

Kürzlich wurde *eine Akte eruiert*, nach der *eine Arbeitsgemeinschaft* **„Stoßforschung"**[2] *offensichtlich am 17.11.1943 zu einer ersten Tagung*

1 Bundesarchiv: Schr. v. 06. 12. 2002, von Fr Blumberg, an Geller. Vgl. S. 52, Dr. Kalkmann, S. 211, Fußnote 5). ex R: 26 III, 8, **1006** + 05

2 Bundesarchiv: Schreiben v. Dr. Fetzer v. 09.09.2003 an H. Geller, sowie von der Fa. Selke, Freiburg v. 21.10.03, 50356 ; W-04/ 14025

zusammentrat. Die 2.Sitzung am 14.1.44 versäumte er; zur 3. am 11.2.43 schickte er nur seinen Assistenten Dipl. Ing. F. Kettel. Zu den folgenden ging kein Ummendorfer Wissenschaftler mehr hin, und im Herbst sagte Fucks dem **OKM ade**! Sagt uns vielleicht die Dissertation von **Oertl** etwas mehr darüber ? (s. S. -183- und -184 -).
Auch Fucks's Antrag auf Bewilligung von Mitteln durch die FAHO für das Geschäftsjahr **1938** <o.D.>, in: HAAc 2969, o.Bl.[1] war nicht kriegswichtig. Die erwähnten Geräte sind schließlich für alles gut und konnten gleichwohl den noch nicht geheimen Dipl.- und Doktor-arbeiten dienen.

Am 31.8.1942 beantragt Fucks bei der Deutschen Forschungsgemeinschaft (Notgemeinschaft der deut. Wissenschaft) Mittel für die Beschaffung eines Philips Elektrodenstrahloszillographen**.**[2]
Da er 5 Monate davon nichts hörte, verlieh er dem Antrag mit folgenden Worten Nachdruck[3], die aber nur das bedeuten, was man von ihm erwartete.
Am 1. April 1943 sanktioniert man, dass Prof. Dr. Fucks den Oszillographen auch ohne DFG-Geldzusage bereits am 17.6.1942 in Auftrag gegeben hat, wegen dessen ungewöhnlich langer Lieferzeit. Fucks erhielt dann gewissermaßen als Anzahlung für weitere Teillieferungen oder Refinanzierung der vorgestreckten Institutsmittel einen Verfügungsbetrag i.H.v. 1.700,--RM.[4] Die komplette Ausstattung wurde noch nach Aachen geliefert.
Sowohl Frau **Anna Heinen** als auch besonders Herr **Schumacher**, der sich sogar selbst um dessen Beschaffung bemühte, brauchten die Geräte

---

1 FAHO,1938: ATHAC, ex 2969, 3 Anträge von Prof. W. Fucks an die FAHO: Insgesamt: 4 Batterien zs..650Volt, Stative etc.Werkzeug, 2 Heizwandler, 4 Übergangsgläser, 2 Gasentladungsröhren mit Silberelektroden 1.817,-- RM 3 Versuchsgefäße, Chemikalien, Fl. Luft, Kl. Widerstände, Personeller Zuschuß für Herrn Mennicken zusammen: 810,-- RM und dito für Herrn **Schumacher,** App.- Ausrüstung (Vgl. S. -27- , Umbau des Exp. v. Prof. Seitz) und laufende Ausgaben zusam..660,-- RM,

2 Bundesarchiv: ebd. Schr. v. Fr. Blumberg v. 06.12.2002, RFR-Kartei des Vorgangs „Ingenieure“ (ehemals BDC) 1. Anlage.

3 Bundesarchiv: ebd.: Schr. v. Fr. Blumberg v. 06.12.2002: RFR, R 26 III/ **716:** „Seitens des Oberkommandos der Kriegsmarine bin ich mit der Entwicklung eines **Stoßmessgerätes** für den Fronteinsatz beauftragt. Seitens der Deutschen Luftfahrt, Berlin-Adlershof, bin ich mit der Entwicklung **neuartiger anemomemetrischer Methoden** für Turbulenzuntersuchungen mit dem Ziel der **Widerstandsminderung bei Flugzeugen** beauftragt.Der beantragte Elektronenstrahloszillograph ist für die Durchführung dieser bereits seit längerer Zeit laufenden Entwicklungsaufträge dringend erforderlich“.

4 Bundesarchiv: ebd.: Schr. v. Fr. Blumberg v. 06.12.2002 , RFR-Kartei des Vorganges Ingenieure (ehem. BDC) 3. Anlage, v. 1.4.43

dringend für ihre Doktorarbeiten[1] Während also diese Anschaffungen von Fucks in rein wissenschaftlichem Interesse lagen und Kriegsmarine und Luftfahrt nur vorgeschoben wurde, um den Anträgen Nachdruck zu verleihen, scheint dagegen (wenigstens auf erstem Blick) folgende Dokumentation einer RFR-Notiz kriegsträchtiger. Sie läßt aufhorchen, und zwar auf deren *Seiten **186** und **188**:*
*„Ein Versuch enthielt die 'theoretische Klärung des Problems, inwieweit sich mit Hilfe des Ionisationsstromes Druck und Temperatur bei Sprengungen experimentell untersuchen lassen'. Dieser Auftrag hatte die Dringlichkeitsstufe „SS“ und wurde vom **OKM** einmal unter der Kategorie „Kernphysik, Atomphysik“ und weiterhin unter „Waffen und Munition“ aufgeführt. OKM an RFR, Forschungsaufgaben der Kriegsmarine, Stand: September 1944, v. 27.11.1944, Geheime Kommandosache, in BA Koblenz, R 26 III, 3, Bl. 179 ff, hier **186 u. 188,** jetzt Bundesarchiv Berlin“*[2].
Vielleicht betrifft **diese** Problematik das o.g. **Stoßgerät** (s.S.-110-) ?

Einem Antrag von Prof. Fucks vom **4.12.1944** entnehmen wir den Hinweis auf seine derartige **frühere,** rein theoretische Untersuchung im Auftrage des **Oberkommandos der Kriegs-Marine (OKM)**, von denen er lediglich **den 1. der 3 möglichen Grenzfälle bearbeitet, --- << 1 , ,und nur einen diesbezüglichen Bericht *„Über die Abhängigkeit des dunklen Vorstroms von Schwankungen der Entladungsparameter“*** [3] (Siehe S.-97-, UM Nr. 8, unauffindbar!) **vorlegte'**, der dann wahrscheinlich aber überhaupt nicht seitens des (OKM) **offiziell** erschien.

Offensichtlich aber hatte das OKM bisher keinen Mitarbeiter zur Durchführung von Experimenten gestellt, so dass deswegen sich Fucks auf obige theoretische Bearbeitung beschränkt hatte. So wurde der Forschungsauftrag schließlich zurückgezogen und sogar begrüßt, daß Fucks künftig mit seiner Ionensonde unter Zustänigkeit der **Fachsparte Physik** des Reichsforschungsrates (RFR) für **Luftfahrt** weitere Untersuchungen

---

1 Bundesarchiv: Dokumentensendung Koblenz vom 25.11.2002 Schr. v. G. Schumacher an RFR vom 15.3.1943

2 Bundesarchiv: ebd.: Schr. v. Fr. Blumberg v. 06.12.2002, Dokumentensendung der Fa. Selke GmbH vom 20.12.2002, hier besonders RFR: Schriftverkehr des Prof. Fucks mit Professor Dr. Gerlach vom Referat Physik des Reichsforschungsrats, **21Anlagen.**

3 Bundesarchiv: RFR: ebd. R 26 III/ 510 Bl. 10, **Bericht** von Fucks an RFR München vom 4.12. 1944 (!), ff und a. (betr. An OKM (?) **über Abhängigkeit des dunklen Vorstroms von Schwankungen der Entladungsparameter**. (der nicht zu finden ist)

übernehmen sollte[1], wofür Fucks am 4.12.1944 Sachmittel i.H. von RM 2.000 veranschlagte[2]. **Handschriftliche Randnotizen unter diesem Antrag[3] bezeugen,** dass dem RFR *nur die Berichte* von Fucks vorliegen, die er als Anlage seinem Schreiben vom 21.10.44 beigefügt haben musste, und die er auch früher schon nach Berlin-Adlershof gemeldet hatte[4]. Nach dem langwierigen Abschied vom OKM folgte nun der o.g. zeitgewinnende Wechsel zum RFR für Luftfahrt, der von seinen U u M bisher nichts wusste. Mit Verzögerung muss dann der RFR erkannt haben, dass Fucks **der** Experte für Gasentladungen und damit ein Spezialist für **Ionisationsmessungen** war und die Probleme der trägheitslosen Turbulenzmessmethoden der **Grundlagenforschung** zugerechnet werden mussten.
Welche Bedeutung das für 'wehr-wissenschaftliche' Forschung hatte, ist eine andere Frage.

Es wird nämlich deutlich, dass es im Schriftverkehr zwischen Fucks und Professor Dr. Gerlach, Leiter der Abteilung „Physik" des Reichsforschungsrats, und auch mit anderen Dienststellen in der Zeit v. 1.03.1944 bis 06. Jan.1945, immer doch mehr um Zuständigkeiten für Forschungsaufträge ging, z. B. wer wann besser ein Thema bearbeiten konnte, Fucks oder Herr Dr.-Ing. **W. Ernsthausen**, Leiter des **Helmholtz-Instituts** bei der Reichsstelle für Hochfrequenzforschung, (43/44),[5] mit dem sich Fucks dann später wieder arrangierte. Man gewann so Zeit bis zum absehbaren Ende des Krieges. Mit der Diskussion z.B. über die Konzentration der Bearbeitung o.g. Themen an einem Ort und in einer Hand, die Bewältigung der Probleme zu beschleunigen, wurde ihre Erledigung in Wirklichkeit nur verzögert.[6] Dabei rückte Fucks sich ins rechte Licht, in-

1 Bundesarchiv: RFR: ebd. R 26 III/ 510 Bl. 81, vom 03.10.44, letzter Abs. **Rückzug von OKM**
2 Bundesarchiv: ebd.: Bl. 10, Schr. v. Fucks an RFR München v. 4.10.1944, Seite 2, letzter Abs., letzter Satz, 2000,00 RM erbeten.
3 Bundesarchiv: RFR: ebd. R 26 III/ 510 Bl. 10, Schr. v. Fucks an RFR, München v. 4.12.44, S. 2; **Randbemerkungen** des Sachbearbeit. ***„Welchen Auftrag hat Prof. Fucks bei uns?"* Antwort:** (Für o.g. Thema) ***„kein Fo"*, d.h.: kein Forschungsauftrag!**
„Sind Angaben über andere Aufträge bei Prof. Fucks vorhanden?" „*Antwort: *„Andere Fo siehe beiliegende Schriften".
4 Bundesarchiv: ebd.: Bl. 19, 1. Absatz , sowie Bl. 80, **Zusammenstellung** der bis 31.08.1944 verfaßten Untersuchungen u. Mitteilungenen (UM), **siehe auch Anhang III,** vergl.Seite -61- unten, letzter Absatz,
5 Bundesarchiv: Schreiben v. Fr. Blumberg: v. 09.01.2003, an H.Geller, 2. Absatz.
6 Bundesarchiv: Schreiben v. Fr. Blumberg: v. 06.12.2002, an H.Geller, Sendung Fa. Seller v. 20.12..2002 R 26 III/510 Bl. 82, 21.9.44; Bl.18. 30.10.44; Bl.11. 22.11.44; Bl.12, 28.11.44; und Bl. 13, 28.1.44, die letzten beiden von Fucks an Gerlach, Bl.71

dem er angab, Prandtl und andere Wissenschaftler seien an seiner Arbeit interessiert. *Die Unterstützung von Fucks und Sauer mit ihren Mitarbeitern und der größere Schutz des* ***nur einmal*** *in Deutschland vorhandenen Forschungsgeräts in Ummendorf soll nicht von Prof.* ***Süss,*** *sondern in einem wirkungsvolleren Rahmen, auf einem* ***Briefkopf des Reichsmarschalls*** *bescheinigt werden!*[1] War das vielleicht auch wieder Taktik und genauso nur eine Maßnahme, um Zeit zu gewinnen?
Die Zuordnung der physikalisches Problemstellung als ureigene Aufgabe der Grundlagenforschung war also bei all dem kein echtes Thema; denn von vornherein musste jedem klar sein, was in einer Art Proposel interessanter Weise später erst im o.g. Fucks'schen Antrag vom 4.12.1944 ganz schlicht und einfach so ausgedrückt wird:
„Da der Ionisationsstrom außer von Druck und Temperatur auch von der Spannung, den Schaltelementen des Stromkreises, von Elektrodenform und Elektrodenabstand, von der Gasart und Gaszusammensetzung und gegebenenfalls von Relativbewegungen zwischen den Elektroden oder dem Gas ***und*** *den Elektroden* ***abhängig ist,*** *muß für die Messung eines Parameters bekannt sein, mit welchem Gewicht Schwankungen der übrigen Parameter eingehen."*[2]

Also musste man zunächst die Schwankungen der übrigen Parameter untersuchen .... und sofort! Das war eindeutig ein Verzögerungsmanöver.
So auch **21.10.1944 erst**, dem Tag, an dem die Verteidiger von Aachen kapitulierten, erläuterte Fucks dem RFR im Einzelnen seine Aktivitäten, die er seit Dez.1941 unternommen hatte, um *„****Spannungen*** *unterhalb der Zündspannung einer Glimmentladung betriebenen Entladungen (Vorentladungen)* ***zur Schaffung*** *eines* ***trägheitslosen Turbulenzmessgerätes*** *zu verwenden"*[3]. Hier erklärt er nochmals, was eigentlich nach allen UM längst bekannt sein musste!
Man kann doch nicht Herrn Fucks allen Ernstes unterstellen, dass er seine Forschungsaktivitäten angesichts des nahenden Kriegsendes, seine mutmaßliche Kriegsforschung mit umständlichen und komplizierten Untersuchungen von anderen Parametern abhängig machen musste.

1 Bundesarchiv: Schreiben v. Fr. Blumberg:v. 06.12.2002, an H.Geller ebda Bl. 14, 15 und 16
2 Bundesarchiv: Schreiben v. Fr. Blumberg: v. 06.12.2002, ebd. R 26 III/ 510, Bl. 10, Antrag Fucks v. 04.12.4, 1.Seite, letzter Abs.
3 Bundesarchiv: ebd. Fa.Selke v.20.12.2002, R 26 III/ 510, Bl.-Nr. 19, Schr. v. 21.10.44. sowie Bl.80, ebenfalls v. 21.10.44: Zus.stellg. der bis 31.8.1944 verfaßten Berichte.

Zur Vermeidung unnötiger Kosten zur Herstellung solcher Geräte, die Fucks für die Bearbeitung seiner Untersuchungen **ab** 1942 benötigte, wurde z.B. auch Schriftverkehr für eine amtliche Überantwortung von Geräten aus dem Inventar seines Vorgängers und Kollegen Prof. Dr. Seitz, (z.B. über ein Hochspannungsgerät) geführt[1], sehr bestimmt und ernsthaft! Eigentlich eine läppige formale Angelegenheit. Aber von beiden Seiten sehr pedantisch, eben preußisch betrieben. Es gibt für Beamte, die nicht streiken dürfen, ein ungeschriebenes Motto: *Dienst nach Vorschrift;* und danach wird sicher der eine oder andere Wissenschaftler klugerweise gehandelt haben. Nutzte Fucks dies auch, um seine Arbeiten bewusst zu verzögern?
Geht es Fucks im Antrag v. 4.12.44[2] nur um **dringend** benötigte Personalgelder, so deklariert der Geschäftsführer des RFR's das Vorhaben (vielleicht auch zu seinem eigenen Schutz) zur
*„Dringlichkeitsstufe SS ... , weil **ich** die Methoden für im Gang befindliche Detonationsuntersuchungen benötige. Auch werden sie für die sogenannte innere Ballistik, für welche **ich** einen Arbeitsplan zur Zeit aufstelle, benötigt“*[3]

<Diese **Begründung stammt also nicht von Prof. Dr. W.-Fucks**, der davon vermutlich nie etwas erfuhr (!)> ;

aber sie vermittelt einen Zuschuss der DFG an Fucks i. H. v. 2000,–RM für das Haushaltsjahr (HHJ) 45/46, der von ihr am 24.01.45 bewilligt und über den RFR **erst** am **27.2.1945** bei ihm eintraf!
Für das laufende HHJ wurden nur 500,-- RM an Personalmittel bereitgestellt, Kennwort Fu 1/02/3 „Jonen-Sonden“ [4] **Die Mittel sollten wohl bis Kriegsende reichen**! Auch ist fraglich, ob **Detonationsuntersuchungen** überhaupt zur **physikalischen Grundlagenforschung** gehören?

Als ich das alles las, bekam ich erhebliche Zweifel an Herrn Professor Fucks' nachgesagter 'wehr-wissenschaftlicher Forschung', oder vielleicht sogar Kriegsforschung.

1 Bundesarchiv: Dokumentensendung Koblenz vom 25.11.2002 Korrespondenz über Inventar-Umschreibung von Seitz auf Fucks, Antrag von Prof. Fucks vom 17.7.1942 auf Übertragung einer Stabilovoltanlage und 2 Glühventilen, komplett. Bewilligung Vom 17.9.1943, Bl.- Sammlung-Nr. 2.
2 Bundesarchiv: Schreiben v. Fr. Blumberg: v. 06.12.2002, an Geller, ebd. Bl. 10, Antrag v. Fucks für Personalmittel **v. 4.12.44.** s. Ziff. 4.
3 Bundesarchiv: Schreiben v. Fr Blumberg: v. 06.12.2002, Sendung Fa. Selke v. 20.12.2002, R 26 III/ 510 Bl. 69.
4 Bundesarchiv: Schreiben v. Fr. Blumberg v. 25.11.2002, Sendung Ziffer 3, **Ionensonden.**

Es ist vielmehr belegt, dass Fucks das Anliegen der Kriegsmarine aus welchen Gründen auch immer bis Okt. 44 nicht sonderlich verfolgt hat[1] und nur, weil er selbst das Thema der trägheitslosen Messmethode als einziger Wissenschaftler behandelte und seine Ergebnisse vom Reichs-Forschungsrat argumentativ in eine kriegswichtige Angelegenheit umfunktioniert wurden, konnte nur irrtümlich der Eindruck entstehen Fucks könnte kriegswichtige Forschung betrieben haben; aber selbst wenn, dann nur zum Schein.

Selbst wenn Fucks einmal einen solchen Zweck (vgl.S. -111-, Fußnote 3) angegeben hat, ist belegt, dass seine Arbeiten dem **Referat für Grundlagenforschung** zugeordnet worden waren, von der H. **Seier** sagte, dass diese im 3. Reich „zugunsten der Zweckforschung verschoben wurde" (In Kl. Schwabe, Deutsche Hochschullehrer als Elite 1815-1945, H. Boldt-Verlag, S. 280).
Damit steht fest, dass die elektrischen Sonden für „Marine und Luftwaffe", also die oben angeführten „Arbeiten" zum Vorstrom- und Glimmstromanemometer etc. ausschließlich als Dissertationen, z.B. Heinen, Schumacher und Kettel der Erforschung der Wirbelströmung dienten, wie es die o.g. **Amerikaner** sogar **schon 1928/39** taten (s. Quick/Schröder: S.14, s.S. -88-). Und was soll jetzt bei Fucks daran anders sein? Die **trägheitslose** Messmethode, deren **Erfinder** Prof. Dr. W. **Fucks** gewesen ist, entsprang nicht einem etwa ihm eigenen Drang zur Kriegsforschung, sondern seinen **Kenntnissen über Gasentladungsphysik**.
Unter diesen Aspekten wird in den Lehrbüchern der Aerodynamik[2] **Prof. Dr. Fucks** zusammen mit **F. Kettel** als Konstrukteur von Ionen-sonden, d.h. speziell von **Koronasonden**[3], genannt.
Was deshalb besonders die **trägheitslose elektrische Feldänderungsmessung** von Wirbelströmungen angeht, das hatte ausschließlich grund-

---

1 Bundesarchiv: Schreiben v. Fr. Blumberg v. 06.12.2002, Sendung Fa. Selke v. 20.12.2002, R 26 III/ 510 Bl. 74. Dr. Haxel an Prof. Dr. Gerlach vom 25.11. 1844 über Fucks, vergl. Seite - 110 - ff, Fußnote 1.

2 W. Wuest: ***Strömungsmeßtechnik***, Lehrbuch für Aerodynamiker, Strömungsmaschinenbauer, Lüftungs-und Verfahrenstechniker ab 5. Semester!, Verlag: Friedr. Vieweeg & Sohn Braunschweig, hier: Seite 149 und 150, **Korona-Sonde** Herr Dr. **Gerd Ehrhardt**, ehemals **der** Experte für Meßtechniken im **Aerodynamischen Institut** der RWTH, ließ berichtete, dass es mit fast 100% Sicherheit **keine** industriellen oder kommerziellen Anwendungen der Fucks'schen Sonden gibt oder jemals gegeben habe, also auch **keine Praktischen Anwendumngen** in Peenemünde, was Frau Dr. Feldermann nahelegte.

3 Fucks und Kettel: Untersuchungen und Mittellungen an Berlin-Adlershof Nr 1470 über das **Coronaanemometer,** (Nov.1944) s. S. 45/46.

sätzlichen Charakter; denn diese Fucks'sche Gasentladungsphysik ist u.a. grundlegend für den Bau unterschiedlicher Typen von Funkenkammern, Streamerkammern sowie zur Konzeption von Driftkammern, die auch durch Professor **H. Faissner** in Aachen gebaut und zum Nachweis von Elementarteilchen ab dem Ende der 50-iger Jahre an den Beschleunigern eingesetzt wurden.[1]

---

1 H.Faissner: Eine Unzahl seiner Publikationen zur Elementarteilchenphysik beruhen mehr oder weniger auf Experimenten, bei denen die genannten Kammern angewendet wurden.

Das Vorstromanemometer, Messung 'unsichtbarer' elektrischer Ströme und Felder

(Grundlagen zukünftiger Physik)

Mit der Gasentladungsphysik beginnt ein Teil des „neuen Lebens“ in Aachens physikalischer Forschung nach dem Krieg. Und wenn man so will, hat Fucks inmitten der Untersuchung in „Ruinen“, an „Turbulenzen“, **Grundlagen** für künftige Messtechniken entwickelt und für spätere Generationen aufgezeigt. Die Kármán'sche Wirbelstraße war für Fucks nur **ein Anlass**, eine neuartige Messmethode auf Messungen von Luftströmungen anzuwenden. Fucks interessierten mehr Untersuchungen von **Elektronen- und Ionenbewegungen** und deren Messung in **elektrischen Spannungsfeldern**.

Abb.48: Nachtaufnahme eines Blitzes[1]

Fragen wir einmal ganz unvermittelt: **Wie kam das Feuer auf die Erde?** Abgesehen von den riesigen, feurigen Massen **im** Erdinneren, die ausVulkanen heute noch immer sprühen, haben **Blitze** zu allen Zeiten stets Feuer entfacht und tun es auch noch.

Aber wie wird ein Blitz **in** oder **zwischen** Wolken und Erde vorbereitet? Wie ist die Atmosphäre **vor** einem Gewitter. Es kündigt sich an. Man sagt doch: „Es liegt was in der Luft!“ Was geschieht in dieser Atmosphäre gleichsam im „Dunkeln“, bevor es blitzt? Zwischen Wolken und Erde als großflächige Elektroden baut sich eine elektrische Spannung auf, gleichsam zwischen riesigen Kondensatorplatten. Schon seit Townsend und später auch von **anderen** ist dieses Phänomen untersucht worden[1] (s.S.-119-)

---

1 W. Kuhn: Physik Bd. II, Verlag: c Georg **Westermann**; Braunschweig 1979, ISBN 3-14-15 1022-9, Agfa-Gevaert-Aufnahme, kostenlos Rechte abgetreten, Dr. Büscher 15.6.2004

2 Townsend: Während Helmholtz den Begriff der Elementarladung prägte, hat John Sc. Ed. Townsend 1897 die Tröpfchenmethode als erster zur direkten Bestimmung der Elementarladung entwickelt, ab 1900 den Stromdurchgang und die Ionisationsprozesse in Gasen untersucht. Townsend, geb. 7.6.1868 in Galway, war von 1900-1941 Professor in Oxford und starb dort am 16.02.1957. Handb. D. Radiologie, Bd. I, Leipzig 1920, (andere Gasentladungsphysiker):

Die Ergebnisse fasst Fucks noch einmal auf seine Weise zusammen:

„Der Strom steigt zwischen einer ***ebenen*** *Elektrodenanordnung von 'Null' angefangen ein Stückweit linear an, biegt dann in einen* ***Sättigungsteil*** *'B – C' ab (wenigstens bei nicht zu hohen Luftdrükken) und steigt dann mit wachsender* ***Spannung*** *erneut an bis bei einer* ***Tangente unendlich*** *die Zündung eintritt* " (Abb. 49)[2], also der **Durchschlag** erfolgt, die Sicherung 'Luft' gewissermaßen durchbrennt!

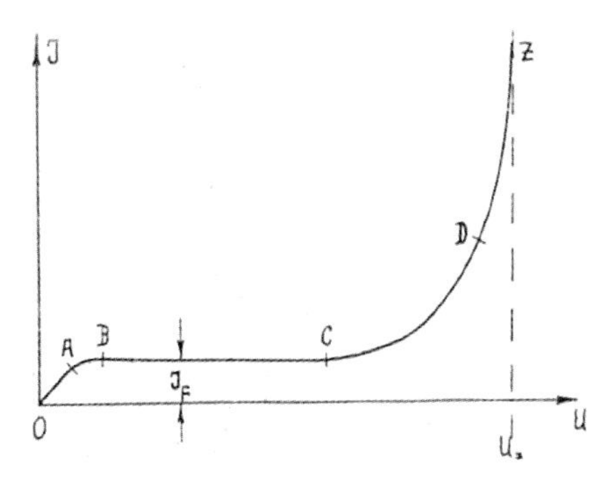

Abb. 49: Stromspannungskennlinie[2] elektrischer Gasentladung vor der Zündung bei ebenen Elektroden:
J=Strom, U=Spannung,
U_Z=Zündspannung, J_F=Fremdionisation[3]

Das ist die Theorie, die Wirklichkeit sieht anders aus, wie wir nächste Seite erfahren werden.

„Das gesamte ***Gebiet*** *wird als* ***'Vorstromentladung'*** *oder auch* ***'Townsend - Entladung'*** *bezeichnet." Man spricht dann vom Bereich eines* ***dunklen Vorstroms.*** " [2]

„Zwischen B und C werden alle durch ***Fremdbestrahlung*** *erzeugten „Anfangselektronen" restlos an die Kathode transportiert. Daher steigt der Strom (Fremdstromstärke J_F)* ***mit wachsender Spannung nicht mehr an".*** [4]

Die Kurve verläuft allerdings nur bei geringeren Drücken so flach; bei atmosphärischem Luftdruck ist sie bis zum Punkt „C" immer etwas **leicht** ansteigend. Der Teil OAB der Townsend-Entladung im Bild 49 entsteht vorwiegend durch Bildung von Raumladung zu Beginn der Elektronenbewegung zwischen Kathode und Anode, worauf Fucks hier, in der UM 1202,weniger eingeht.[5] (Driftgeschwindigkeit von Elektronen) Nach Frederic C. **Lindwall** war auch schon die **Glimmentladung** (1934) für anemometerische Messungen in atmosphärischer Luft für die Untersuchung feiner Schwankungen geeignet und hatte damit, wenn auch der

1 Andere: W.C. Schumann, *Durchbruchfeldstärke in Gasen*, Berlin 1927; R. Seeliger, *Einführung in die Physik der Gasentladungen*, Leipzig 1927; A.v. Engel u. M. Steenbeck, *„Elektrische Gasentladungen"*, Berlin 1832; Fucks UM 1202, Seite 7, Fußnote 1.
2 Fucks: UM 1202: Seite 7, 2. Absatz; Siehe auch ebd. Bild 5, wörtliches Zitat! Und:
3 Fucks: UM 1202: Seite 9, Bild 7.
4 Fucks: UM 1202, Seite 9, 3. Absatz .
5 Fucks: UM 1202, Seite 9, 1. Absatz .

Abbrand der Elektroden zu schaffen machte, die **Trägheitsfreiheit** besonders zur Turbulenzuntersuchung als Vorteil erkannt.[1]

Für Fucks und Schumacher war das Anlass, auch die Glimmentladung zu untersuchen, wobei Schumacher anstelle des **Gleichstromes** jedoch **Wechselstrom** verwendete und somit den Abbrand reduzieren konnte; denn durch Hitzeeinwirkung konstanten Gleichstroms wurde Elektrodenoberflächen aufgerauht, was z.B. bei Auto-Zündkerzen allein durch Wechselstrom von der Lichtmaschine ebenfalls reduziert wird.

Nach der Townsendschen Theorie wurde zur Zündung die Stromstärke **unendlich** angesetzt, was natürlich **nicht** der Wirklichkeit entspricht. **W. Rogowski und W. Fucks** haben deshalb 1935 eine Theorie entwickelt.[2]

Einen der Wirklichkeit jetzt entsprechenden und konkreten Verlauf zeigt Bild 50. Es ist das Gebiet der Glimmentladung, das erst mit der Stromstärke **J'** in einen **„Bogen"** oder **Funken** überschlägt und somit die Stromkurve wieder zur Null-Linie abfällt. Der Beginn der Kurve zeigt wieder deutlich den dunklen Vorstrom - Bereich.
Der **Abbrand** des **Gleichstromanemometers** erzwang förmlich den Kunstgriff zu **Strömen mit schnell wechselnder Polung**. Es gelang, mit Frequenzen von **500 Hz** und mehr[3], den Abbrand nahezu zu vermeiden und mit reproduzierbaren Verhältnissen entsprechende Kennlinien zu gewinnen.

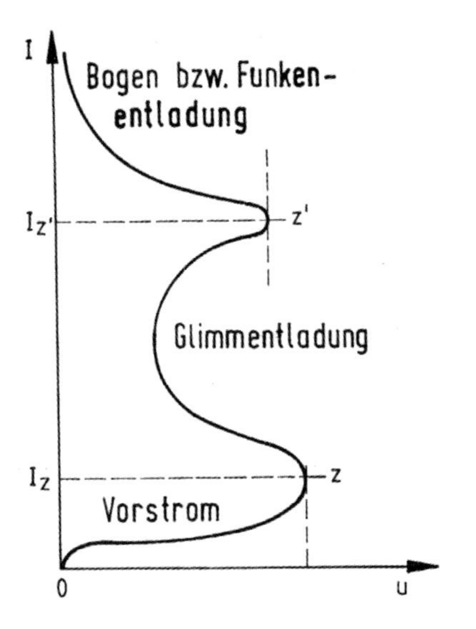

J = Stromstärke; U = Spannung
Abb. 50: Charakteristische Glimmstrom-Kennlinie[4]

1 Fucks / Schumacher: UM 1189, Seite 3. 1 Absatz
2 Rogowski u.Fucks: UM 1202, Seite 15, 5.Absatz, und Gleichung 11
3 Fucks / Schumacher: UM 1189, Seite 4, 3. 1939, Eing.: 22.06. 39 s.auch Z. f. Phys. Bd. 114,
4 Fucks: UM 1202, Seite 16, Bild 13, mit darunter stehedem Text

Am 28.10.1943 wurden Untersuchungsergebnisse zu Versuchen mit einem **Wechselstrom-Glimmanemometer** bei stationärem Betrieb von Fucks und Schumacher der DVL zugesandt, jedoch endgültig fertiggestellt erst 14.02.1944 und am 04.04.1944 als UM mit der Nr.1189[1] registriert. Über die Glimmentladungen gibt der I. Teil der Dissertation Schumachers weiteren Aufschluss. Die Glimmstromanemometer[2] Schumachers habe ich nur deshalb hier erwähnt, weil sie u.a. auch grundlegende Bedingungen für die großen CERN – Platten – **Funkenkammern** als Detektoren des **1963** durchgeführten **Neutrinoexperimentes** enthalten. Es dienten 160x100 cm^2 große, ebene Aluminiumplatten als Elektroden. Bei diesem im **CERN**[3] von G. Bernardini im Frühjahr 1960 angeregten und von Faissner mit Krienen et al.Ende 1961 konstruierten Experiment wurde o.g. „Elektrodenabbrand" auch mit Gasmischungen zwischen den Platten zum einen und zum anderen durch einen möglichst **hochfrequenten** Hochspannungsimpuls, der Anwendung des Wechselstroms, vergleichbar eingeschränkt. Beim Durchgang eines hochenergetischen Elementarteilchens durch die parallel hintereinander stehenden Platten kam es dann an den Durchstoßstellen vermöge des dort ionisierten Gases **nur** zu einer **Glimmentladung** zwischen den Platten und somit kaum zu einem **Abbrand.** Das Gas leuchtet kurz auf und der **Stromstoß**, der die **Spannung** zwischen den Elektroden aufbaute, brach wieder zusammen, bevor er zu einer echten Funkenentladung führen konnte!

Zur Erforschung des **„Neutralen"** Leptonen Stroms hat **Faissner** Juli 1974 gemeinsam mit einer Gruppe aus **Padua** erneut ein Experiment am CERN durchgeführt, jetzt mit 2 x $2m^2$ Funkenkammern[4] (Abb. 51), über die eine **8 kV** - Kondensatorbatterie mit äußerst kurzer Anstiegszeit des

1Fucks / Schumacher: UM 1189, Seite 1, Übersicht, letzter Satz, ff

2Schumacher: Dissertation 1945, vgl Seite (60 / 61)

3Faissner et al.: Nuclear Instr. and Meth. 20, 213 (1963), sowie ebd.289 (1963) An jede CERN-Neutrino-Funkenkammer wurde kurzzeitig ein Kondensator der etwa 4-fachen Eigenkapazität einer Kammer über eine Funkenstrecke entladen Der Hochspannungspuls hatte eine **Anstiegszeit von rund 35 nsec.** Und führte an den Stellen, an denen vermöge des Durchgangs eines hochenergetischen Elementarteilchens eine Ionisation (unsere Fremdionisation!) des zwischen den Platten befindlichen Gases verursacht hatte,zu Funkenbildung. Die durch den Durchschlag im Gas entstandenen Ladungen wurden durch in Ziehfeld von 100 V/cm bis auf Raumladungswolken, in die das Absaugfeld nicht eindringen kann, abgesaugt. Vgl. auch Dissertation Martin Holder aus Reutlingen: 25.Juli 1967. „Analyse von Neutrinoreaktionen in Funkenkammern"., PITHA Nr. 19.

4CERN: CERN COURIER No 7-8 VOL 14 Juli-August 1974, Seite 263, 1. Absatz .

Spannungspulses (hochfrequent) entladen wurde. In Abb. 52 sieht man den Durchgang eines **Myons** durch die Plattenkammern als eine lange Leuchtspur, die **Funkenspur** bei einer **Neu**trino–**E**lektron-Streuung, als **NUE** – Experiment bekannt,[1] und zeigt, dass das eigentlich von Haus aus elektrisch neutrale **Neutrino** sich in ein Elektron umwandeln kann, nachdem vorher eine Wechselwirkung zwischen ihm und Materie stattgefunden hat. Es wurde mit einer völlig anderen Versuchsanordnung ein zweites Mal nachgewiesen, dass Neutrinos nur mit **sehr** kleinem Wirkungsquerschnitt mit Materie reagieren.

Abb. 51: Prof. Faissner vor seinen großen Funkenkammern im CERN[2]

Über die Physik der „Neutralen Ströme“ soll hier nicht weiter im Detail gesprochen werden.

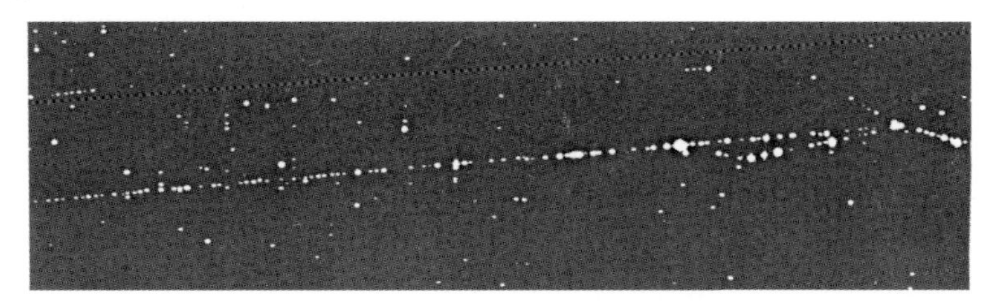

Abb. 52: Die Spur des Myons von rechts kommend und im kleinen Winkel zu ihr rechts die Spur des Elektrons, das bei der Reaktion des Neutrinos (im Bild nach unten) abgelenkt wird[3]. Die **photographische** Methode ist aufwendig. Sollte man deshalb nicht **neue** Methoden suchen?

---

1 CERN: ebd. Seite 263, Bild unten, Muon-Spur in der NUE-Funkenkammer Juli 1974.

2 CERN: Private Fotosammlung H. Geller, Aufnahme der Funkenkammeranordnung, Bild Nr. 315.6.74.

3 CERN: ebd. Seite 263, Muon-Spur, unteres Bild auf dieser Seite, i . CERN COURIER No. 7-8 Vol 14 July-Aug. 1974.

Nach der Beschreibung einer Anwendung der Glimmentladung (UM 11 89) in der Nachkriegsphysik wenden wir uns den anderen UM zu, z.B. der UM 1202, in der die Verwendung des dunklen Vorstroms zur Windgeschwindigkeitsmessung eingehend untersucht wurde, insbesondere mit demEinfluss der Fremdionisation, da dadurch höhere Geschwindigkeiten messbar werden![1]

Anfangs der Ionisation[2] schlägt das erste Elektron auf dem Weg zur (+) Anode beim Stoß auf ein Gasmolekül ein zweites **negativ** geladenes „Hüllen"-Elektron heraus, und beide freigewordenen Elektronen erzeugen beim Stoß gegen die nächsten Moleküle weitere 4 Elektronen, die nun als **freie** Elektronen[3] mit 6,5 x 10 [6] cm/sec bei einer Feldspannung von 25.000 Volt mit einer schließlich konstanten Geschwindigkeit, der **Driftgeschwindigkeit,**[5] auf dem Wege zur Anode sind und so weiter...! Mit allen weiteren **Stößen** entsteht eine regelrechte Elektronenlawine zur pos. Anode hin, an der sie (eine sich selbst behindernde) neg. Raumladung bilden, während die **Ionen**[5] sich im Gegensatz zu Elektronen wegen ihrer um ca. 5 Hundertstel geringeren Geschwindigkeit von 3,29x10[4]cm/sec zunächst nur vor der **neg. Kathode** ansammeln und vorerst die o.g. Sättigung des elektronenbedingten Vorstroms bewirken, bis bei **angewachsener Spannung** etwa ab Punkt **„C"** bzw. **„D"** im Bild 49 (S.-119-) die **Ionisation** erst zum Durchschlag führt[6].

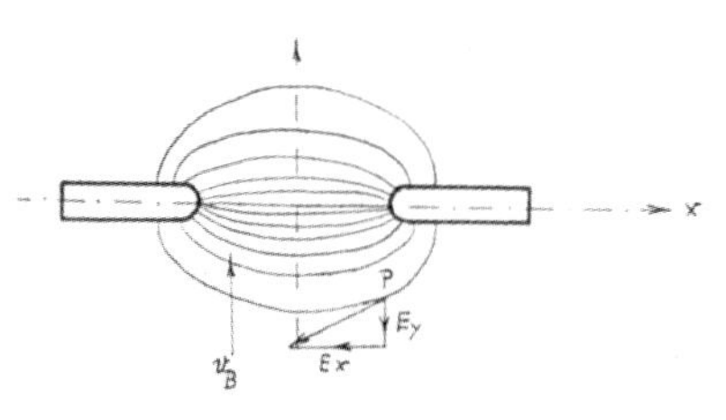

Abb. 53: Feldlinien, in denen ein im **Luftstrom** zur Seite geblasenes Ion eine **Stromänderung** in den Zuleitungen gegen Erde bewirkt[4].

Im inhomogenen Feld (s.Abb. 54) ist an der Kathode das Feld schwach und kann deswegen das Wegblasen der Ionen durch eine Luftströmung aus dem Spannungsfeld nicht verhindern, so dass die Vorstromkennlinie absinkt. An der Anode (Spitze) ist das Feld so stark, dass dort die Elektronen den Vorstrom allein bestimmen. Bei einer solchen Anordnung

1 W.Fucks: UM 1202, Seite 39-42, insbes. 41, Gebläse vom Aerodyn. Inst. mit 125-m/sec Strömungsgeschwindigkeit. s. auch Ziff. 7.

2 W. Fucks: UM 1202, Seite 1, Übersicht, letzter Satz, ff.

3 W. Fucks: UM 1202, Seite 19, Gl. 17 sowie UM 1202, Vgl. Seite 8, ff mittlere freie Weglänge eines Elektrons beträgt etwa 3,5 x 10 $^{-5}$cm.

4 W.Fucks: UM 1202, Seite 28, Abb. 18, sowie Seite 32, Bild 21.

5 W. Fucks: UM 1202, Seite 20, Gl. 24, + Seite 10, 1.Satz. Aus diesemm Effekt ergibt sich auch eine mittlere Driftgeschwindigkeit der Elektronen zur pos. Anode!

6 W. Fucks: UM 1202, Seite 9, Bild 7.

wird unter Einfluss einer Fremdionisation z.B. durch Bestrahlung mit ultraviolettem Licht, Röntgenstrahlung etc... die Abflachung der Kennlinie zusätzlich beeinflusst[1] (Durchgang hochenergetischer Teilchen?).
Solche Ladungsträger-Lawinen leisten nun den entscheidenden Beitrag für eine Messung von Windgeschwindigkeiten und durch eine Verbesserung der Messempfindlichkeit des Gerätes auch für die Messung von Strömungsschwankungen in Turbulenzen.

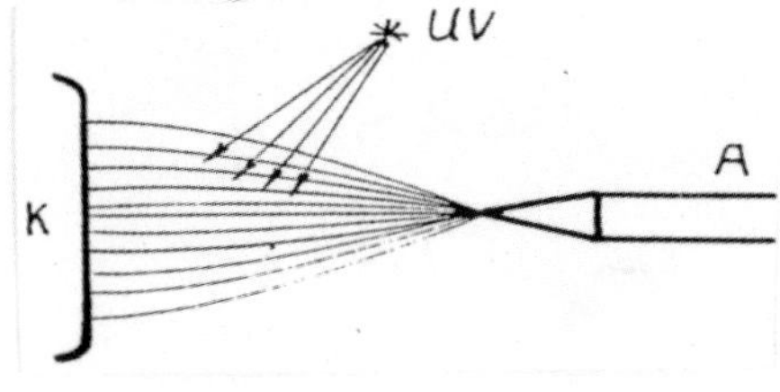

Abb.54: **Feldverlauf zwischen Ebener Kathode und spitzer Anode**(+)

Man sieht, dass für höhere Blasgeschwindigkeiten, z.B.für 125 m/sec (rd. 450 km/h) bei UV-Bestrahlung, der Vorstrombereich B – C (vgl. Abb.49) absinkt und somit der Messbereich für den **dunklen Vorstrom** (bei höherer Spannung) sich ebenfalls vergrößert. Siehe unterste Kurve in Abb.55.

Das Wegblasen der Ionen aus dem Spannungsfeld erfolgt nur, wenn die Blasgeschwindigkeit vor Ort (nicht zu verwechseln mit der Windgeschwindigkeit, die der Windkanal liefert) weit <u>über</u> der Schallgeschwindigkeit[2] (333m/sec gleich 1.199 km/Stunde) liegt. Bis dahin bleibt die Messung der Blasgeschwindigkeitsschwankungen mittels der Elektronenbewegung hauptsächlich auf die Vorstromänderung beschränkt, solange eine anwachsende Spannung nicht zu einem Durchschlag führt.

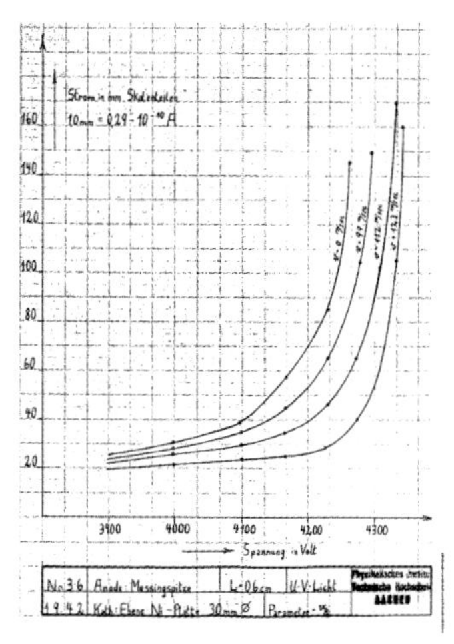

Abb. 55: Blasgeschwindigkeiten bei UV - Bestrahlung[3]

1 W. Fucks: UM 1202, Seite 42, Kap. 7, Fremdionisation, Bild 33.
2 W.Fucks UM 1202, Seite 21, 22.Absatz.
3 W.Fucks: UM 1202, Anhang Bild 36, **1942**; diese Arbeit geht möglicherweise auf die Dissertationtation von Frau Dr. A. Heinen zurück.

Wird das Spannungsfeld zwischen der **Platten** - Elektrode als Kathode und einer **Spitzen -** Elektrode oder zwischen zwei **Spitzen** als **Elektroden** aufgebaut, wird die Entladung **ausnahmsweise** auch ohne Fremdionisation auskommen! (Der **dunkle** Vorstrom wird allenfalls durch sie nur früher in Gang gesetzt).

Ein „Anfangs-Elektron" findet sich bei **hinreichend** hoher Spannung **immer** an einer **Spitze**[1]. Es wird einfach herausgedrängt, wie Schüler sich auf einem 3 m-Brett hintereinander ins Wasser drücken.
(Ähnliches macht auch plausibel, warum der **Einschlag des Blitzes in eine Turmspitze** keiner Fremdionisierung bedarf!)

Bei einer Anordnung, bei der auch die Kathode als Spitze ausgelegt ist, wird die Blaskennlinie ebenfalls absinken und sich besonders mit größeren **sowie** variablen **Elektroden-Abständen** allen speziellen Gegebenheiten von Wind-Strömungsgeschwindigkeiten anpassen lassen[2].

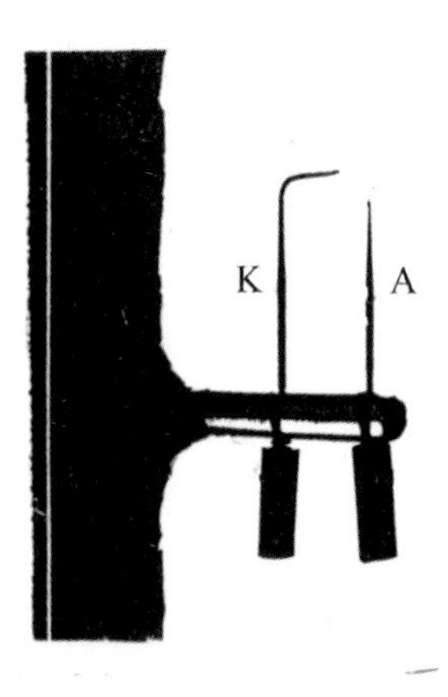

Abb. 56 Elektrodenpaar eines **Korona**-Anemometers[4]

Der Abbrand von Elektrodenspitzen wurde bekanntlich durch die Beschränkung der Ströme auf den Bereich des Vorstroms vermieden, aber dennoch wurden zur Reproduzierbarkeit der Messungen feine Platindrähtchen bei Hochstromentladung über deren Drahtenden im Lichtbogen abgeschmolzen, so dass sich dann stets kleine Kügelchen (0,43 mm Durchmesser) mit gleichem Durchmesser ergaben![3] Sie wurden zuletzt immer als Elektroden verwendet.
Da sich an ihnen eine Korona ausbildete, entstand so das **Korona- oder Vorstromanemometer** (Abb.56).

Das Gerät muß nur empfindlich genug sein, um selbst die geringsten Stromschwankungen zu registrieren, dann wird zufolge der weggeblasenen Elektronen oder

---

1 W.Fucks: UM 1202, Seite 17, vgl. Theorie von Loeb, Voraussetzung 1 Anfangs-Elektron.
2 W,Fucks. UM 1202, Seite 44, 8. Kap. , Arbeitsbereich und Empfindlichkeit des Vorstroms, sowie Seite 51, 4. Absatz.
3 W.Eucks: UM 1189, Seite 8, Beschreibung der Herstellung von Platinkügelchen + Seite 9.
4 F.Kettel: Direction des Etudes et Fabrications d' Armement, S.Louis, 13.3.1947 Bericht Nr.7 ,47, 2.Bd. XXIX, Fig 19.

Ionen eine Feldänderung und damit auch eine Stromschwankung für die Geschwindigkeitsänderungen der Luftströme angezeigt, ohne dass es zu einer **Funkenentladung kommt.**
Die Abbildung 56 zeigt die Elektrodenanordnung, die Dr. F. Kettel nach dem Kriege im französischen Forschungszentrum St.Louis bei Weil am Rhein verwendete, wo er „freiwillig" weiter forschen musste.

Obwohl Fucks in seiner Übersicht zu UM 1202 erwähnt, dass diese „Arbeit schon der DVL am 29.10.1942 zugeleitet wurde"[1] und die dortigen Diagramme dieses Datum bestätigen, trägt der offizielle Bericht das Datum erst vom 20.12.1943. Hier ist sicherlich noch einiges zu klären, denn Frl. **Heinen,** deren mündliche Doktoprüfung am 31.7.1943 war, hat laut Korreferat von Prof. Dr. Sauer in ihrer Dissertation hervorragend und ausführlich bereits die **Fremd**ionisation bearbeitet. Wörtlich schreibt er: *„Frl. Heinen hat mit drei verschiedenen Arten von Vorionisatoren gearbeitet, mit **ultra**violettem **Licht**, mit **Röntgenstrahlen** und mit **radioaktiven Strahlen**"*, um höhere Geschwindigkeitsbereiche ausmessen zu können...[2] (vgl. S. -53-). Waren Teile ihrer Arbeit etwa mit den UM 1202 (S.-94-) identisch? Sie muß bis jetzt als verschollen angesehen werden. Jedenfalls konnte sie vom Verfasser noch nicht ausfindig gemacht werden. Eine spezielle Entladungsform beschreibt Fucks in UM 1205 mit der **stillen Vorentladung**.
Sie bedarf keiner **Vorionisation**, weil sie sich in einer Apparatur ausschließlich mit den o. g. Kugelspitzen abspielt. Es ist der Spannungsbereich im **Umfeld** der **Townsend - Entladung**, bevor der **dunkle** Vorstrom in Glimmentladung oder gar in den Bogen übergeht. Verwendet man nun trotzdem eine starke Vorionisation, so fällt der Strom sofort auf
Null ab (mit einer stromstarken Entladung), sobald dieVorionisation unterbrochen wird. Wohl bemerkt, es handelt sich noch **nicht** um die **stille** Vorentladung.[3]
„Erst wenn man bei dieser stromstarken Entladung (wegen der Vorionisation) die Spannung weiter steigert, so gelangt man bei geeigneten Werten eines **Vorwiderstandes** unmerklich in die stille Entladung. Der

---

1 Prof. W. Fucks: UM 1202, Seite 1. „Übersicht", letzter Satz. Wurde **diese** Arbeit wegen der Dissertation von Frau Heinen zurückgehalten?
2 Prof. Dr. R. Sauer: ATHAC ec 3028 E-25 Korreferat für Flr. Heinen, in dieser Arbeit, siehe auch Seite - 54 -, Fußnote 3 u.4.
3 Prof. W. Fucks: UM 1205, Seite 4,5 ff.

Übergang ist lediglich daran zu erkennen, dass nunmehr beim Fortfall der Bestrahlung die Entladung mit praktisch der gleichen Stromstärke weiterbrennt“[1]. (Bei einer überlasteten Überlandleitung leuchtet es an den Drähten: Corona-Entladung genannt.)

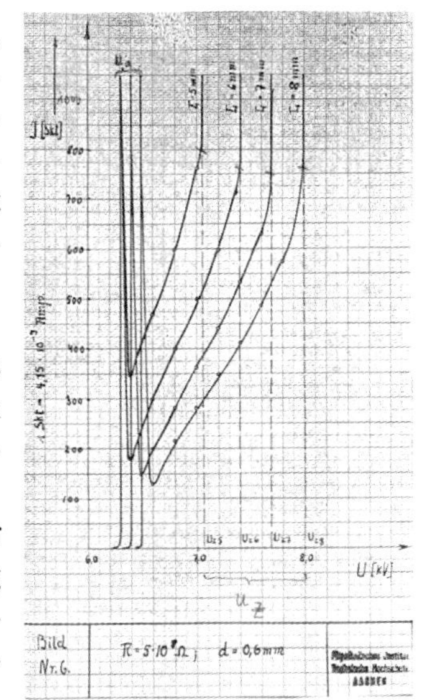

Abb.57: Existenzbereich eines Anemometers mit stiller Vorentladung arbeitend[3]

Abb. 57 zeigt den Arbeitsbereich eines mit entsprechendem Vorwiderstand von R = 5x10 [8] ausgestatteten, in stiller Vorentladung arbeitenden Anemometers. „Die Entladung ‘brennt’ zwischen der Anfangsspannung U_a , die den Übergang zwischen Townsend- und stiller Vorentladung kennzeichnet und der Zündspannung U_z , bei der der Übergang aus der stillen Vorentladung in die Glimmentladung bzw. den Bogen- oder Funken stattfindet.“ [4] Schwankungsaufzeichnung eines turbulenten Strömungsvorganges zwischen den im Existenzbereich der stillen Entladung liegenden spitzen Kugel - Elektroden abgebildet.

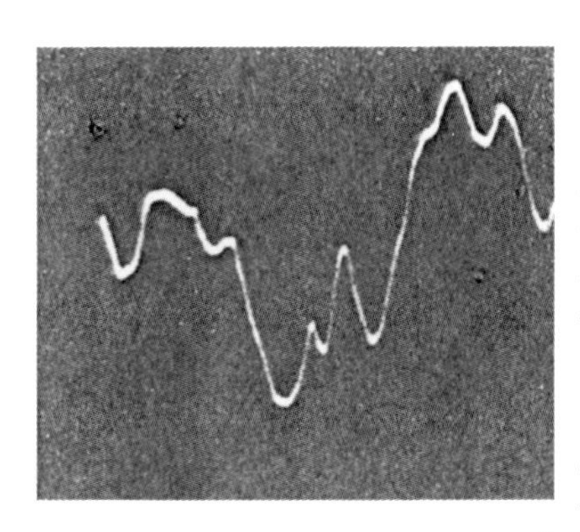

Abb. 58: Turbulenzaufzeichnung[5]

Mit den UM 1299 ergaben sich anemometrische Empfindlichkeiten, die bei sehr kleinen Blasgeschwindigkeiten größenordnungsmäßig 10 bis 100 mal höher liegen als die entsprechenden Empfindlichkeiten etwa bei UV-Bestrahlung oder auch bei der stillen Vorentladung, so dass

1 Prof. W. Fucks: UM 1205, Seite 11, 2. Absatz, 1+2. Satz
2 Prof. W. Fucks: UM 1205, Diagramm Nr. 6, Abb. 571
3 Prof .W. Fucks: UM 1205, Seite 20, letzter Absatz
4 Prof. W. Fucks: UM 1205, Seite 22, Bild 13

man bei einem mit **radioaktiver Vorionisation** betriebenen Anemometer erwarten kann, **feinere** Schwankungen aufzeichnen zu können als mit den anderen Anordnungen[1]

In den UM 1230 wurde nachgewiesen, dass etwaige mechanische Störungen, z. B. Wind**druck** auf das Anemometer, die Messungen **nich**t beeinträchtigen und somit die Oszillogramme der **Stromschwankungen** den Verlauf der **Geschwindigkeitsschwankungen** der Luftströmung sinngemäß wiedergeben. „Selbst wenn wir also annehmen, dass die Druckempfindlichkeit die Geschwindigkeitsempfindlichkeit um eine ganze Größenordnung übertrifft, so können wir trotzdem für die Auswertung der Oszillogramme voraussetzen, dass diese praktisch als Schwankungsaufzeichnungen lediglich der Geschwindigkeit zu deuten ist.“[2]

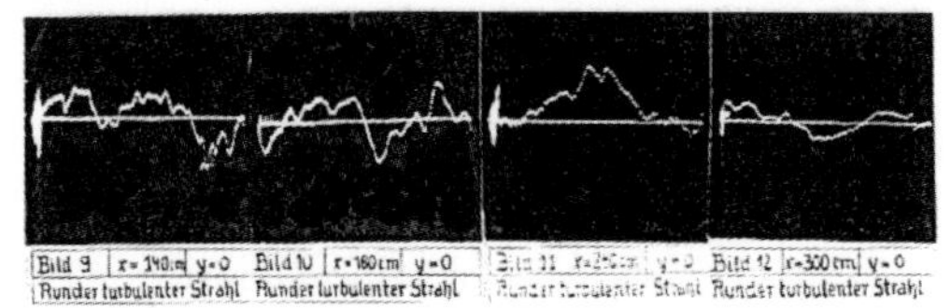

Abb. 59 a: Oszillogramme von rundem, turbulentem Strahl mit wachsendem Düsenabstand in Strahlachse y = 0; x = 140-300cm[3]

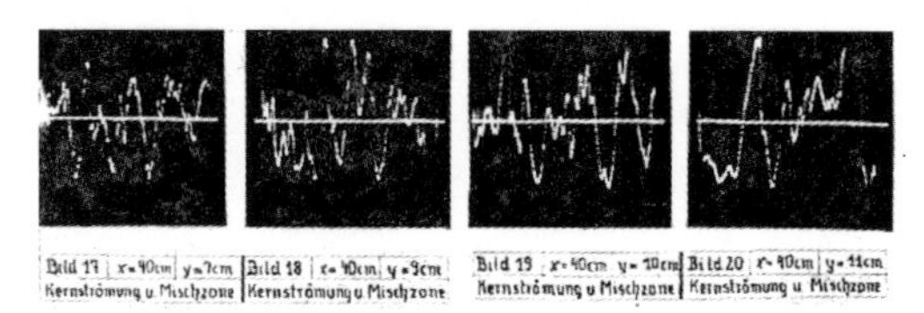

Abb. 59 b:Oszillogramme bei 40 cm Düsenabstand von Kernströmung und Mischzone x = 40 cm; y = 7cm, 9cm, 10cm, 11 cm[3]

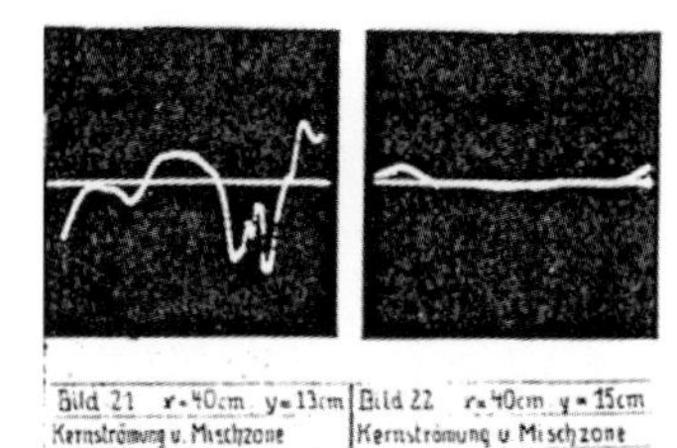

Abb. 59 c: Oszillogramme der Strömung [3] fast außerhalb der Mischzone, also im Außenbereich

Man sieht, dass die Turbulenz mit wachsendem Düsenabstand abnimmt, dagegen in der Mischzone noch deutlich intensiver ist, und erst bei y = 13 bzw. 15 cm wieder auf Null absinkt, was man auch erwarten würde.

1 W. Fucks: UM 1299, Seite 1, Übersicht, letzter Satz
2 W. Fucks: UM 1230, Seite 1, Übersicht , letzter Satz und Seite 19, 1. Absatz
3 W. Fucks: UM 1230, Bild 9 - 12; und 17 - 20 bzw. 21/22 für den Außenbereich y=13cm bzw. y=15 cm ruhende Luft erreicht ist, vergleiche auch die Seite 8 und 9 von 1230

In den **UM 1431** wurde der Frage nach der Eindeutigkeit des o.g. Zusammenhangs von Strom- und Geschwindigkeitsschwankungen der Luftströmung nachgegangen[1]
Die **UM 1452** behandeln sehr ausführlich den Fall einer möglichen Beeinflussung der durch die Windströmung herausgeblasenen oder bei der Turbulenz hin und her bewegten Ladungsträger verursachte Strom-Rückkopplung auf die Elektroden.[2]

Bei der Bewegung der elektrisch geladenen Teilchen senkrecht zum E-Feld zwischen den Elektroden wird nämlich **in** diesen -wie in einem normalen Stromleiter- ein Magnetfeld aufgebaut,das dann in den Elektronen wiederum einen elektrischen Strom erzeugt. Er ist uns als Induktionsstrom seit **Maxwell** (*13.06.1831 bis † 5.11.1879) mit seiner nach ihm benannten Theorie 1861-64 bekannt[3] (Wirbelstrombremse bei Straßenbahnen, als es sie noch gab, ohne diese Bremsen käme heute ein ICE erst nach Kilometern Bremsweg zum Stehen!), den Fucks in den Anemometerzuleitungen Influenzstrom nennt[2]. Dessen Analyse setzt auch eine große **Messempfindlichkeit** der Meßmethoden voraus, die Fucks offensichtlich schon schaffte!

Schließlich nun noch ein Wort zum Erbe **v. Kármán's** an **Fucks**, die letzte **UM 1470:** Hier benutzt Fucks die bekannte Kármán'sche Wirbelstraße, die dieser nach fotographischer Auswertung seiner mit **regelmäßigen Wirbeln** besetzten **Straße** früher schon vermessen hatte**,** (s. S. 33) jetzt gewissermaßen als **Eichfeld** für die Eindeutigkeit seiner jetzigen Zuordnung von Luftströmung zu den Wechselstrom-Messungen in den Leitungen des Anemometers.[4] Was Fucks durch Wind-Strömungsschwankungen an Feldänderungen gemessen hatte, wurde durch variable radioaktive Strahlung in gleicher Weise bewirkt. Ihrer Messung diente ein neuer Zweiathodenstrahl-Oszillograph von Philips:
„Beim Anblasen eines Zylinders ergeben sich in den Zuleitungen des Anemometers Wechselströme, die verstärkt und oszillographisch aufgenommen wurden, sodass nach Beifügung einer Schwingung bekannter Frequenz auch die Frequenz der durch die Wirbelstraße erzeugten

1 W. Fucks: UM 1431, Seite 1, Übersicht, 1. Absatz , 2. Satz.
2 W. Fucks: UM 1452, Seite 1, Übersicht, letzter Satz.
3 Maxwell: NeuerBrockhaus,1979, Bd. 3, Seite 522.
4 W.Fucks: UM 1470, vergl. Seite 2, Übersicht, 1. Abs. 2. und 3. Satz, S. 5.

Wechselströme durch Vergleich bestimmt werden konnte“[1].

Diese Art Überprüfung ergab den für die „Straße“ charakteristischen Wert des Verhältnisses vom Abstand der beiden Wirbelachsen zu den einzelnen Wirbeln in jeder Reihe i.H.v. **c = 0,191.**[2]
Der Mittelwert aus allen Prof. Fucks bekannten unabhängigen Messungen, von anderen Wissenschaftlern auch mit anderen Methoden durchgeführten früheren Untersuchungen, betrug: **c = 0,193**;[3] **q. e. d.** !
Die Regelmäßigkeit der Frequenzkurven lässt also erkennen, daß die Abstände der Wirbel durch die **Koronaanemometermessung** reproduzierbar wiedergegeben wurden.

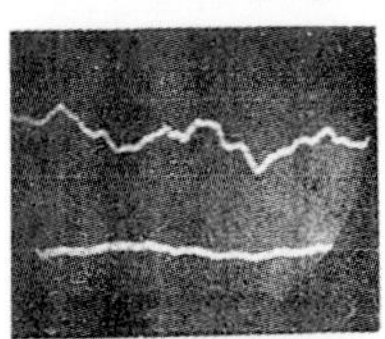

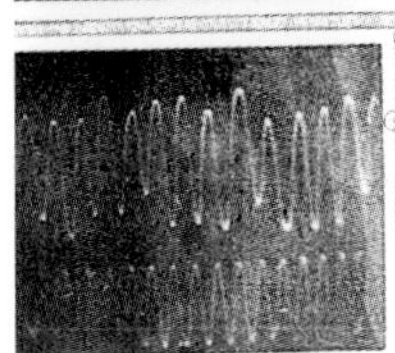

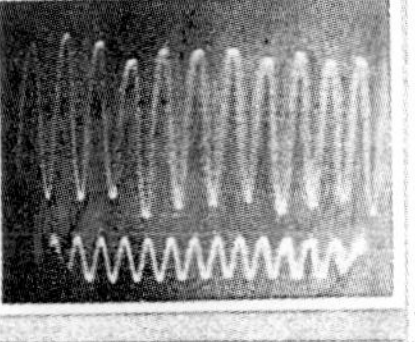

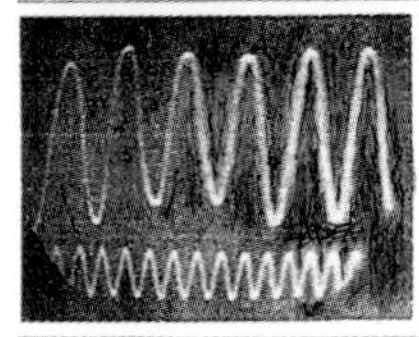

Abb. 60: Die letzten Oszillogramme der Vorstrom Anemometer-Messung in Ummendorf; quasi eine Eichung des ***trägheitslosen*** Messinstruments mittels der Kármán‘schen Wirbelstraßen![1]

Die Verbindung zu Kármán war durch die Messung der Wirbel in allen UM in irgendeiner Weise gegeben. Aber die **elektrische Meßmethode** war im Prinzip nicht nur für die trägheitslose Wirbelmessung **neuartig**. Die vielfältigen Anforderungen an die **elektrische Messtechnik** bei den beschriebenen Untersuchungen der Luftströmungen waren mindestens genauso von prinzipieller Bedeutung und somit zukunftsweisend.

Fucks hat die „atomistische“ Bestrahlung zur Vorionisation eigentlich ausgeklammert bis in den UM 1299, wenn man von der Heinen Disserta-

---

1 W. Fucks: UM 1470, Seite 4, Eichoszillogramme; man setzt die Regelmäßigkeit der ‘Kármán’schen’ Wirbelfolgen in Relation zu ihren Abständen.
2 W. Fucks: UM 1470, Seite 5, Mittelwertbildung der Konstante „C“.
3 W. Fucks: UM 1470, Seite 1, Übersicht, 3. Satz.

tion und den früheren Arbeiten über Zündspannungsänderungen mit radioaktiver Bestrahlung absieht, in denen er speziell radioaktive Strahlung auf das elektrische Feld eines Anemometers einwirken ließ und mittels dieser eine Vorionisierung erreichte, erwartete er bei dieser Untersuchung in 1944 feinere Schwankungen aufzuzeichnen zu können, als mit anderen Anordnungen[1]. Aber das müssten eigentlich bereits bekannte, zusammenfasende Ergebnisse aus der Heinen'schen Arbeit gewesen sein, die er in Ummendorf vielleicht wiederholte.
Wenn Fucks schon solche Strahlung benutzte, so konnte die Anordnung doch auch für Messungen des Durchgangs hochenergetischer kosmischer Strahlung durch ein **geeignetes** Elektrodenpaar umfunktioniert werden.

Der Gedanke ist nicht abwegig. Seit 1928 gab es nämlich bereits das Geiger-Müller-Zählrohr, mit dem Radioaktivität registriert werden konnte. Und dessen Schaltung unterschied sich dem Grunde nach nicht sehr von der seines Anemometers.

(Seit 1954 entwickelte Fucks mit Medizinforschern der KFA - Jülich die **Gamma**-Retina unter Einsatz von Bildverstärkern, die das Prinzip der Kathodenstrahlen in umgekehrter Weise nutzbar machten: Die durch Einführung von radioaktiven Präparaten in biologische oder andere Objekte von diesen ausgesendte Strahlung regt über **Szintillatoren** die auf der Innenseite einer Bildröhre aufgebrachten Luminiszenzkristalle so an, dass die dort freiwerdenden Elektronen zu einer Kathode hin verstärkt und zu einem Bild neu zusammengestellt werden.)[2]

---

1 W. Fucks: UM 1299, Seite 1, Übersicht, letzter Satz.
2 Gerd Schumacher: Kustos Phys. Inst. AC „Schnellbildgebung von Radioisotopen mit der Gamma-Retina“; Elektromed. Bd 9/64 Nr.3, S. 161.

Intermezzo:
Von Gasentladungsphänomenen zu den Nachweisgeräten moderner Elementarteilchenphysik

'Neues Leben' in der Physik nach dem 2. Weltkrieg: Trägheitslose Messmethoden setzen die Tradition in Aachen fort.

Fucks Hauptinteresse war die **Hochstromentladung**, die er und **Dr. Jordan** mit einer großen Mannschaft von Wissenschaftlern1958 im Gebäude der alten Tuchfabrik in der Charlottenstraße 14 zur Untersuchung des **Zündungsmechanismus** einer **Kernfusion** benutzte. Stolz, allerdings noch mit vorgehaltener Hand vor dem Mund, stellte man fest: In 1 Millionstel Sekunde eine Entladung von 1 Million Ampere: Das müssten 1 Million Grad Celsius ergeben haben. Noch ein bisschen mehr und die Zündtemperatur für die Verschmelzung von Wasserstoffkernen im Labor wäre erreicht! Die Freude währte nicht lange:
Die gesamte Einrichtung fiel Dez.'58 einem Großbrand zum Opfer.[1]
Nach kurzer Bauphase lief die Forschung dort aber wieder an und seit 1960 konnte dann die Gruppe in einem Neubau der KFA Jülich die **Plasmaphysik** als Grundlage für eine Kernfusion bis heute noch betreiben.
Es ist nicht von ungefähr, dass **Fucks** sich für die Berufung von Dr. Helmut **Faissner** im Jahr1963 einsetzte, der sich als Experte auf dem Gebiet der Messtechniken zum Nachweis von Elementarteilchen im CERN einen Namen geschaffen hatte, wohl in der Hoffnung, dass der sowohl theoretisch wie experimentell erfahrene Physiker in Aachen weiter feinsinnige Messmethoden entwickeln könnte.
Zwar haben sich die Messungen der durch das Passieren hochenergetischer Elementarteilchen verursachten Schwankungen, der dunklen Vorstrom-Messung, in der Aachener Physik leider etwas verzögert, aber mit Faissner wurden nun die Nachweisgeräte der verschiedensten Arten entwickelt. Sein Institut wurde ein wahres Eldorado für „Experimental-Physiker"!
Die o.g. Funkenkammern (s.S. -122-) waren nur Anfang der Aktivitäten. Man baute jetzt auch für den Nachweis einer nur schwachen Wechselwirkung von Elementarteilchen mit der Materie, z.B. Drahtfunken-, Streamer- und **insbesondere** aber die **Driftkammern**, die im Messbereich des **dunklen Vorstroms** arbeiten. Mit einem fast masselosen **Zähl-**

1 AVZ: „Anschlag auf Kriegsforschung": unbekannte Zeitungsnummer Dez. 1958.

rohrhodoskop sollte die Existenz von **Quarks** in der Höhenstrahlung nachgewiesen oder ausgeschlossen werden.

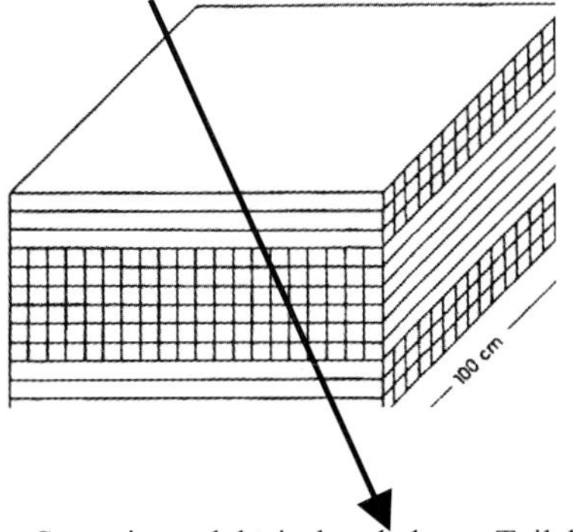

Spur eines elektrisch geladenen Teilchens
aus der kosmischen-, bzw. aus der auch s.g. Höhen-Strahlung

61a: Die„**masselose**" Proportionalzählrohranordung zum Nachweis von Elementarteilchen auch mit gebrochener Elementarladung[1].

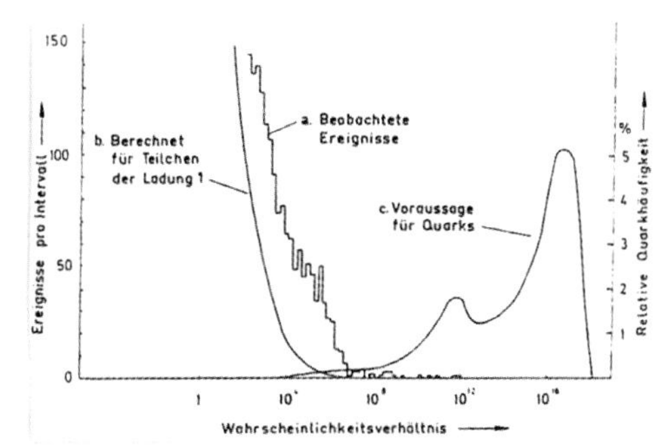

Abb.61 b: Das Ergebnis der Aachener **Suche nach Quarks** mit Ladung e/3 oder 2e/3 [2] Es stellte sich heraus, daß die **Quarks** nur in ihrer Gesamtheit existieren können.

Aus Fucks **trägheitslose** wurde Faissners **masse- <u>und</u> trägheitslose** Meßmethode!

---

1 H.Faissner: Landesamt für Forschung NRW, Sonderdruck aus JAHRBUCH 1970, Westdeutscher Verlag Opladen: Gibt es Quarks? Der Name der WDR-Sendung Quarks und Co hat also im III.Phys. Inst A der RWTH AC einen Vorläufer, denn Herr Yogeshwar Ranganathan, gebürtiger Inder, hat bei Professer Faissner sein Physik-Diplom gemacht.

2 ebd.: Seite 159 und 160, Teilchen-Spuren in einer Streamerkammer. Der komplette Sonderdruck befindet sich in der Institutsbibliothek. Siehe auch NIM 73 (1969), S. 83-88, North-Holland Publishing EC.

An den aus Drähten bestehenden masselosen Zählrohr-„Quader" (Kathoden) und dem jeweils in deren Mitte befindlichen **sehr dünnen** Draht (+Anode) ist ein elektrisches Feld gelegt. Wir wissen von vorher, je **dünner** (bzw. **je spitzer**) eine Elektrode ist, **um so empfindlicher** wird das Instrument. Die „Quader" sind, wie im Bild 61a gezeigt, in drei Lagen jeweils um 90 ° gegeneinander gedreht.

An Stelle einer irgendwie gearteten Bestrahlung à la Fucks durchdringen kosmische Elementarteilchen die Driftrohrzellen, und was passiert? Das Gas wird in jedem Quader, durch den ein Teilchen dringt, ionisiert, wodurch die somit frei gewordenen Elektronen (ähnlich wie bei Röntgenstrahlen -Vorionisation imVorstromanemometer)[1] **zum Anodendraht driften** und dort einen Impuls auslösen, der über den Anodendraht als Wanderwelle laufend an dessen Enden den Teilchendurchgang melden wird. Da es dabei unterschiedliche Laufzeiten des Stromimpulses über den Draht bis an seine Enden geben wird, (wenn nicht gerade die Mitte passiert wird), lassen sich nach diesem Prinzip die Koordinaten einer Elementarteilchenspur rekonstruieren.[2]

Das Verfahren ist also das Gleiche wie bei der wahrgenommenen Störung an den Zuleitungen der Vorstromanemometer. Dort wurde die Stromschwankung durch die verzögerte Ankunft der in der Luftströmung aus dem elektrischen Feld herausgeblasenen Ladungsträger bewirkt (vgl. S. -124- / -125-) und anschließend oszillographisch dargestellt.
G. Charpak hat auf dem Internat. Sympos. in Versaille v. 10.-13. Sept[3]. 68 über den von ihm entwickelten Vieldraht-Proportionalzähler zur Auswahl und zur Lokalisierung geladener Teilchen berichtet, dessen Funktionweise er in Nuclear Instr. and Methods Nr. 62 (**1968**), 262-268[4] bereits beschrieben hatte (eingereicht 17.2.68!).
Unsere Wissenschaftler (B.Eiben) berichteten auf der gleichen Tagung 1/2 Stunde später über die Funktion unserer Kammern und lieferten gleich die Messergebnisse mit unserem **Zählerhodoskop, unserer** Art von **Driftkammern**, mit dem wir in der Lage waren, auch Teilchen ununterschiedlicher -also auch **gebrochener Elementarladung**- von Teilchen mit einfacher Elementarladung zu unterscheiden[4]. Am 10.12.1992

1 W. Fucks und G. Schumacher: Z.f.Phys.., Bd. 112, Ing.: 8. März 1939, Seiten 605-913
2 H. Faissner: Forschungsbericht NRW, s. S. -133 - , Fußnote 1
3 G. Charpak: Nucl. Instr.and Meth. 62 (68) 262-268, North-Holland Publishing .
4 G. Charpak: entwickelte auch hochempfindliche Photomultiplayer (PM)

erhielt Prof. Dr. Charpak den Nobelpreis.

Ab Mitte 1960, wurde über die Bausteine der Materie immer lebhafter diskutiert, mit Professor **Heisenberg** sogar im Flur unseres Instituts damals in der Jägerstraße.
Die Entwicklung und der Bau von Elementarteilchen - Detektoren in Faissner's Institut ging weiter bis heute.

Abb.62: Heisenberg in Diskussion mit Faissner, v.l. dahinter die Theoretiker Dietze, Schlögl, Leibfried 1967. (Aufnahme: III. Phys. Inst. A, Fotogr. Geller)

Eine besondere Aktivität entwickelte sich nach der Internationalen **Neutrino-Konferenz** Juni **1976** in Aachen. Professor Dr. C. Rubbia entwarf das Proton-Antiproton Experiment für **C E R N**[1], zu dem wir ein Aggregat von Driftkammern zu sog. Myonkammern zusammenbauten.

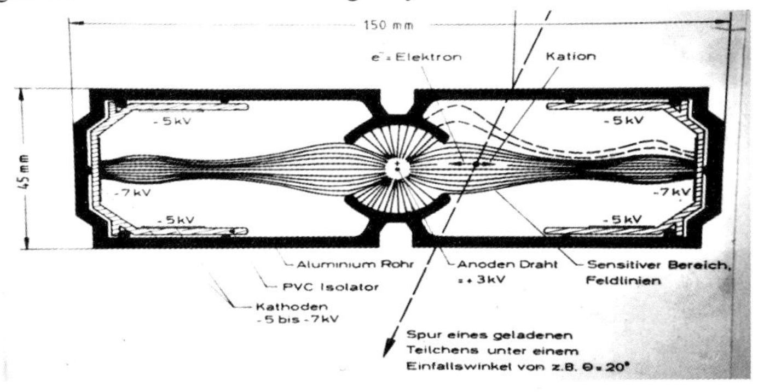

Abb. 63: Zum **UA-1** - Experiment, ein **„Driftrohr"**- Querschnitt
Die Feldlinien wurden von Frau Dr. Hansl-Kozaneka berechnet.

1 C. Rubbia: Auf der Internationalen Neutrino Konferenz 6.6.- 9.6.1976 in Aachen hat Rubbia den Bau eines Beschleunigers vorgetragen, bei dem Protonen und Antiprotonen, die es allenfalls nur im Universum gibt, aufeinander geschossen werden sollten. Auf der nächsten Seite ist der Detektor schematisch dargestellt, bei dem die Aachener Driftkammern die äußere Umhüllung bilden. Wenn bei der Kollision in der Mitte des Detektors sich ein Boson bildet und wieder sofort zerfällt, fliegen gewisse „Splitter" fast senkrecht zur „Achse" aus dem Detektor heraus.

Die gesamte verarbeitete Driftrohrfläche entsprach der Größe eines **Fußballfeldes**, innerhalb dessen die Spur **eines einzigen** hochenergetischen Teilchens, eines **Myons**, vermessen werden musste.

Die 'Nadel im Heuhaufen' entdeckte im Zusammenwirken mit den anderen Detektorkomponenten unsere selbstgebaute Auslese-Elektronik. Sie bestand aus einer Kombination von Parallel-Rechnern, die kleine Gruppen von Driftrohren bzw. Detektorelementen schnell auslesen können, weil es ja um eine **erwartete Information** innerhalb dieser Gruppen geht!
Ein sukzessives Abfragen durch einen Zentralrechner würde die Kapazität der schnellsten Rechner erfordern, und dann wahrscheinlich immer noch nicht schnell genug sein, die riesige Menge an Driftrohren innerhalb einer Micro-Sekunde **hintereinander einzeln** abzufragen.
Das Ergebnis der Mühen hat sich mit der Vergabe des Nobelpreises für Physik an Prof . Dr. **Carlo Rubbia** 1985 auch für die gesamte Kollaboration von 129 Wissenschaftlern gelohnt, darunter 13 Aachener.

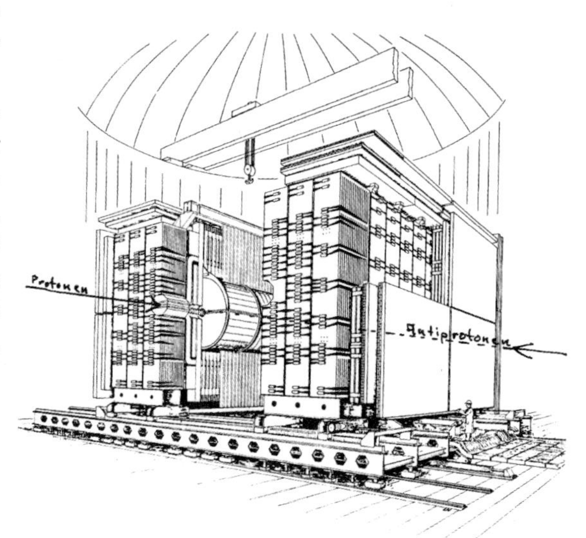

Abb. 64 a Perspektivische Ansicht des UA-1 Detektors auf seiner mobilen Plattform[1].
Die einzelnen Detektorkomponenten von innen nach außen: Vakuumrohr, in dem die Protonen und Antiprotonen kollidieren, zentrale Driftkammern, elektromagnetische Kalorimeter, Magnetspule, Magnetjoch und gleichzeitiges Hadronkalorimeter, und die Aachener **Driftkammern**, auch Myonenkammern genannt, weil nur sie die **durchdringenden** Myonen in der äußeren Driftkammer-Detektorhülle registrieren.

1 III.Phys. Inst. III A: eigene Zeichnung des Instituts.

Myonenspur: z.B. My^-

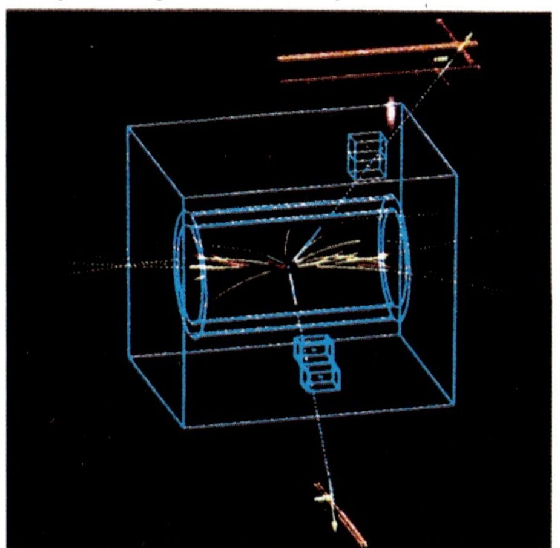

Myonenspur: z.B. My^+

Abb. 64 b: Darstellung eines
Z° - Boson - Zerfalls

Man denke an zwei Billardkugeln, die **zentra**l zusammenstoßen[1] ; aber nicht wieder in die Richtung zurückprallen, aus der sie gestoßen wurden. Der unsichtbare Effet, der einer Kugel als zusätzliche Energie beim Anstoßen mitgegeben wird, lässt sie z.B. auch senkrecht zur Stoßrichtung rollen. So ähnlich ist es bei einer Proton-Antiproton-Kollision, bei der durch Bildung und anschließendem Zerfall eines neuen Teilchens hochenergetische Myonen entstehen.

Die freigewordene **Energie** dieses beim Zusammenprall von Proton und Antiproton entstandenen einzigartigen Teilchens, dem Z_0 - **Boson,** ist im **Vergleich** zu allen anderen beim Zusammenstoß von Proton und Antiproton gebildeten Kollisionsprodukten so groß, dass sich diese **Energie** über dem Energiebasisniveau - im Bild der Boden des Aachener Münsterplatzes - eine Höhe so hoch wie der **Turm** der gegenüber liegenden **St. Foillans-Kirche** ausmacht (Abb. 65).
Der italienische Physik-Professor **G. Salvini aus Roma**, ein repräsentativer Teilnehmer an der Proton - Antiproton Konferenz 1986 in Aachen, zeichnete diese sehr sinnige Ansicht unseres **Aachener Doms,** mit St. Foillans-Turm als **Campanile,** eine typisch italienische Interpretation.

1 CERN: Rekonstruktion des Zerfalls eines Bosons mit Aussendung äußerst hochenergetischer Myonen

Aufnahme: H. Geller (Reproduktion, Beißel's Foto-Basar)

Abb. 65: das Aachener Dombild von **Prof. G. Salvini** [1].

Die Entdeckung 1983 der nur ca. 10^{-16} sec lang 'lebenden' **Bosonen** (der nach dem indischen Physiker Boson benannten Elementarteilchen) brachte die Physiker auf dem Weg zur Erklärung der **Urknalltheorie** als Ursache für die Entstehung unseres Universums ein Stück näher:

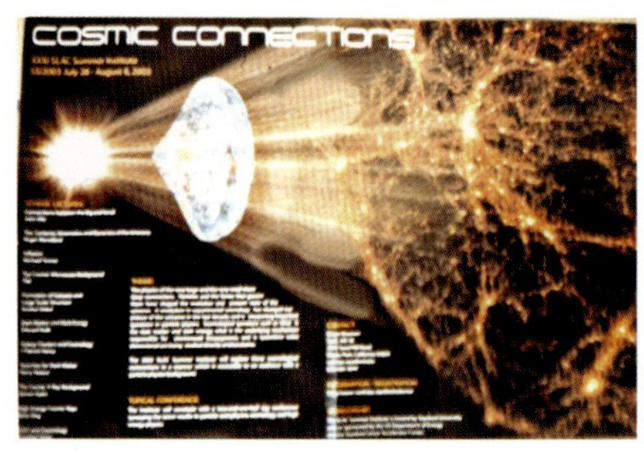

Abb.66a: Die „Welt" vom „Urknall" bis heute[2], jeder Punkt in der rechten Bildhälfte entspricht eine der Milliarden Galaxien.

Abb.66b: Eine der vielen Galaxiendarstellungen wie die unserer 'Milchstraße' auf der Einladung zum Seminar von **Professor Flügge**[3].

---

1 Salvini: Bedeutender italienischer Elementarteilchenphysiker, im 1.Kabinett Berlusconis **italienischer Forschungsminister**. Professor Salvini übergab das 'Gemälde' dem „Local comitee", dessen Chairman **Professor Dr. Karsten Eggert,** III. Phys. Institut und CERN war, als Dank für die glungene Organisation der Proton-Antiproton-Konferenz. vom 30.06.- 04.07. 86 in Aachen. Repro: Beißel's Foto-Basar, Aachen, Bahnhofstraße.

2 SLAC: Plakat: Einladung zur xxxi SLAC Summer-Institute Scoole, SSI 2003 July 28 – August 8 2003, in Californien.

3 G.Flügge: Seminarankündigung SS 2003 über „Mod. Methoden/Experimente der Teilchen- und Astrophys.." in AC, III. Phys. Inst. B.

Beide vorstehenden Bilder zeigen, wie sehr die Menschheit, quasi von Wirbeln und Turbulenzen umgeben, ja darin zu Hause ist, und von Elementarteilchen ständig aus dem Weltall bombardiert werden. So ist es verständlich, dass Physiker heute die Boten der entferntesten Wirbel versuchen, zu analysieren.
An einem neuen Experiment im CERN, dem 'CMS-Experiment', ist das III. Phys. Inst. wieder beteiligt. Unter Leitung von Prof. Dr. Th. **Hebbeker** werden vom Inst. III A wieder Driftkammern gebaut; nur sind die einzelnen Driftrohre wesentlich kleiner, was an die erforderliche Ausleselogik fast schier unmögliche, elektronische und technische Anforderungen stellt, bei deren Bewältigung sich diesmal eine italienische Gruppe bemüht, während das Phys. Inst. III B, mit Direktor Prof. Dr. G. **Flügge,** insbesondere mit Herrn Dipl. Ing. F. **Beißel**, sich diesmal an dem Bau der Ausleseelektronik zum Test der verschiedensten CMS-Detektorkomponenten beteiligt.

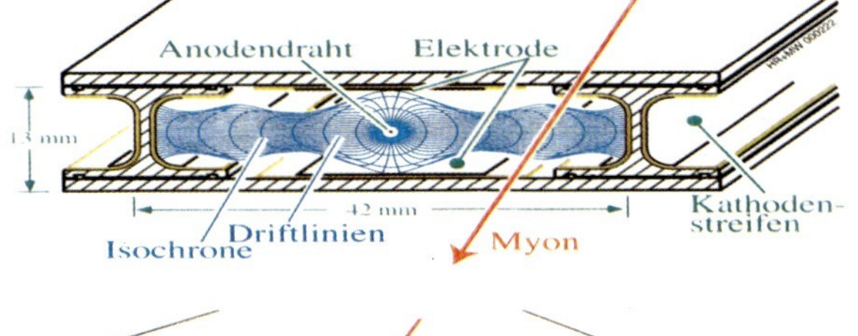

Abb. 67 a: Ein Driftkammer-Rohr-Querschnitt für die zentrale Region des **künftigen** CMS-Detektors im CERN.[1]

Bildreproduktionen: Hans Reithler, Phys. Inst. III A

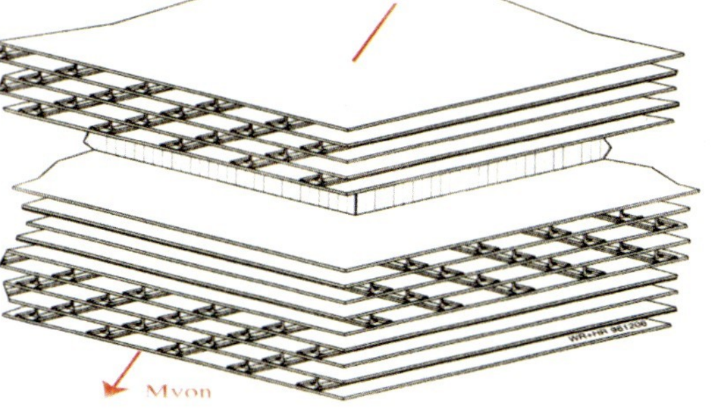

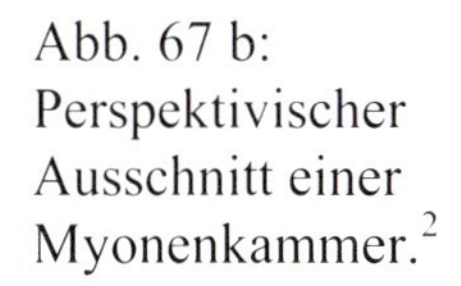

Abb. 67 b: Perspektivischer Ausschnitt einer Myonenkammer.[2]

---

1 Hans Reithler: Die Kathoden und die Zusatzelektroden sind streifenförmig und durch einen Streifen aus Mylar von den Aluminium- Platten und Profilen isoliert. Weiterhin sind die Driftlinien der Elektronen und die zugehörigen Isochromen gezeigt: Man möge passende Isochromen in Abb. 54, **S. -124-** einzeichnen, und das **Prinzip** der Driftkammern ist **seit 1942 bekannt !**

2 Hans Reithler: Jede Kammer besteht aus 12 Lagen von Driftrohren, wobei die magnetische Auslenkung von der Projektion mit 8 Lagen gemessen wird. Jede in Aachen zu bauende Kammer ist eine 2 m x 2,5 m. große selbsttragende Struktur, die je 620 Driftrohrzellen umfasst. Insgesamt werden es 170.000 Zellen geben, die ausgelesen werden müssen, wieder mit einer Art Parallelrechner.

Die Entwicklung **spezieller** Rechner zur Auslese der Kammerdaten geht auf Arbeiten von Dr. Hans **Reithler** zurück, der 1983 auf dem Institutsstand der „Hannovermesse“ am „Driftkammer - Modell“ einem Reporter auf dessen Frage nach einer „sonstigen“ Anwendung der Auslese-Logik antwortete:

„Vielleicht ist so etwas für eine ‘**Decodierung**’ eines **‘Geheimschlüssels’** nützlich. Der Reporter daraufhin: „Dann wäre das ja **Kriegsforschung**, z.B. für **‘SDI**’ ?“

Reithler: „Das haben **Sie gesagt**“.

Aufnahme: H. Geller

Abb.68: v.li.,Reithler,Faissner und Radermacher[1]

Anläßlich des 75. Geburtstages von Prof. Dr. Dr. h.c. H. Faissner hielt Prof. Dr. Ernst Radermacher, (wie Eggert, Hansl-Kozaneka und Reithler gleichfalls Mitbetreiber des UA-1 Experimentes und alle 1986 ausgezeichnet mit dem Preis der DPG) inzwischen CERN-Mitglied, den Kolloquiumsvortrag über die vielfältigen Forschungsakivitäten Faissners.

Zwei Experimente gehören aber unbedingt noch in eine Aufstellung des „Neuen Lebens“ in der Physik der Nachkriegszeit:

1.) Im I. Phys. Institut haben ihre Direktoren Prof. Dr. Kl. **Lübelsmeyer** und Prof. Dr. D. **Schmitz** mit dem Bau eines Detektors zum Nachweis von **Antimaterie im Universum** begonnen, der auf der Internationalen Raumstation unter Leitung des jetzigen Institutsdirektors, Prof. Dr. St. **Schael**, in den nächsten Jahren installiert werden soll.

2.) In Umkehrung der Funktionsweise der bekannten Kathodenstrahlröhren, die Lahaye et al. für ihre Arbeiten benutzten, entwickelte Fucks im Rahmen seines Retina -Projektes eine Bildwandlerröhrenanordung (s. S.-78-) :

Prof. Dr. P. Bosetti, Phys. Institut III B, hat diesen Gedanken zusammen mit der Firma Philips, Eindhoven, weiter verfolgt. Es entstand in den 80-Jahren eine kugelförmige Bildröhre mit folgender Eigenschaft. Ein einziges Photon - das

1 H. Geller: Private Photosammlung, Neg. Nr. 21, Aufnahme am12.05.2003, anlässlich des Festvortrages, den Prof. Dr. Radermacher, jetzt CERN-Mitglied, in Aachen zum 75. Geburtstag von Herrn Professor Dr. Dr. h.c. Helmut Faissner, geb. am 5. 5. 1928.hielt.

kleinste, geringste vorstellbare Lichtpartikelchen - , das auf die Oberfläche der Glaskugel auftrifft, auf der innenliegenden lumeniszierenden Glasseite ein Elektron durch den lichtelektrischen Effekt herausschlägt und vermöge eines elektrischen Ziehfeldes an einen im Zentrum der Kugel befindlichen **Szintillationsverstärker** weitergibt, (vgl. S.-131-3. letzter Abs., s. dort Fußnote 2), verwandelt dann das **kleinste denkbare Lichtsignal** anschließend in einen **elektrischen Impuls**.

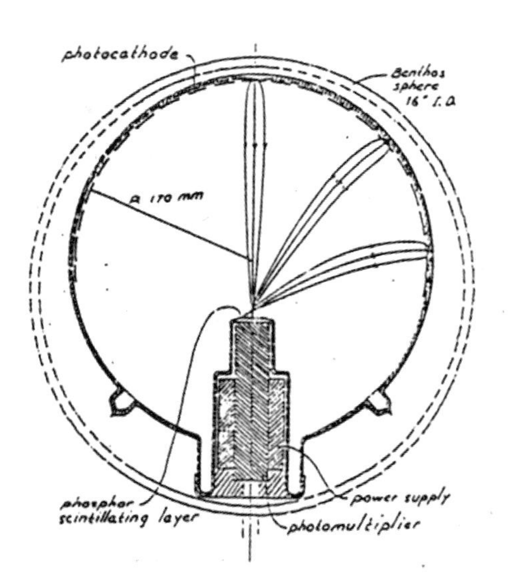

Abb. 69 a: Schema des „Lichtsensor“ [2]

1991 wurden 3 solcher Prototypen vom Forschungsschiff „SONNE“[1] aus, südlich von Gomera, getestet. Die Dunkelheit in einigen km Tiefe reichte leider für den dort unternommenen Versuch nicht, um mit den höchstempfindlichen **Lichtsensoren,** als Photomultiplayer bekannt, die erwarteten sehr kurzen **Signale,** der durch hochenergetische kosmische Strahlung im Meerwasser gebildete leuchtende Art **„Bremsspur“** zu registrieren, z.B. durch Neutrinos gemäß des **Cherenkov - Effekts** entstandenen Myonspur zu registrieren.

Der „Untergrund“ des übrigen Lichtes war zu hoch (z.B. gab’s Biolumiszenz)[3]. Die Helligkeit überlagerte das kurze Signal wie auf S.-143-Abb. 69e rechts zeigt. Aber das logistische Problem des Transfer höchstfrequenter Daten über eine Distanz von mehreren Kilometern war gelungen.

Da Neutrinos wegen ihres geringen Wirkungsquerschnitts unsere Erde fast ohne Wechselwirkung durchdringen, können ihre Spuren auch vom Meeresboden her kommend erfasst werden.

---

1 Dr. W. Plüger: Akad. Oberrat am Mineralogischen Inst. RWTH Aachen leitete die Forschungsexpedition, sonst erfahren bei der Manganknollenforschung im stillen Ozean.

2 Prof. Dr. P. Bosetti: apl. Prof. am III Phys. Inst. B, Interne Publikation, Machbarkeitsstudie III. Physikalisches Institut, RWTH Aachen

3 Dr. Karl Daumer: Biologie in unserer Zeit/ 6 Jahrg. 1976, Nr 1, S. 11 – 29

Aufnahmen: H.Geller, Neg.Nr.: II 25

Abb. 69 b: Ein Blick auf die kompakte Elektronik des Photomultipliers

Neg.Nr.:II 6

Abb. 69 c: Die untere Hälfte der „Kugel“ mit luminiszierender Schicht der Innenseite

Aufnahme: H. Geller, Neg.Nr.: E 0

Abb. 69 d: Die Testapparatur wird abgesenkt

Aufnahme: H. Geller, Neg. Nr. A 18
links im Hintergrund: der Gipfel des 3600 m hohen Teides

Abb.: 69 f: Das Forschungschiff „Sonne“

Zum **Test** hatten wir zwei Wissenschaftler aus Zeuthen eingeladen, die die logistischen Probleme handfest stu-dieren konnten. Die Gruppe um **Dr. Spiering** hatte ähnliche Versuche bereits zu DDR-Zeiten im **Baikalsee** zusammen mit russ.Wissenchaftlern betrieben. Sie betreibt heute am Süd pol unter seiner Leitung das **AMANDA**-Experiment.

Messergebnisse des Aachener Tiefsee-Experimentes.

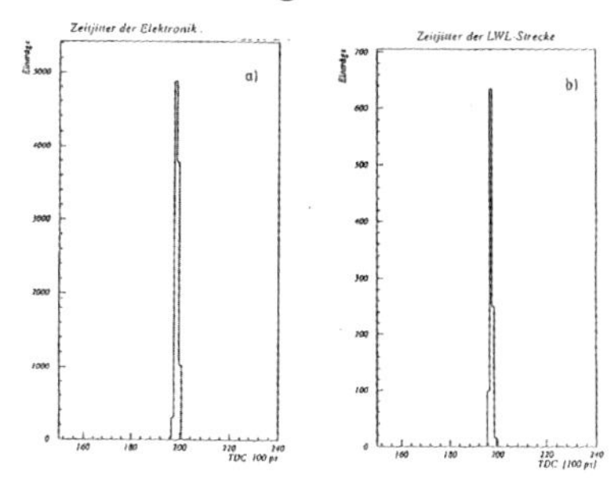

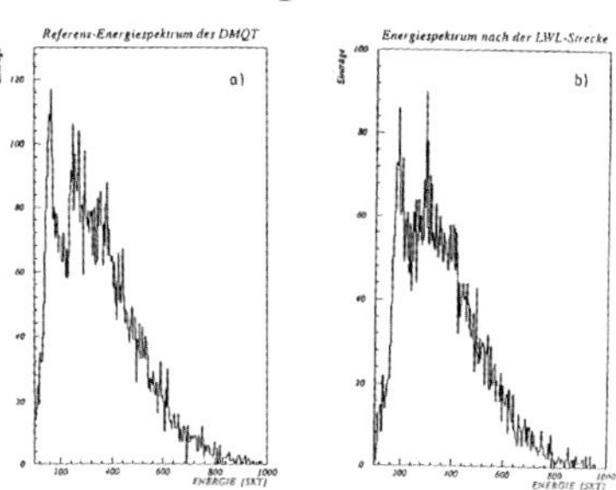

Abb. 69 e: links: Elektronikzeitjitter und LWL-Strecke.

rechts: DMQT - Referenz und Energiespektrum aus der Tiefe, leider ohne eindeutiges Myon-Signal aus der kosmischen Strahlung.

Das Phys. Institut III A hat keine Mittel für weitere Experimente dieser Art erhalten und deshalb den Rest seiner Test-Apparatur dem „Institute d' Physica“, Athen, unter Leitung von Professor Isvanis, als Dauerleihgabe überlassen. Mit zusätzlichen und neueren Geräten unternimmt dieser derzeit die Spurensuche nach Neutrino-induzierten Myonen im Rahmen der von ihm initiierten Kollaboration: „NESTOR“, bei Pylos, vor der Süd-West-Küste des Peleponnes, in 4000 m Tiefe.
Der CERN-Courier meldete im **May 2003**, Nr **4,** Volumen **43:**

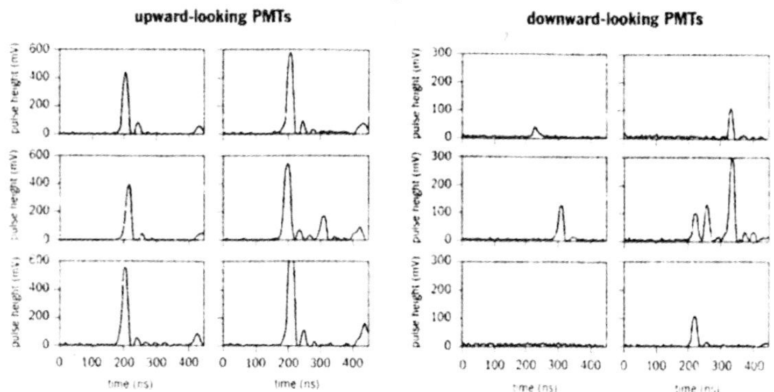

Abb. 70: **„Neutrinos, NESTOR sees Muons at the bottom of the sea“**

Mit beiden Experimenten erhofft man weiteren Aufschluss über die Entstehung des Universums!

Mit dem „Intermezzo“ habe ich das Thema: „... Physik im Chaos des 2. Weltkrieges ...“ unterbrochen und sollte deshalb alsbald wieder dahin zurückfinden.

In Aachen hatte das Kriegsende sich bereits vollzogen. Nur noch Reste der kriegerischen **Turbulenzen** ließen dort nichts mehr chaotischer werden und nur allmählich begann sich „neues Leben“ im Keime zu regen.

Anderenorts tobte der Krieg noch mit immer brutaleren Methoden:

In Warendorf zum Beispiel fiel ein junger, deutscher Soldat, fast ein Junge wie ich, als er sich von der noch kämpfenden Truppe absetzen wollte, 20 m vor meinen Augen, der Salve eines SS-MG’s zum Opfer.

An die ersten Gefangenenlager auf den Rheinwiesen bei Remagen und Andernach sei erinnert. Das waren für viele Männer bittere Erlebnisse auch noch nach den zerstörerischen Kampfhandlungen. Uns sie sangen in tiefster Verzweiflung im Chor: „Hast Du dort oben vergessen auch mich, ...“

In Ummendorf aber wuchs die Spannung erst an auf das, was da am Ende kommen würde:

Einerseits war der Untergang der Physik in Ummendorf nur noch eine Frage der Zeit; der Fall stand kurz bevor?
Andererseits mussten **Kettel** und **Schumacher** ihre mündlichen Prüfngen zu ihrer Dissertation doch noch ablegen?

Lange konnte ich einen Spruch auf einer Hauswand nicht begreifen:

„Gute Zeit und schlechte Zeit, geh’n vorüber alle beid‘!“

Zusammenbruch: Chaos in Ummendorf

Referent und Korreferent für **Schumacher'**s Dissertation waren die gleichen, wie bei **Kettel,** desgleichen der Tag der mündlichen Prüfung, doch dieser war schwer festzulegen: Schumacher sollte noch Ende 1944 zu Übungen in einer schnell aufgestellten „**Landwehr**" von **Ummendorf** eingezogen werden. **Fucks** hatte aber wieder erwirkt, daß wegen 'wichtiger' Forschungsarbeiten seine Mitarbeiter von jeglichen Dienstverpflichtungen befreit wurden[1]. So liefen die Vorbereitungen zu einem Abschluss der Dissertationen auf Hochtouren. Diagramme der Arbeiten tragen das o.e. Datum des Jahres 1945!

Fucks und Sauer waren beide in Ummendorf, der Dekan, Prof. Dr. **Krauß**, im Nachbarort Gutenzell. Nach langwierigen Kontaktversuchen fand man endlich in München **Prof. Dr. J. Meixner** als den notwendigen **„Dritten Mann"**. Mit der Freude über diesen Fund hätte Anton **Karas** auch seine Melodie schon angestimmt, wenn „das Harry Lime Thema" damals bereits komponiert gewesen wäre.[2]

Dann aber gab es Probleme, eine Fahrt von München nach Ummendorf zu organisieren. Zwar ging bald der Krieg irgendwann einmal zu Ende, aber mit einem bevorstehenden Ende wurden die Gefahren doch nicht geringer, im Gegenteil: das lehrt uns das Ende in Aachen! Die Front kommt näher und das Durcheinander wächst. Die „letzten" Kämpfe konnten plötzlich jede Verabredung jäh platzen lassen. Der Bombenkrieg erreichte Oberschwaben immer stärker.

Die Züge fuhren schon lange nicht mehr regelmäßig.'Memmingen wurde am 20.7.44 schon von 293 Sprengbomben stark getroffen'.[3]
(s. Hutzel S. 33).
Hutzel beschreibt auf dreieinhalb Seiten (31 bis 34) noch viele Details über „Luftkämpfe" und „Luftzwischenfälle" in Oberschwaben und Umgebung - über das Chaos von Ummendorf - bis zum bitteren Ende.
Sechs Tage vor Weihnachten 1944 wurde die Stadt Ulm durch die Royal Air Force bombardiert[4]. (Hutzel S.34)

1 Bundesarchiv: Bescheinigung von Professor Dr. Gerlach auf Briefkopf des Reichs-Luftfahrt-Ministers, vom ....
2 H. Geller: private CD-Sammlung, Ausgabe;
3 H. Hutzel: „Ummendorf": Seite 38.
4 H. Hutzel: ebd.: Seite 39.

Am 22. Februar 1945 in Ochsenhausen auf dem Bahnhofsplatz wurden bei einem Tieffliegerangriff fünf Menschen und etwa 40 Stück Vieh getötet. (Hutzel S. 42).[1] Ob auch Ochsen unter den Tieren waren?
Schließlich ein Lichtblick! Prof. Dr. **Meixner** kam mit „**Aa**chen und Kr**aa**chen", seinem Rucksack - seinem permanenten Begleiter (so erschien er sogar zu den Vorlesungen) - auf dem Rücken, am Samstag, **dem 17. März 1945**, ins Schloss. Meixner war jemand, den man noch gerne hereinließ. Da mußte im Handumdrehen die Prüfung anberaumt werden. Alles ging schnell.
Für Schumacher und Kettel war es plötzlich und endlich „vollbracht".[2]
Bedenkt man, dass Teile der Arbeiten lange Zeit vorher schon fertig geworden waren; war es eine **irrsinnige** Zeit des nie endenden Wartens, Verzögerungen fast ohne Ende!

Fucks hatte aber auch noch andere warten lassen: seinen NSDAP-Beitrag hatte er schon lange nicht mehr bezahlt; und so bekam er nun in Ummendorf einige Schwierigkeiten. Es gab offensichtlich dort in der bislang relativ verschont gebliebenen Gegend des „Reichsgebietes" einige Leute, die keine anderen Probleme hatten. Seine für Überweisungen zuständige Sekretärin in Aachen war bei einem Bombenangriff ums Leben gekommen[3]. So einfach war das!

Und wieder waren täglich Tiefflieger unterwegs auf Jagd nach Opfern.

Obwohl das Ende nahte; trotzdem wurde es für viele sehr, sehr bitter! Die folgenden Daten in Hutzel's Broschüre auf den Seiten 31 - 34 und 43 - 44 sind hier im Stenogrammstil zusammengefasst:

Am 31.3.45 brach in der Nähe bei Eichbühl ein viermotoriger Bomber B17 in der Luft auseinander.
Am 2.4. musste bei Aßmannshardt eine Spitfire notlanden. Gleichzeitig kamen beim Jagdbomberangriff auf einen Lazarettzug bei Biberach 13 Verwundete ums Leben. Am 12.4. 10,16 Uhr wurde Biberach bombardiert, 55 Tote.[4]

---

1 H. Hutzel: ebd.: Seite 48 .
2 G. Schumacher: H. Geller; private Aufzeichnungen von Besuchen bei Schumacher im Jahre 2001.
3 Bundesarchiv: Fucks, RFR-Kartei, PK-Vorgang vom 15.02.44 bis 3.3.45; Fucks war in „Immendorf" statt in „Ummendorf"gemeldet.
4 H. Hutzel; „Ummendorf", Seite 42, 3. bis 5. Absatz.

Die Frage, wann die Aachener Gruppe in **Ummendorf** Angriffsziel sein würde, verbreitete Zittern und Angst. Aber eigenartig, **es blieb dort ruhig**! Warum bloß? Gab es vielleicht Gründe, die Aachener vor Unheil zu bewahren? Rundherum ging das sinnlose Sterben weiter:

Am 14.4.45 tötete ein Tieflieger im Weiler Burren ein Mädchen! Zwei Personen starben beim Beschuss eines Güterzuges in Schweinshausen.[1]
Am 15.4. hantierten 5 Buben in Oberessendorf an einem Blindgänger und kamen ums Leben.
Am 16.4. wurden 11 Menschen in Großschaffhausen und am 18.4. wurden in Dettingen 19 Menschen durch Bombenangriffe getötet.

Am 20.4. griffen noch einmal 112 amerikanische, zweimotorige Bomber vom Typ Martin Marauder-(B 26) die Stadt **Memmingen** an, das gab noch einmal **300 Tote!**
Lediglich die Besatzung eines abgeschossenen Bombers, dessen Trümmer in Appendorf das Gasthaus „zur Krone“ in Brand setzte, landete in unmittelbarer Umgebung von Ummendorf![2]

Das war es bis am Sonntag, den **22. April 1945**, endlose Kolonnen deutscher Wehrmachtsfahrzeuge donnernd und grollend Richtung Allgäu flohen und am 23. April morgens die Menge der fliehenden Truppenteile sich drastig erhöhte.[3] Das war ein Tag an dem Dünkirchen mit letzten Kräften gegen die englischen Truppen erbittert verteidigt wurde und an dem der Vater unseres Dr. Dieter Rein noch fallen musste.

Herr Schumacher berichtete mir, dass in Ummendorf alle Unterlagen vor dem Einzug der französischen Truppen verbrannt worden wären und ergänzte:
Er wäre zu Beginn des Krieges beim Einmarsch der deutschen Truppen nach Frankreich und Belgien bei der Erstürmung eines Forts dabeigewesen, das der (über-)mutige Kommandeur seiner Mannschaft allen voran im Handstreich hätte einnehmen wollen:
Etwas später dann habe er ihn, von einer Kugel tödlich getroffen, vor dem Bollwerk liegen sehen, seine Pistole noch in der Hand.
Er habe sie als Andenken an seinen Vorgesetzten an sich genommen und

1 H. Hutzel: ebd.: Seite 44, 3.Absatz.
2 H. Hutzel: „Ummendorf“ , Seite 44, 4. und 5. Absatz.
3 H. Hutzel: ebd.: Seite 44, letzter Absatz.

immer bei sich getragen, auch noch in Ummendorf. Doch jetzt wurde es Zeit, auch sie verschwinden zu lassen.
Schumacher legte sie in einen Zinkkasten, verlötete diesen höchst persönlich und vergrub ihn dann, noch bevor die Franzosen kamen, an der „Klostermauer" im Schlossgarten[1]. Fraglich bleibt, ob '**U**ntersuchungen und **M**itteilungen' dazugelegt wurden.

Abb. 70a: Die Umgebung von Ummendorf bei Biberach an der Riss, ein Teil Oberschwabens

1 G. Schumacher: H.Geller, private Anmerkungen nach einem Besuch bei Prof. Schumacher in 2002.

Und dann überstürzte sich wieder alles. Ein LKW mit Funkgeräten blieb wegen Motorschaden vor dem Haus stehen. Eine Gesprächsbereitschaft gab's nicht mehr, sie war vorbei[1]. Jetzt herrschte echte Funkstille. Die Mannschaft floh per pedes apostelorum. Von nah und fern donnerten die Haubitzen und ratterten Maschinengewehre.

Dann die Nerven aufregende, längere **Atempause** vor einem **jeden** Ende: wie die Stille vor einem letzten Seufzer.
Um **10,30 h** trafen die französischen **Panzer** in Ummendorf ein. Sie drangen in Richtung Ringschnait weiter vor. Ihnen folgten Truppen, die den Ort durchsuchten.

Und was kommt **nach dem Ende?**

Vielleicht der *„besondere Schutz des Führers und Reichskanzlers"*, den dieser Herrn Fucks bei seiner Berufung zum a. pl. Prof. am 22.2.1938 be-reits zugesichert hatte?[2] Übrigens wurde das jedem Beamten versprochen!
Als er diesen Schutz in Ummendorf gebraucht hätte, war er nicht zu Stelle; so ein **„Führer"**!
Sehr lebendig und schmunzelnd schilderte Schumacher mir dann den Einzug der französischen Soldaten in Ummendorf:
Als die ersten Soldaten an das Schloßportal klopften, habe Professor Fucks vorsichtig und zaghaft die Türe einen Spalt geöffnet und gesagt:

„Ici c'est la Maison de Monsieur le curé!"
„Das hier, ist 'das Haus des Pfarrers'",

worauf er die Pforte wieder schloss. Fucks hatte gewissermaßen **mit der Wahrheit gelogen**; denn im Schloss war bekanntlich in der Tat das Pfarramt untergebracht, und der Pfarrer wohnte tatsächlich dort; er arbeitete mit ihm Tür an Tür. Das richtige Wort zur rechten Zeit! Oder - in größter Not die rettende Eingebung -!

---

1 H. Hutzel: „Ummendorf", Seite 45, 1.Absatz.
2 W. Fucks: ATHAC ex PA 1505, Bl.Nr. 46; Abschrift der Ernennungsurkunde zum apl.Prof. unter Berufung in das Beamtenverhältnis auf Lebenszeit, letzter Satz: ....„Zugleich sichere ich ihm meinen besonderen Schutz zu". Berlin, den 22. Februar 1938. gez.: Adolf Hitler, gez. Hermann Göring. Wahrscheinlich wurde dieses Versprechen damals auch allen in das Beamtenverhältnis berufenen Professoren gegeben. Die gleiche Zusage erhielt Fucks zur Ernennung zum ordentlichen Professor am 22.2.1941, ebd.Bl.Nr 84.

Und es ging alles Zug um Zug. Wahrscheinlich hat Fucks die allgemein bekannte Geschichte von der Besetzung Bremens durch napoleonische Truppen im Sinn gehabt: Als die Franzosen als Sieges – Trophäe den steinernen **„Roland“** vom Bremer Rathaus-Platz fort mit nach Frankreich nehmen wollten, haben die Bremer den Truppen gesagt:

‘Oh nein, den Roland könnt ihr nicht entführen, „**das ist ein Heiliger**“.’

Und da die Franzosen auch im Krieg streng katholisch und gläubig bleiben, blieb das „Haus des Pfarrers“ in Ummendorf ebenfalls vorerst unangetastet:

Hätte die zurückgebliebene Bevölkerung Aachens im Herbst 1944 doch ein gleiches Glück gehabt!

Dort hatte es nicht sein sollen.

Foto: H. Bohrer; (seine Töchterchen)

Abb.70 b: Das ‘Pfarrhaus’-Portal

Doch in Ummendorf war die erste Gefahr schnell gebannt!

Aufbruch zu neuem Leben

Mitten im Chaos von Aachen

Unser erster Weg am 8.6.1945 in Aachen war der zum Soerserweg, ein Wiedersehen mit Werner Geller, Kiki, seiner liebe Frau, und den beiden Söhnen Baltes und Matthias:

„Wir haben bis Dezember 1944 bei Euch in der Josefstraße gewohnt, weil hier in der Soers ein amerikanischer Offizier in meiner Wohnung sich einquartiert hatte. Ich habe ihn gelassen und dadurch gute Beziehungen aufrecht halten können.Euer Haus wurde somit gut behütet. Nachdem wir wieder in der Soers waren, bin ich öfter dorthin zurückgegangen, um nach dem rechten zu sehen“.

Von ihm erfuhren wir dann als erstes, was und wie in Aachen alles während unserer Abwesenheit abgelaufen war. Auch unser Nachbar Schnitzler, Josefstr.5, der sich in seinem Keller versteckt hatte, erzählte uns Einzelheiten, wie z.B. während der Häuserkämpfe ein US-Panzer von der Ecke Beeckstraße-Wespienstraße über das durch eine Luftmine am 25.5.44 entstandene Trümmerfeld der ehemaligen Präparandie[1] die Rückfront der Häuser in der Josefstraße beschoss und eine Granate ein großes Loch in unsere Treppenhausmauer riss;[2] Werner hatte die durch die Wucht der Detonation zertrümmerten Dachziegel auf dem Hauptdach während sei-ner Notunterkunft bei uns provisorisch mit neuen von der gegenüber an-sässigen Dachdeckerfirma Getz ersetzt.

Abb. 71: Frl. Elisabeth Kux[4], Pädagogin und Erzählerin, bis in ihr hohes Alter.

Frl. Hernè, **Kux**, und Pieper, waren auch in Aachen geblieben. Sie hatten die chaotischen Zustände miterlebt und uns häufig davon erzählt. Ihre Erlebnissse haben sie dann später dem **Stadtarchiv**[3] geschrieben und somit eine sehr detailierte Dokumentation, besonders über die Ereignisse im Umfeld von St. Adalbert, der Nachwelt hinterlassen.

Hans **Walbert,** der von unseren Bekannten ebenfalls in Aachen geblieben war, erzählte mir, dass die Amerikaner Flugblätter mit Granaten in die Stadt geschossen hätten[5]. Er habe eines selbst aufgehoben, das er mir zur Ablichtung überließ. Seine Familie habe sich im Keller ihres Hauses Löhergraben 17 nicht mehr sicher gefühlt und sich in den Bunker der ehemaligen NSDAP-Kreisleitung, Stephanstraße 16 - 20, dem Gebäude der früheren Augenheilanstalt für die Stadt Aachen, begeben.

1 siehe Seite 26: Fußnote 1, Präparandie Wepienstr. 35, und PA Lahaye, ATHAC ex 2808.
2 Stadtbildstelle Derselbe Panzer durchschoss auch die Schulhofwand der Grundschule St. Adalbert, die zur Wespienstraße hin liegt, heute noch im Film der Stadtbildstelle Aachen über 'die letzten Kämpfe in Aachen' zu sehen.
3 Stadtarchiv: ZAGV, Direktor Dr. Poll Nr. 63: Seite 174 Bericht von Frl. Gertrud Herné und Seite 188 Frl. Elisabeth Kux, Bekannte unserer Familie.
4 H.Geller: priv. Fotoarchiv; Frl. Kux bei H. Geller.
5 Hans Walbert: Flugblatt vom 08.10.1944, s. S. -152-; Tagebuch: Th. Jansen, Küsters: S. 111.

An die deutschen Truppen und die Bevölkerung von Aachen!

Aachen ist eingeschlossen, von amerikanischen Truppen umzingelt. Das deutsche Wehrmachtskommando kann Euch keinen Entsatz schicken.

Aachener!

Ehrenvolle Uebergabe ist das Gebot der Stunde. Wir Amerikaner führen nicht gegen die unschuldige Zivilbevölkerung Krieg. Schon gibt es viele Aachener, die in den von uns besetzten Gebieten in Frieden leben. Aber wenn der militärische Befehlshaber und die Parteiführer von weiteren Blutopfern nicht ablassen wollen, so bleibt uns nichts anderes übrig, als Eure Stadt, die schon so viel gelitten, restlos zu vernichten.

Aachener!

Die Zeit drängt. Schon stehen auf unseren Flugplätzen die Bomber bereit. Schon rollt unsere Artillerie von allen Seiten gegen Eure Stadt in Stellung. Schon warten unsere Truppen auf den Befehl zum Vormarsch.

Aachener!

Handelt – ohne Verzug! Werdet vorstellig bei den verantwortlichen Stellen, um dem sinnlosen Blutvergiessen und der völligen Zerstörung Einhalt zu gebieten. Für die Vertreter der Bürgerschaft, für jeden von Euch ist die Stunde gekommen, seine Stimme unerschrocken vernehmen zu lassen. Morgen – ist es zu spät.

Aachener!

Es gibt nur eine Wahl –

Sofortige ehrenvolle Uebergabe oder völlige Zerstörung

Aachener!

Ich habe soeben dem Kommandierenden der Truppen in und um Aachen und dem Bürgermeister oder seinem Bevollmächtigten das nachstehende Ultimatum überreichen lassen:

" Die amerikanischen Streitkräfte haben Aachen jetzt völlig umzingelt. Ihnen stehen genügend Bombenflugzeuge und Artilleriestücke zur Verfügung, um die Stadt, wenn nötig, restlos zu vernichten. Die Stadt wird von uns genommen -- entweder durch sofortige bedingungslose Uebergabe oder durch rücksichtslosen Sturmangriff.

" Bedingungslose Uebergabe bedeutet die Uebergabe aller bewaffneten Einheiten, die Einstellung aller und jeglicher feindseligen Handlungen, die Entfernung aller Minen und vorbereiteten Explosivkörper. Es ist nicht unsere Absicht, uns an der Zivilbevölkerung zu vergreifen oder unnötig Menschenleben zu opfern. Sollte aber die Stadt sich nicht sofort bedingungslos ergeben, so werden die amerikanischen Land- und Luftstreitkräfte sie durch rücksichtslose Bomben- und Artillerieangriffe zur Unterwerfung zwingen.

" Kurz: es gibt keinen " Mittelweg ". Entweder Sie übergeben die Stadt mit Ihrem jetzigen Bestande bedingungslos und vermeiden dadurch den sinnlosen Verlust an deutschem Leben und Eigentum, oder Sie weigern sich und sehen der völligen Vernichtung entgegen. Die Wahl und die Verantwortung liegen bei Ihnen.

" Ihre Antwort ist innerhalb 24 Stunden an dem Platz zu überreichen, der von dem Ueberbringer dieses Dokuments bezeichnet wird "

DER BEFEHLSHABER
DER AMERIKANISCHEN ARMEE

Abb. 72: Das Flugblatt vom 08.10.1944 mit dem Ultimatum an die Verteidiger Aachens zur ehrenvolle Übergabe und Aufruf der Amerikaner an die Bevölkerung.

Werner Geller berichtete, dass nach Ablauf des Ultimatums zur kampflosen Übergabe der Stadt die Amerikaner nochmal aus allen Rohren geschossen und dabei Gott sei dank die TH aber nur am Westbahnhof getroffen hätten. Seit dem Ablauf des Ultimatums habe sich dann alles überstürzt.

Abb. 73 a: Ein Teil des Instituts für Eisenhüttenkunde Turmstraße - Intze - Straße nach Ablauf des Ultimatums[1].

In den Tagen dannach war nämlich dann die Innenstadt von amerikanischen Truppen schnell erreicht. Ganz rechts im Bild das ausgebrannte Kaufhaus **Philipp Leisten**.

Seine Frau vor dem **KZ** zu schützen, warf er in die **WHW - Büchse** stets dicke Reichsmarkscheine, was ich unserem Lehrer mitteilen sollte!

Gleiches berichteten andere Kameraden, die wegen Leistens Großzügigkeit sogar öfters mit ihren Sammelbüchsen vorbeigingen. Der Arme! Nichts hat's genutzt;

Abb.73 b: Die untere Adalbertstraße, übersät von Trümmern[2].

1 Stadtarchiv: Neg.-Nr. 68/5, die Verwendung dieses Bildes in meiner 'Geschichte' genehmigt, Schreiben vom 20.05 2003, gez. Dietzel, Fotograph unbekannt.Vermutl. Krückels.

2 Stadtarchiv: Neg.-Nr. T745/50; Copieright-Credit: Stars & Stripes, Juni 2004. Frau Schäfer.

Frau und Geschäft trotz WHW[1] verloren; doch auch für ihn musste gelten: „Neues Leben blüht .... “! Das galt ebenso für die Trümmer von St. Adalbert, nach dem Dom die zweitälteste Kirche Aachens.

Durch das TH-Viertel stießen die Amerikaner ohne besonderen Widerstand bis zum Pontwall vor. Deshalb blieb der TH-Kernbereich relativ verschont und mit ihm auch die Gebäude der Physik und Elektrotechnik Die Bibliothek der Physik war schon 1943 nach einem Erlaß in den ziemlich bombensicheren Keller des Instituts geschafft worden, in den deswegen auch Teile der Zentralbibliothek ausgelagert wurden, bis in der Wüllnerstraße selbst für diese ein sicherer Ort zurecht gemacht worden war. So überstand auch die Physikliteratur im Keller der Schinkelstraße das Chaos.

Abb. 74: TH-Kernbereich, von einem amerikanischen Aufklärer aus gesehen am 12.09.1944[2]

1 Chronikverlag;1934: Bedenkt man, dass nach den Statuten dieses Hilfswerkes nur bedürftige Menschen unterstützt werden durften, wenn sie zu **„rassistisch wertvollen, erbgesunden Familien“** gehörten, erkennt man, in welcher Verzweiflung Philipp Leisten spendete.

2 H. Geller: Priv. Fotoarchiv, Nr: (US 33/512)12. Sept 44 (F 24) // 67 T/ RGP 1720B Detailvergrößerung entstammt dem Filmmaterial des Kampfmittelräumdienstes der Bezirksregierung Köln, Abtlg AC, als die US Airforce-Aufnahmen nicht mehr „Geheim“ waren. Fotograph unbekannt.

Die Aufnahme zeigt den am 19.10.44 bereits „befreiten" Komplex der TH. Die Zerstörungen am Hauptgebäude und den Instituten an der Ecke Wüllnerstraße-Templergraben, z.B am Chemischen Institut stammen bekanntlich noch aus der „alten" Zeit der Luftangriffe. Ebenfalls die beiden Trichter der Bomben auf der Wiese vor den Gebäuden der Elektrotechnik und Physik, die die o.g. Glas- und Türschäden im Physikalischen Institut am 14.7.1943 verursacht hatten.
Bereits am **19.10.1944** war **Oberst Wilck,** wie er seinem Vorgesetzten kabelte, mit dem Rest der Mannschaft auf engstem Raum um den Lousberg zusammengedrängt.[1]
In der Rolandstraße, parallel zur Krefelderstraße, baute sich noch am 30. 09.44 sein Vorgänger, **Oberstleutnant Leyherr**, seinen Gefechtsstand[2], den er eine Woche später in den Quellenhof verlegen musste und amerikanische Geschützbatterien sukzessive nachrückten.

Vieles von all dem und was uns Werner Geller über die letzten Kampftage um Aachen erzählte, hat auch z. T. Küsters als freier Mitarbeiter der AN beschrieben und im Stadtarchiv dokumentiert oder ist von Journalisten und anderen in Zeitungen z. B. in der AVZ im Laufe der Jahre veröffentlicht worden.
Was aber in Gellers unmittelbare Nachbarschaft passierte, ist bisher unbekannt. Die Familie des Gärtners **Weyermann** verlor zu Kriegsende innerhalb kurzer Zeit **vier** Angehörige. Drei Tote dokumentiert allein der Grabstein vom ehemaligen **Friedhof des Klosters St. Raphael** (incl. des 1945 gefallenen Sohnes Fritz).
Frau Aene Weyermann brach in der Thomashofstraße am 17.9.1944 von Granatsplittern getroffen tödlich zusammen.
Am 8.10.44 wurde Herr E. Schönbrod von den Splittern einer Granate auf der zum Garten gelegenen Kellertreppe des Hauses **Wiebecke,** unweit von Gellers Wohnung, getötet. Das geschah, weil es im Keller kein Licht mehr gab, als Herr Schönbrod zum Lesen eines Buches in der Kartenellertreppe stand.
Kurz darauf trafen ebenfalls **im** Keller Wiebecke wieder Granatsplitter die Oma Weyermann tödlich.

Aufnahme: H.Geller, priv. Photoarchiv
Abb.75a: Der Grabstein von W. Gellers Nachbarn

1 Küsters: „Heute vor 50 Jahren": Seite 36, 19. Oktober 1944, 1. Abs.
2 Küsters: ebd. Seite 22, 30. Sept. 1944.

Frau Schönbrod suchte nun mit ihren Kindern[1] Schutz im Nachbarkeller der Familie Schlösser und, da dieser bereits überfüllt war, schließlich nebenan im Souterainkeller von W. Geller, im Hause Rouette.

Über die Nachricht vom Tode ihres Mannes brach bei Geller ein Herr **Breuker** auf der Stelle tot zusammen. Ob des Schreckens hatte er einen Herzschlag erlitten.

Herr Breuker sollte mit dem LKW am 14. Sept. 44 im Auftrage der TH Gellers Transport nach Bielefeld durchführen. Aber er war dann zu seiner Sicherheit nicht in die Stadt zurückgekehrt, sondern bei Geller geblieben, als der LKW wieder entladen war.

Aufnah.: H.Geller; linke Haushälfte: Schlösser, rechts: Rouette/Geller

Abb.: 75 b Haus Schlösser/Rouette, vermutlich am 16.9. 1942 landete in der Soers eine Me 111 in Not, die an einem Tujabaum links vor dem Haus gestoppt wurde.

Die Familie Schönbrod brachte noch einen verwundeten Gärtnergehilfen mit einem Bollerwagen zum Sanitäts-Bunker in die Saarstraße, von wo sie, vorbei an den provisorischen Gräbern bereits verstorbener Verwundeter, auf Umwegen über den Bunker Försterstraße, einem Haus Brockartz in der Nizzaallee, über die Rütsch am 11.10. 44 zum Kloster St. Raphael zurück in die Soers kamen.

Von dort gingen sie auch zu Werner Geller, um schließlich die Beerdigung der Toten auf dem Friedhof des Klosters St. Raphael zu besorgen; denn wer bei der Kommandantur im Quellenhof eine Bestattung von Toten zu erwirken hoffte, erhielt die Antwort:

„Wir haben genug für Lebende zu tun, für Tote fehlt die Zeit".

Auf dem Friedhof St. Raphael stand lange das Grabmal des Medizinalrats Dr. med. Trees, dem Vater des Verfassers:

„Die Amis sind da"

Das erhofften Schönbrod wie Geller, und immer stärker ersehnten sie das Ende der Schlacht um Aachen.[1] Aber leider war es noch nicht so weit.

1 Karhausen: Frau Karhausen, geb. Schönbrod, bestätigte und ergänzte meine Erinnerungen, die ich noch an die Erzählungen meinesVetters hatte und die ich nun in „Erinnerungen an die letzten Kriegstage Aachen" aufzeichnete. Frau Karhausen gab mir auch hierzu ihre Genehmigung. Sie wurde im Januar 1945 bei den AN als erste Kraft eingestellt. Die Aachener Nachrichten war die 1. Zeitung im befreiten Deutschland.

Aufnahme: Fotograph unbekannt, möglicherweise Stars &Stripes. s.S.-14-.

Abb. 76: Sanitätsbunker in der Saarstraße[1], zu dem Karhausen bzw. ehemals Familie Schönbrod den verwundten Gärtner gebracht hatten.

Albert Schweitzer sagte einmal beim Anblick solcher Kreuze:

„Kriegsgräber sind die großen Prediger des Friedens".

Den Familien Schönbrod-Karhausen/Weyermann ist dies ein erschrekkendes Beispiel für die Aachener **Chaostage**, in denen die Zivilisten in den Häusern am Soerserweg gezielt von amerikanischer Artillerie beschossen wurden, während die deutschen Soldaten in Schützengräben am **Turnierplatz** und **Tivoli** ihre letzten Patronen gegen die anrückenden Sherman-Panzer regelrecht verschossen:

Den zurückgebliebenen Aachener in der Soers war es unverständlich, dass der Beschuss auf Kinder und Frauen fortgesetzt wurde, obwohl die Amis mit Aufklärungsflugzeugen sie haben herumlaufen sehen.

„Die deutsche Verteidigungslinie verläuft vom Sanitätsbunker Saarstraße am Ponttor über Kupferstraße, Campierweg, Purweiderfeld, Kloster St. Raphael, Schloß Rahe, am Wildbach in Laurensberg, Schurzelterstraße, Bahnlinie bis Westbahnhof, Turmstraße und Pontwall".[2]

---

1 Stadtarchiv: Chronos-Media Potsdam,Negativ-Nr. T 847/14, Vorne einfache Grabkreuze für die bei der Verteidigung gefallenen oder der im Sanitäts-Bunker noch behandelten dann aber an ihren Verletzungen erlegenen Soldaten oder Zivilisten Namen der Toten: 1. *Karl Tiede,* 2. .... ? 3. .... ? 4. .... ? .

2 F.J. Küsters: *„Heute vor 50 Jahren"* 18. bis 20. Okt. 1944: 19.10. S. 36 und Tageb. V. Th. Jansen ebda. Seiten 113 – 115.

Theodor **Jansen** aus der Hartmannstraße schreibt über die Nacht zum 20.10. ins Tagebuch:

„heftiges Artilleriefeuer auf den Lousberg“[1],

besonders gegen den Nordhang, da von Würselen und seit dem 18.10.44 schon von Kaisersruh her sich durch die Soers USA-Panzer[2] bewegten. Über den 20.10. berichtete er schließlich:

„Der ganze Lousberg in amerikanischer Hand“[3]

W. Geller lag also in seiner Wohnung einige Tage in der Hauptkampflinie und unter heftigem Granatenhagel bis zum 20.10.1944, einem Tag vor der Kapitulation der deutschen Verteidiger am 21.10.44, trotz allem sehnsüchtig auf die Amerikaner wartend! Von Gefahr dauernd umgeben. Das war in Ummendorf. Etwas anders.
Was machte nämlich Professor Fucks in Ummendorf an diesem Tag? Erinnern sie sich noch? Er schrieb dem RFR einen Brief mit einer Liste der von ihm an die DVL gesandten **UM.** (s.S.-113-)

Als dagegen W. Geller seine Wohnung am Soerserweg einem amerikanischen Offizier geräumt hatte, war er, wie die anderen noch in Kellerlöchern zurückgebliebenen ca. 6000 Einwohner Aachens, so ziemlich als letzter mit seiner Familie, nach der Kapitulation Aachens, nach Brand in die **Lützow-Kaserne** evakuiert worden.
Er hoffte, auch uns in Brand unter den bereits Internierten zu finden! Er fragte nach uns. Aber wir waren nicht dort. Er vermutete, daß wir, wie andere Aachener, in das benachbarte Belgien nach **Raeren**

Aufnahme: Stars & Stripes

Abb.77: Der Gang der Soldaten in die Gefangenschaft, denen Kolonnen von Zivilisten folgten.[4]

---

1 - 3 F.J. Küsters: *„Heute vor 50 Jahren“* 18. bis 20. Okt. 1944: 19.10. S. 36 und Tageb. V. Th. Jansen ebda. Seiten 113 – 115.

4 Stadtarchiv: Neg.Nr. E 292 seitens des Arxchivs steht eine Verwendung in meiner Publikation nichts entgegen, Schreiben des Stadtarchivs vom 20.05.2003, Fr. Dietzel, Fotogr. unbek. Fotocred.Stars&Stripes,US Army, Neg-Nr. 292,vgl. S.-14-; s. auch Küsters ebd.: Seite 46, 24. Oktober 1944, Bildunterschrift. Eine Zivilbevölkerungsungskolonne ins Lager Brand, der ehem. und heute so ben. „Lützow-Kaserne“.

oder **Homburg** transportiert worden waren. Im Lager hatten sich schon einige beherzte Männer aus den länger befreiten Stadtgebieten zu einem Rat" zusammengefunden, mit dem am 25. März 45 ermordeten Rechtsanwalt Franz **Oppenhoff** an der Spitze, ähnlich, wie gut einen Monat zuvor schon einmal Dr. **Kuetgens** versucht hatte, mit einer Hand voll Leuten eine Notverwaltung zu bilden.

Vom amerikanischen Stadtkommandanten Oberstleutnant **Carmichael** wurden sie schon am 31. Oktober 44 im Sourmondtmuseum vereidigt,[1] darunter der a. pl. Prof. Dr. Hans **Schwippert**, der von Raeren aus seiner „Evakuierung" zurückgekehrt, zunächst gleich wieder in die Kaserne nach Brand musste. Dann aber wurde er im neuen „Rat der Stadt" schnell zuständig für das Bauwesen. Ein Herr Hans **Schefer** (nach F. J. Küsters) oder **Schaefer** (nach W. Geller) durfte sich Polizeidirektor nennen .

Als nun Werner Geller im Lager Brand ankam und dort ruhigen Gewissens angeben konnte, daß er in der *Josefstraße* eine Wohnung habe, wurde er dorthin sofort wieder entlassen. Bereits bei seiner „Gefangennahme" in der Soers fiel er mit seinen guten Englischkenntnissen einem amerikanischen Offizier auf, wurde sofort zum Dolmetscher ernannt und als Vermittler sehr hilfreich angesehen. So kam er vorzeitig mit Familie wieder in die Stadt hinein und wurde wenig später von der Militärregierung – wenn ich mich recht entsinne - von M. Bradford zum Kustos[2] der TH ernannt. Im Hochschul- und Stadt-Archiv gibt es darüber leider kein Dokument.

An den Eingängen zu Hochschulinstituten hat W.Geller ähnliche, wie die o.g. „off limits"-Schilder der USA Militäry selbst angebracht oder von seinem kleinen Helferstab anbringen lassen[3] .

Als er November 44 ein herrenlos gewordenes Frachtgut der TH auf dem Westbahnhof inspizieren wollte, verlangte dafür die *Polizei-Verwaltung Aachen* eine Bescheinigung, *die der kommissarische Polizeidirektor (s.o.) Dr. Schäfer am 27.11.1944 Herrn Dr. Werner Geller dann auch erteilte, „um den Verbleib eines Waggons mit elektrotechnischen Geräten der Hochschule Aachen festzustellen".*[4]

1 Küsters: ebd., S. 53: 31.10.1944 OPPENHOFF wird Oberbürgermeister.
2 W. Geller: Hochschul- und Stadt-Archiv, Ernennung zum Kustos der TH, Datum nicht auffindbar.
3 Hs. d.Geschichte BN: „Off Limits"; s. Seite -19 - u. -20 -, Fußnote 2
4 W. Geller: ATHAC, ex 12017, PA Geller o.Bl.-Nr.

Im Gegenzug hat Geller seine Kompetenzeinschränkung Herrn Dr. **Schaefer** postwendend am 01.12.1944 direkt und sehr bestimmend wissen lassen:
„..um mir eine bessere Kontrolle zu ermöglichen, habe ich im Einvernehmen mit Major ***Bradford***[1] *von der Militärverwaltung festgelegt, dass die Ausweise für Zivilisten zum Betreten derHochschulgebäude von mir gegengezeichnet sein müssen. Die Militärpolizei ist hiervon unterrichtet und bittet daher bei der Ausstellung derartiger Ausweise, mir diese zur Gegenzeichnung vorlegen zu lassen und auch die deutsche Polizei davon zu unterrichten".*[2]
In der Wüllnerstraße 2, dem „Bergbaugebäude", hatte Geller schon länger eine Art Leitstelle eingerichtet und begann Schäden an den Gebäuden zu beheben:
„Da wir durchweg in den Gebäuden der Technischen Hochschule beschäftigt sind, haben wir für unser Büro, eine tägliche Sprechzeit von 11,30 bis 12,30 festgelegt und werden im übrigen durch Anschlag am Büro angeben, wo wir uns aufhalten".[2] *(Ebd.)*
Mit Geller's Genehmigung war im gleichen Gebäude die 6. Polizei-Station etabliert worden!

Man erinnere sich, dass im Keller des gleichen Gebäudes 1926-1927**,** im Elektronischen Institut von Prof. W. **Rogowski** die Dissertation von Rolf **Wideröe** 1902 - 1906 heranreifte, mit deren Prinzipien die Grundlage für eine wirksame Linearbeschleunigung von Elektronen gelegt und damit die modernen Teilchenbeschleuniger für Physik seit der 60-er Jahre ermöglicht wurde.[3] So ist gleichsam das Bergbaugebäude noch vor dem Ende des Krieges bereits 1944 wieder eine Keimzelle geworden, nämlich eine für die Erhaltung und Wiedergeburt der TH in Aachen.
Das Prinzip hat inzwischen zur Planung des größten Linearbeschleunigers der Welt vom „Internationalen interdisziplinaren Forschungszentrum DESY", Hamburg, nach Westerhorn geführt[4]: „TESLA" genannt! (s.Abb. 78 c). Prof. Dr. Manfred **Tonutti** ist mit einer Aachener Gruppe bei den Entwicklungsarbeiten innerhalb der intern.Tesla-Kollaborationen

---

1 H. Simons: **M. Bradford** holte **Dr. Rombach** am 5.5.45 aus dem Sauerland als neuen OB von Aachen anstelle des ermordeten OB Oppenhoff. In *„Zwischen den Schlagbäumen" 'W.Rombach - Ein Leben für .... '* Meyer & Meyer Verlag, Seite 91.
2 W. Geller: ATHAC, ex 12017, PA Geller, o. Bl.-.Nr.
3 D. Rein: „Kurze Geschichte der Physik an der RWTH Aachen", Shaker-Verlag, ISBN 3-8322-0549-7, Seite 18.
4 DESY: Info-Blatt des Forschungszentrum, Notkestr. 85.

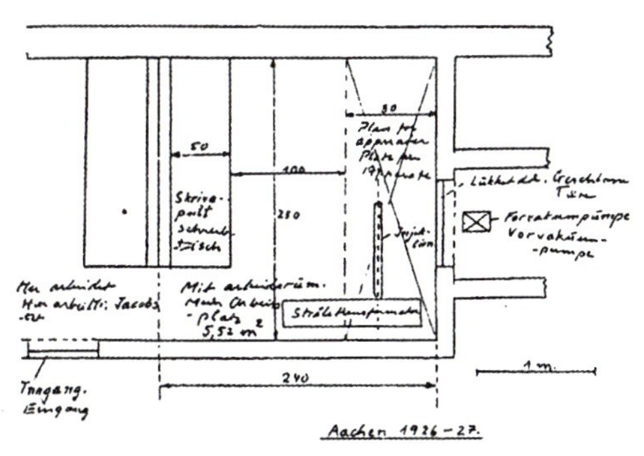

Abb. 78 a: **Wideröe's** Arbeitsplatz im Keller des heutigen Bergbaugebäudes an der Wüllnerstraße[1]

mit dabei. Bei **Ellerhoop**, etwa in der Mitte, des 40 km langen Beschleunigers sollen Elektronen mit Höchstgeschwindigkeit auf Positronen prallen, wobei aufeinanderprallende Teilchen in **reine** Energie zerstrahlen, aus der wieder neue Elementarteilchen entstehen können. (s. auch Abb. 83, Seite -114-)

Abb. 78 b: Das Prinzip des Wideröes'schen Linearbeschleunigers,[1]

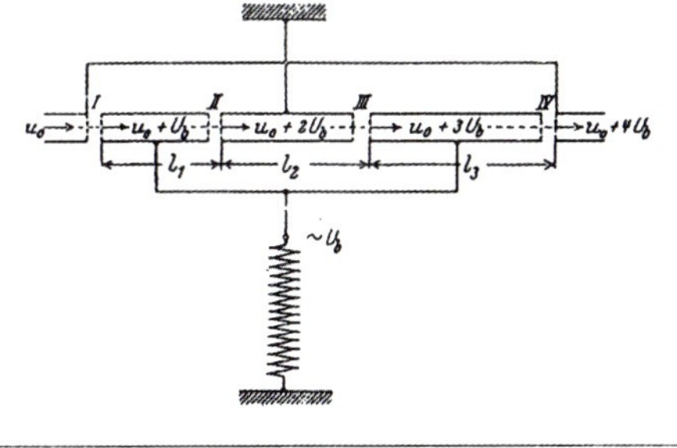

Die geladenen Teilchen (bei Wideröe waren es Kalium- und Natrium-Ionen) fliegen, von links kommend, durch eine Reihe von immer länger werdenden Metallröhren, zwischen denen eine hochfrequente Wechselspannung U_b wie gezeichnet anliegt. Im Innern der Röhren ist das Potential konstant, und die Teilchen erfahren dort keine beschleunigende Kraft. Die Beschleunigung erfolgt in den Bereichen I, II, III, ... zwischen den Röhren durch dieselbe beschleunigende Wechselspannung U_b. Damit Teilchen immer im richtigen Zeitpunkt beschleunigt werden, muss auch die Länge der hintereinander liegenden Metallröhren $\ell_1, \ell_2, \ell_3, \ldots$ gemäß der wachsenden Teilchengeschwindigkeit wie skizziert anwachsen.

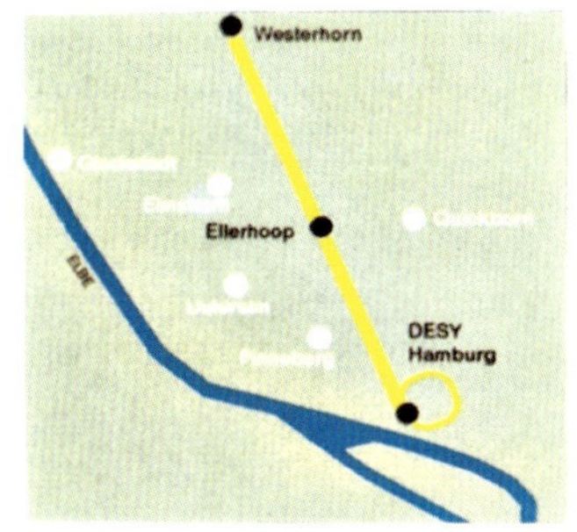

Abb. 78 c: Der TESLA Tunnel[2]

1 D. Rein: ebd. S.17 -18. -- **W. Fucks** baute bereits 1958-1961 nach gleichem Prinzip einen Plasmabeschleuniger. um das Verhalten eines vollständig ionisierten Gases zu untersuchen.

2 DESY: Ebd. **TESLA** = **T**ev-**E**nergy **S**uperconducting **L**inear **A**ccelerator, Photograph unbekannt.

Rückführung der Institute

Schwerpunkt war für W. Geller, neben Reparaturen an den Gebäuden, von Anfang an sein Postulat zur Rückführung der Hochschullehrer und ihrer Institute, die vom Bergbaugebäude ihren Anfang nahm.

Aufnahme: H. Geller

Abb.79: Eingangsseite des Bergbaugebäudes in der **Wüllnerstraße 2**[1]

Dies tat er trotz allem, auch wenn erst bei der Militärregierung in Aachen die Befugnis für jeweiligen zurückzuführenden Professors zur Aufnahme seiner Forschung und Lehre in jedem einzelnen Fall erwirkt werden musste.

Im Bergbaugebäude verfasste W.Geller sein **'Memorandum'** vom **27.5.45**, das bereits wesentliche programmatische Passagen zu Wiederaufbau der **TH in Aachen** enthielt. Aber er berichtet auch, dass er früher schon stets unmittelbar 'an die Militärregierung über Zerstörungen und Plünderungen verschiedene Einzelheiten in Berichten und Mitteilungen niedergelegt'[2] habe.

1 H. Geller: Privates Fotoarchiv.
2 W. Geller: ATHAC, ex 12017, o.Bl.Nr. Geller gibt sein Memorandum an Rombach, Schwippert sowie an Fuchs in Bonn.

Am **4.07.1945** schrieb W.Geller seinen **4.Tätigkeitsbericht** als Kustos der TH Aachen, der sich auf die Berichtszeit vom **1.5.** bis **30.6.45** erstreckt, an den Oberpräsidenten der Nord-Rheinprovinz Kulturabteilung, Gruppe 2[1]. Am 12.7.45 beantwortet er zusammen mit Herrn **Rombach,** dem Oberbürgermeister der Stadt Aachen, den Brief des Oberpräsidenten **Fuchs** vom 5. Juli 45[2].
Aus Raeren, Belgien, waren bereits im November 1944 die Professoren **Mennicken** und wie schon erwähnt Dr.-Ing. **Schwippert** aus ihrem Asyl zurück, und anschließend kam auch wieder das Eigentum der Architekturabteilung im Rahmen der ersten Instituts-Rückhol-Aktion Geller's in Aachen an.
Als weiteres Beispiel seiner Rückführungsmaßnahme (ohne dazu beauftragt gewesen zu sein), steht sein „Rundschreiben" von Ende Mai an die ausgelagerten Institute, von dem ein Exemplar mit Datum vom **5.6.45**[3] erhalten blieb: Geller hat gewissermaßen gerade die Kapitulation abgewartet, da sammelte er LkW's oder Geld, um Transporte zu organisieren. In diesem Zusammenhang ist die Firma **Stinnes**[4] zu nennen.
Am **5. Juli 1945** beauftragte endlich dann der Oberpräsident der Nord-Rheinprovinz, Dr. Fuchs, Herrn Dr.Ing. habil. W. Geller **offiziell**, die Institute weiterhin nach Aachen **zurückzuholen:**
„Unter Bezugnahme auf die mündliche Besprechung über die Technische Hochschule in Aachen ersuche ich Sie, die Rückführung der früheren Mitglieder der Hochschule, soweit sie für künftige Weiterarbeit in Frage kommen, sowie auch wegen der Rückführung *der ausgelagerten Einrichtungen der Hochschule im Benehmen mit den hierfür zuständigen englischen Stellen das Nötige zu veranlassen"* (7)[5]
Und von da an liefen dann auch die Bemühungen, mit Instanzen anderer Besatzungszonen in Verbindung zu treten, auf Hochtouren.Das galt auch für Ummendorf, für dessen zuständige Militärverwaltung er Bescheinigungen ausstellte, bei dem Rücktransport behilflich zu sein.
Besondere Anstrengungen waren für Professor **Seewald** in Sonthofen

---

1 W. Geller: ATHAC, ex 964, o.Bl.-Nr.
2 W. Geller: ebd. ex 12017, o.Bl.Nr., Schreiben Rombach und Geller vom 12.7.45 an Oberpräs. mit Anlage von Kustos W. Geller vom 4.7.45.
3 W. Geller: ATHAC, ex 12017, o. Bl.Nr. Rundschr.v. 5.6.45, das Geller an alle ausgelagerten Institute verschickte, hier an Prof. Eilender.
4 W. Geller: ebd. ex 1556, o. Bl.Nr.
5 Oberpräsident Nord-Rhein: ATHAC, ex 12017 o. Nr. , Auftrag des OP an „Kustos der TH", Doz. Dr. Ing. habil. W. Geller zur Rückführung aller ausgelagerten Institute.

notwendig. (s.Fußn.2, S.-170-). Demnach sollte im Sept./Okt. 1945 Prof. **v. Kármán** als amerikanischer Beauftragter sein Institut überprüfen[1], worauf sich die Beziehung der Franzosen zu Seewald **sofort** verbesserte. Die Rückführung der TH-Verwaltung aus Dillenburg wurde wegen der mysteriösen Ernennung des dorthin evakuierten Dozenten, **Dr. Plessow,** zum kommissarischen Rektor der TH stark behindert. Seine Einsetzung durch den alten Rektor **Ehrenberg** war wie ein letztes Aufbäumen des Nationalsozialismus nach Kriegsende[2]. Irrwitzig wollte Plessow die **TH Aachen** in **Wetzlar** erstehen lassen. Was sollte die TH Aachen **nicht** in Aachen, sondern in Wetzlar?

Für jemanden wie Geller, der schon fast 6 Monate mit den Amerikanern zusammengearbeitet hatte, wirkte das wie ein Schlag ins Gesicht, dem er bestimmt, aber mit einer angemessenen Freundlichkeit entgegentrat.

W.Geller führte die Rücktransporte nach Aachen letztlich einfach ohne Plessow durch. Bis in den Herbst 1945 hinein hat Plessow sich gegen eine Rükkehr nach Aachen und die Anerkennung der Hochschulverwaltung in Aachen gesträubt. Es hat ihm aber nichts genutzt!

Bemerkenswert ist ein Schreiben von Prof. **Piwowarsky** bzw. **Kellermann** v. Sept. 45 bzw. **21.7.45**[3] an **Plessow** als **Magnifizenz der TH,** und eine spätere Gratulation **Plessow‘s** vom 15.09.45 zur Ernennung des Rektors **Röntgen,** die deutlich erkennen lässt, dass er damit **nur** die reine Form gewahrt haben wollte.[4]

Aufnahme: Frau Christina Geller

Abb. 80: Professor Dr.-Ing. Werner Geller am 13.3.54[5]

1 Prof. F. Seewald: ATHAC, ex 91 o. Nr. , Schreiben an Rektor Röntgen vom 21. 09.1945.

2 W.Geller: ATHAC, ex 12017 o. Nr., Schreiben von Geller an Oberpräsidenten Nord-Rhein vom 1. August 1945.

3 Piwowarsky: ATHAC, ex 91 o.Nr., Kellerman wie Piwowarsky vom Chem-Techn. Inst. in Clausthal-Zellerfeld sehen Plessow als rechtmäßigen Rektor der TH Aachen in Dillenburg an.

4 G. Plessow: ATHAC, ex 59 o. Nr. , Schreiben an den **kommissarischen** Rektor der T H Aachen , Herrn Professor Röntgen.

5 W. Geller: Prof. Dr.-Ing. hab. Dir. des Inst. für Metallhüttenkunde an der Freien TH in Berlin-Charlottenburg. Die Aufnahme entstand **12 Tage** vor seinem plötzl.Tode.

Die Frage, wer hätte die Protektion der Hochschule übernommen, wenn nicht W. Geller, diese Frage stellte sich nicht.

Ab 16. Sept. 1944 war niemand anders mehr aus der Menge der Hochschullehrer mit hinreichender Qualifikation für die TH in Aachen geblieben, außer ihm. Es war seine entschiedene Haltung, die hier zum Tragen kam. Er ließ selbst die Polizei nicht ungerufen in die Hochschule.

Am Tag der Wiedereröffnung der TH, am 03.01.1946, wurde W. Geller zu ihrem Ehrenbürger der TH ernannt.

So schnell, wie die Physik nach **Ummendorf** gekommen war, kam sie leider nicht nach Aachen zurück!

Der Internierung aus Ummendorf

Meixner als erster Physik-Professor wieder zurück in Aachen

Was war der nächste Schritt in Ummendorf? Mit der französischen 'Nachhut' musste nun über die möglicherweise gefährlichen Einzelheiten irgendwie verhandelt werden. Die Vorhut hatte inzwischen ihren Offizieren stolz gemeldet, dass man im Pfarrhaus auch französisch spreche. Damit war eine Basis zum Gespräch mit den Besatzern vorbereitet.

Diese führte nichtsdestoweniger neben der Verhängung der üblichen Ausgangssperre für die Professoren sogar zum Verbot, den Kreis Biberach nicht zu verlassen. Sie waren also gewissermaßen zunächst in Ummendorf interniert. Ein Entkommen von Fucks und Sauer war ausge-

Abb.81a: Der **junge** Prof. Dr. Th.v. Kármán[1]

Abb.81b: Professor Dr.-Ing. Fucks[2], sein 'Erbe'

1 Kármán: ATHAC, Bildarchiv.
2 Fucks: Dr. Dieter Rein, Bildarchiv.

schlossen. Mit der Bahn durfte niemand fahren. Die Mitarbeiter standen nicht so sehr unter Beobachtung und konnten sich deshalb eher überlegen, wie sie wohl nach Hause kommen könnten. Herr **Schumacher** ging zu Fuß, das erste Stück über Wiesen und Felder, Frl. **Schnell** fuhr etwas später mit dem Fahrrad los, Richtung Ulm, um nur möglichst bald in die amerikanische Besatzungszone zu gelangen. Ihre Schwester Anna blieb noch beim Schloss. Nur Frau Reinartz hatte sich gleichermaßen nach Aachen aufgemacht. Irgendwo auf dieser Strecke überholte Frl. Schnell, Pinda genannt, auf einer Landstraße Schumacher auf Schusters Rappen, grüßte freundlich und fuhr ein bißchen schadenfroh weiter ihrer Wege.

Nicht lange danach traf Schumacher auf eine **Lastwagen-Militärkontrolle**. Das brachte ihn auf den Gedanken, nach geglückter Inspektion eines der Fahrzeuge, den Fahrer zu bitten, ihn ein Stück weiter des Weges zur amerikanischen Besatzungszone mitzunehmen.

Von Süddeutschland bis Kassel fuhr er als blinder Passagier meist auf Güterzügen, in Führer- oder sogenannten Bremserhäuschen, durch das Neckartal auf Waggons mit Briketts, die sie den Leuten an den Gleisen händeweise vom Zug geworfen haben.
Als er dann schließlich zu Fuß oder per Anhalter über Göttingen nach Einbeck zu seiner Frau kam, war „Pinda“ schon da. Sie hatte nämlich, da Vater Schnell bei der Bahn beschäftigt war, das Privileg gehabt, ihr Rad mit in die Züge zu nehmen!
Auf ähnliche Weise erreichte Schumacher und wenig später auch Pinda über Neuss, wo die Ufer des Rheins eine Pontonbrücke verband, wieder Aachen. Nach ca. neun Monaten traf er auch wieder mit W. Geller zusammen. Hier erfuhr er, daß Geller bereits allen Militärverwaltungen der für die ausgelagerten Professoren zuständigen örtlichen Behörden Bescheinigungen der hiesigen, englischen Militärverwaltung hatte zukommen lassen, den einzelnen Instituten bei der **Rückführung nach Aachen behilflich** zu sein[1].
Mit dieser Information und der Hoffnung, eine Rückkehr der Professoren aus der französischen Besatzungszone nach Aachen zu erwirken, fuhr Schumacher froh gelaunt nach Ummendorf zurück und kam am 2. August 1945 dort an. Was war da geschehen?

---

1 W. Geller: ATHAC, ex 91,o.Bl.-Nr., zum Rundschreiben vom 12./13. 6.1945, siehe Antwort von Prof. Dr.Ing. Seewald aus Sonthofen am 1.7.1945, 1.Satz.

***„Fucks und Sauer sind mit ihren Frauen unter Mitnahme nur geringen Gepäcks am* Samstag, den 28. Juli 1945, plötzlich verschwunden,“** schreibt Schumacher in einer Aktennotiz vom 16. August 1945 zur Lage des Physikalischen Instituts in Ummendorf und weiter:
„Nach den Umständen ist nicht an eine Entführung, sondern an eine Flucht zu denken. Weder die nahestehenden Kollegen, ***Krauß*** *in Gutenzell und Graf in Risseg, noch die engsten Mitarbeiter Dr.* ***Pösch*** *und Dr.* ***Heinz*** *vom Mathematischen Institut und* ***Dr. Kettel*** *und Dr.****Schumacher*** *vom Physikalischen Institut waren in irgendeiner Weise unterrichtet worden.“* [1]
Die weiteren detaillierten Schilderungen **Schumachers** dokumentieren die Beweggründe und die Situation der Institute in Ummendorf sehr ausführlich. Auch ein Brief von **Anna Schnell** vom 10.9.1945 hat W. Geller in Aachen über den Stand der Dinge in Ummendorf informiert[2]. Diese Notizen sind wichtige Dokumente für die **„Geschichte** der **Physik** an der**TH Aachen“**.

Auf Veranlassung von **Prof. Dr. Schardin**, dem ehemaligen Reichsbeauftragten für Ballistik, Direktor des Instituts der Luftkriegs-Akademie Berlin-Gatow, der mit seinem Institut nach Biberach ausgelagert war und dort gearbeitet hatte, erschienen *wenige Tage nach dem Einmarsch der Franzosen* ein Offizier und ein Professor aus Straßburg mit einer *Bescheinigung* zum „Institutsschutz“ *gegen Übergriffe der Truppe.*[3]
Danach kamen zuerst französische, später auch englische und amerikanische Spezialisten, die sich für die Physikarbeiten interessierten.Wie groß das Interesse war, mag man an der Inspektion erkennen, die durch Ltn. **Florio** vom fr. Luftfahrtministerium und Captain **Fayolle** von der ‘Direction d’armement’ (Waffenamt), sowie dem englischen Verbindungsoffizier in Biberach, Major **Christian** und Major **Porter** vom Londoner Waffenamt und schließlich auch durch eine Reihe unbekannter **Amerikaner**, die sogar einen ***Farbfilm***[4] *von der in Gang befindlichen Apparatur* ***drehten*****,** vorgenommen wurde.

1 G. Schumacher: ATHAC, ex 315 o. Bl.-Nr.: Aktenvermerk vom 16 8.1945, diesem sind weitere Textpassagen entnommen soweit eine neue Fußnote keinen besonderen Hinweis darauf oder auf ein anderes Dokument gibt.
2.A. Schnell: ATHAC, ex 315 o.Bl.-Nr., Brief vom 10. September 1945 an W. Geller.
3 G. Schumacher: ATHAC ex 91, o.Bl.-Nr., Aktenvermerk vom 16.8.45, ebd. Seite 1, 2.Abs. 1.Satz.
4 Bundesarchiv: Filmarchiv, Schreiben von Geller am 10.04.2003, Nachforschungen bei „Library of Congress (M/B/RS), 101 Independence Ave SE, Washington, D.C. 20540 – 4690, USA; auch mit Hilfe von **Karl Kleinen**, bisher erfolglos, siehe Geschichte der Air Documents Division T-2.

Den Mitarbeitern des ballistischen Instituts in Biberach wurde für ihre Zukunft *nahegelegt, im französischen Auftrag zu arbeiten*[1], das Inventar wurde beschlagnahmt.

Diese Aktion lief offensichtlich in der gesamten **franz.** Besatzungszone, denn am 27. Juli 45 schrieb W. Geller an Herrn Professor Seewald in Sonthofen, dass *„wir hier den Versuch gemacht haben, über die hiesige Militärregierung die Beschlagnahmung des Eigentums Ihres* (Aerodynamischen) *Instituts* ***rückgängig*** *zu machen“*[2]. Dies veranlasste Geller, nachdem *„am 22. Juni 45 durch Herrn Dipl. - Ing.* ***Bach*** *berichtet wurde, daß die Werkstätten des Instituts mit den Werkzeugmaschinen und Werkzeugen von der französischen Militärbehörde in Sonthofen beschlagnahmt worden seien und von einem Posten bewacht werde.“*[3] Um das rückgängig zu machen hat W. Geller sicherlich Kontakt mit **v. Kàrmàn** aufgenommen.

Auch gegenüber Professor Fucks wurde von den Franzosen ähnliches erwogen, was er mit Sympathiebekundungen versuchte, zu verhindern, während seine Mitarbeiter ‘gewisse Bedenken’ gegen diese Annährung von Fucks zu den Franzosen äußerten.[4] Vielleicht war sein Verhalten nur ein Täuschungsmanöver?

Inzwischen war nämlich durch die Intervention der TH Aachen bei der englischen Militärverwaltung in Biberach die Meinung unter den Aachenern nicht mehr so vorherrschend, dass die deutschen Hochschulen erst wieder in 5 Jahren eröffnet würden.
Einerseits merkte man, dass die Franzosen froh waren, die Aachener in Ummendorf in ihre Obhut zu haben, um nun das Wissen der Wissenschaftler nutzen zu können, andererseits war der Druck der anderen zwei Besatzungsmächte auf die Professoren nicht so groß, was Fucks und Sauer mehr ein Gefühl der „Freiheit“ zu garantieren schien!

1 G. Schumacher: ATHAC, ex 315, o.Bl.Nr. Seite 1, 2. Absatz, 2 Satz.
2 W. Geller: ATHAC, ex 91, o.Bl.-Nr., Brief an Professor Seewald in Sonthoven vom 27.Juli 1945, 1. und 2. Abs.
3 Oberbürgermeister: ATHAC, ex 91, o.Bl.-Nr, Brief an das engl. Mil. Gov.; Dep. 1011 für den Stadtkreis(Aachen) vom 23.6.1945 um Intervention bei der fr. Militärbehörde über die Beschlagnahmung von Eigentum des aerodyn. Instituts, Prof Seewald, Sonthofen, und damit der TH Aachen, zur Info: Brief von Rombach an Geller gegeben.
4 G.Schumacher: ebd. Seite 1, 3. Absatz, letzter Satz

Dieser Eindruck verstärkte sich, als im Juli drei Engländer, die im „Ummendorfer-Schloss" Berichte abholen wollten, von der französischen Ortskommandantur auf Anordnung des Regimentskommandeurs festgesetzt worden waren. Die Franzosen nutzten schon ihre Vorherrschaft. Den beiden Aachenern war dies ein Dorn im Auge!
Das belegt das Memorandum des Capt. Fayolle[1] vom 7.8.45 über das Inventar des Physikinstituts in Ummendorf sowie auch der Schriftwechsel **Seewald/Geller,** der besonders erwähnenswert ist[2].

„Captain Fayolle reiste etwa Anfang Juli nach Paris, um Vollmachten zum Abschluss der Verträge zu holen. Am 28. Juli war er zwar schon aus Paris zurückgekehrt, aber mit dem Ummendorfer Institut noch nicht in Verbindung getreten."

Das war **sein** Pech!

Schumacher wollte nach seiner Ankunft in Ummendorf, wie von W. Geller initiiert, sofort mit dem englischen Verbindungsoffizier in **Biberach** Fühlung aufnehmen, aber dieser war inzwischen abgereist! Über den Grund gibt es keine Information.

Die in Ummendorf verbliebenen Institutsmitarbeiter haben die Flucht der Institutsdirektoren wie folgt rekonstruiert:
Freitag, den 27. Juli, sind von Herrn Prof. Fucks einige Gepäckstücke nach Fischbach (3 km von Ummendorf)[3] gebracht und bei dem dortigen Pfarrer ohne Namensnennung untergestellt worden:

*„Samstags vormittags wurde von einer Frau der Bescheid überbracht, das Auto stände um 2 Uhr in einem Ort **bei** Fischbach bereit.. Ein Tag später erschien in Fischbach **ein amerikanisches Auto,** um die von Prof. Fucks untergestellten Sachen abzuholen"*

Von Professor Sauer ist hier nicht die Rede. Aber einem Antwortschreiben des Rektors vom 5.Sept. 45 an beide entnehmen wir, dass Fucks und

1 Capt. Fayolle: ATHAC ex 91, o.Bl.-Nr., Schreiben des fr. Ortskommandanten an TH.
2 F. Seewald: ATHAC ex 91, o.Bl.-Nr., handschriftlischer Brief von Seewald an Geller, aus dem die schwierige Lage seines Institut hervorgeht und die Antwort von Werner Geller am 11.9.45, in dem auch die Schwierigkeiten von Sauer, Fucks und Krauß geschildert sind.
3 G. Schumacher: ATHAC, ex 315, ebd., Seite 2, 2. Abs. , 2.Satz; vgl. auch Info Karte: M = 1 : 100.000 Oberschwaben, Ausschnitt Kreis Biberach

Sauer gemeinsam geflohen sein müssen[1].

Die Mitarbeiter wurden verhört, das Institut sollte versiegelt werden. Prof. Dr. **Krauß in Gutenzell** wurde ebenfalls über das Verschwinden von **Fucks** und **Sauer** erfolglos verhört. Sie nahmen alle seine dort vorhandenen Arbeitsberichte mit und verboten ihm, den Kreis Biberach auf keinen Fall zu verlassen. (vgl. S. -166- 2. Abs.)
Im Hinblick auf den Kontakt, den er zu seinen beiden Kollegen in Ummendorf jetzt doch gerne haben mochte, war Krauß seit der Flucht der beiden Kollegen auf sich alleine gestellt, musste er von da an sein Schicksal in der Fremde ganz alleine ertragen, ohne Hilfe, besonders, da ihm die

Mitwisserschaft am Verschwinden der beiden lange unterstellt wurde.[2]

Krauß muß darunter sehr gelitten haben; denn **Frl. Schnell** schreibt am 10.9.45 an Dr. Geller, gestützt auf Erfahrung über den bisherigen Einfluss der TH und der englischen Militärregierung, dass er doch **alle** Schritte für eine baldige Rückkehr des Herrn Professor Krauß und seiner Frau erwirken möge. Wörtlich sagt sie:
„vermutlich wird ein entsprechendes Schreiben der englischen Militärregierung und der Hochschule ***jetzt*** *noch Erfolg haben“* [3]
Hinter dieser ihrer Forderung nach **schnellem** Handeln steckte die Befürchtung, dass Krauß von den Franzosen interniert oder gewissermaßen als Geisel genommen werden könnte.
Nur auf Intervention **Sauer's** und **Fucks's** bei Professor **Schardin** konnte **Krauß** in der Tat erst vor Weihnachten 1945 wieder nach Aachen zurückkehren. Dazu hatten beide ihr Geheimnis über ihren Flucht-Aufenthaltsort lüften müssen, indem Sauer diesen **Herrn Schardin** zur Weitergabe an die franz. Militärregierung mitteilte.[4] Herr Fucks hat das gleiche unmittelbar an die Besatzungsbehörde geschrieben[4 ebd.].
Da Fucks und Sauer die Verhandlungen mit den Amerikanern stets ohne Hinzuziehung der Mitarbeiter geführt hatten, und *„recht abweichende*

---

1 Rektor: ATHAC, ex 315, Schreiben von Rektor Röntgen am 5. September 1945 an Professor Sauer ohne Anschrift (!) <nach Untergröningen> (?), 1. Absatz..
2 G. Schumacher: ATHAC, ex 315, ebd., Seite 2, 3. Abs., letzer Satz und 4. Abs. 8.
3 A.Schnell: ATHAC, ex 315, Schreiben von A. Schnell an Dr. Geller, Aachen TH, Seite 1, 3. Abs. Sätze 1- 4.
4 R. Sauer: ATHAC, ex 315, Schreiben von Professor Sauer an Rektor Röntgen vom 17.11. aus Karlsruhe, Hübschstr. 36/II, bei Winter, sowie Schreiben des Rektor vom 1.12.45 an Sauer, ebd. ex 315, o.Bl.-Nr., sowie vom 8.12.45 handschruftlich.

Angaben über den Gegenstand der Verhandlungen gegenüber den einzelnen Mitarbeitern gemacht wurden", vermutete Schumacher den Abschluss von persönlichen Verträgen mit den **amerikanischen Stellen**[1]. Diese Version hatte Schumacher auch bei seinem Besuch in Aachen verbreitet[2]. Aber zu diesem Zeitpunkt wusste er ja noch nichts von den Ereignissen in Ummendorf:
'Denn dort war inzwischen ein großer Teil, darunter wohl die wertvollsten Instrumente, mit den Mitarbeitern beider Institute, die bisher mit den Franzosen verhandelt hatten, in **Lörrach**'[3].

Einem Brief Sauer's vom 27.8.1945 an **Capt. Todd** vom Dep. of Mathematics Kings College, Strand, London WC 2 zufolge hat dieser **ihn** und **Fucks** kurz vor ihrer Flucht in Ummendorf besucht. Sauer bestätigt in diesem Dokument die gemeinsame Flucht mit Fucks aus Ummendorf unter Zurücklassung sämtlicher Bücher und Unterlagen, einschließlich seines Buches:

„Theoretische Einführung in die Gasdynamik"
(mit Zusätzen für die geplante Neuauflage)

sowie des Buchmanuskriptes:

„Nichtstationäre Probleme der Gasdynamik".

Da Sauer mit Todd über eine Publikation der beiden Titel in einer englischen Ausgabe gesprochen hatte, schrieb er ihm deshalb seine Anschrift, jedoch wegen der besonderen Umstände mit der Bitte

diese Adresse nur gegenüber ***amerikanischen*** *Behörden zu erwähnen.*

„Hotel zum Lamm" in Untergröningen bei Schwäbisch-Gmünd, Württemberg.
(Ab 17.11.45 Hübschstrasse 36/II bei Winter, Karlsruhe)[4].

Außerdem bittet er Todd, die ihm *bei* ***seinem*** *Besuch in Ummendorf* überlassenen Unterlagen für die beiden Bücher für einige Zeit zurückzuschicken, damit er eine Neubearbeitung beginnen kann.
Nach Sauer's o.g. Dokument ist es also eher unwahrscheinlich und bis heute nicht dokumentiert, dass Verträge mit den Amerikanern abgeschlossen wurden.

---

2 G. Schumacher: ATHAC, ex 315, ebd., Seite 2, vorletzter und letzter Absatz.
3 Rektor: ATHAC, ex 315, Schreiben von Rektor an Sauer am 5. September 1945, „Wir haben Sie schon in Amerika vermutet", 1.Abs. 3. Satz.
4 A. Schnell: ATHAC, ex 315, ihr Schreiben vom 10. Sept. an Dr. Geller, Seite 1, 2. Absatz, 2. Satz.
5 R. Sauer: ATHAC, ex 315, Schreiben von Sauer an Capt.Todd, Dept. of Mathematics. Kings College, Strand London WC2, sowie sein Schreiben vom 17.11.1945 an Rektor Röntgen, ebd. ex 315.

Im Gegenteil, **ausgerechnet** die amerikanische Besatzungsmacht enthob Sauer am 1.12.45 seines Lehramtes in Karlsruhe, zur Freude der Franzosen, die ihm ab 1.Mai 1946 als professeur agégé am Labortoirre d'Etudes Ballistiques in Weil am Rhein bzw. St Louis im Elsaß unter Schardin Arbeitsmöglichkeit gewährten. Sauer trägt in den zwei Jahren seines dortigen Wirkens immens zum Ruf dieses Institutes bei[1]. Was die Amerikaner verwarfen, war den Franzosen der Gewinn!

Entweder ein **amerikanisches** Kommando muss die Flucht aus Ummendorf ermöglicht haben und/oder **Sauer** hat bei dem Besuch von Capt. **Todd** in Ummendorf eine Absprache mit den **Engländern** in Aachen unter Mitwirkung von W. Geller dafür getroffen. Beides wird wohl der Fall gewesen sein (s. auch S. -170-, 3. Abs.: Aussagen der Mitarbeiter über ein amerikanisches Auto!):

Denn Sauer hatte schon während des Krieges bis etwa 1944, also bis in die Zeit, in der er bereits in Ummendorf weilte, geheimen Kontakt zu **Todd;** in einer drei Punkte umfassenden Apologie zu seinem ablehnenden Verhalten gegenüber den Nationalsozialisten hat er nämlich etwa Ende 45, als ein Gutachten[2] über seinen Kontakt zu Nationalsozialisten erforderlich wurde (Das Schriftstück trägt leider kein Datum), geschrieben:
„*...3) Meine Stellung zum Nationalsozialismus ist durch die Tatsache gekennzeichnet, dass dem Kreis meiner Freunde und näheren Bekannten keiner der politisch aktiven Kollegen angehörte. Besonders enge Beziehungen verbanden mich mit meinen früheren Fachkollegen Prof. Dr. Otto Blumenthal bis über den Zeitpunkt seiner Emigration nach Holland im Sommer 1938 hinaus. Seit 1944 fehlen Nachrichten über Prof. Blumenthal.*), doch besteht die Möglichkeit mit seiner Tochter,* ***Frl. Margarete Blumenthal,*** *in London in Verbindung zu treten durch* ***Vermittlung von Prof. Todd****, Dept. Of Mathematics,Kings College,Strand London WC2,*
<*) verstorben in Theresienstadt 1944>,"[3]
mit dem er offensichtlich bis **1944** in Verbindung gestanden hat und des-

1 R. Burlirsch: Über R.Sauer 1898-1970..., in Beiträge anläßlich eines Gedenkkolloquiums 5.10. 1998, Herausgeber Friedr. L. Bauer, O 1999 by Club Informatik e.V.; S. 19, ff. (S. 50, 3. Abs. erwähnt Bauer den Wechsel von **Jordan** zu Meixner nach RWTH Aachen).
2 R. Sauer: ATHAC, ex 315, Apologie gegen mögliche Vorwürfe zu einer 'echten' Nazi – Mitgliedschaft., ausgeführt in 3 Absätzen.
3 R. Sauer: ebd. 3. Absatz wörtlich wiedergegeben.

halb auch die Möglichkeit hatte, sein Lehrbuch **während** des Krieges auf **englisch** erscheinen zu lassen, ganz zum Erstaunen der deutschen Fachwelt, so Prof. Dr. **Bauer** aus München, bzw. Roland Bulirsch[1].
Krauß erstellte Sauer Dez. 1945 ein Gutachten als Dekan der Naturwissenschaftlichen Fakultät der TH Aachen. Das war keineswegs ein „Persilschein", sondern **Krauß** sagt, dass er mit **Sauer** Herrn Professor Blumenthal schon 1933 während der Schutzhaft seines Kollegen ihn sogar im Gefängnis besucht habe[2]. Nur so ist erklärlich, dass Prof. Dr. **Todd** Herrn Professor Sauer als **nicht-echten** Nationalsozialisten sofort nach dem Krieg, als dieser noch in Ummendorf war, dort besuchte!

Weiter berichtet Frl. Schnell, dass die Intervention der englischen Militärregierung von Aachen aus bei der französischen Militärregierung in Biberach jedenfalls mit Erfolg die weitere Deportation von Sachen aus dem Schloss verhindert habe. *„Ein großer Teil, darunter wohl die wertvollsten Instrumente, sind mit den Assistenten die bisher mit den Franzosen verhandelt haben, in Lörrach".*[3]
Frl. Schnell und Herr Bohrer sind jetzt nun noch die einzigen, die die Sachen in Ummendorf verwalten bzw. bewachen, wobei sie sich für das Institut für praktische Mathematik und Meister Bohrer sich für das Physikalische Institut einsetzt (ex 315, Frl. Schnell am 10.09.45)[4].

Am 5. September 1945 bedankt sich der Rektor der TH Aachen mit dem schon o.e. Schreiben an Prof. Sauer für dessen Nachricht vom 20.8.45 und erwähnt auch ein Schreiben des Kollegen Fucks vom 27.8.45. Erst mit diesen beiden Dokumenten haben wir

„endlich eine sichere und eindeutige Auskunft über ***Ihre Erlebnisse, die ja wert sind, später einmal in einem Roman verwertet oder verfilmt zu werden,*** " erhalten, schreibt **Röntgen**[5].

---

1 R. Burlirsch: Über R.Sauer 1898-1970..., in Beiträge anläßlich eines Gedenkkolloquiums 5.10. 1998, Herausgeber Friedr. L. Bauer, O 1999 by Club Informatik e.V.; S. 19,.ff. (S. 50, 3.Abs. erwähnt Bauer den Wechsel von **Jordan** zu Meixner nach RWTH Aachen).

2 F. Krauß: ATHAC, ex 315, Vertrauliche Stellungnahme an Rektor der TH über Sauer's Tätigkeit im 3.Reich, zwecks Weitergabe an Prof. Pöschl, Rektor der TH- Karlsruhe, ff, der Sauer's Berufung nach Karlsruhe jedoch trotz allem nicht bewirkte.

3 + 4 A. Schnell: ATHAC, ex 315, Schreiben von A. Schnell an Geller, 10.9.45, Seite 1, 2.Abs. 3.Satz und (5) ebd., Seite 2, 1.Abs. 2.Satz.

5 Rektor: ATHAC, ex 315, Schreiben von Rektor Röntgen an Sauer nach Untergrönningen vom 5.9.1945, 1. Seite 2. Satz, und ff. 4.Satz. Alg.IV.

Leider sind diese Schriftstücke in den Rektorakten nicht erhalten oder sonstwo zu finden! Weiter heißt es: *„Durch Herrn Schumacher und Frl. Schnell waren wir ja in etwa unterrichtet, indessen konnten wir uns kein richtiges Bild machen,* ***unter welchen Umständen Sie Ummendorf verlassen hatten*** *und insbesondere, wo Sie sich zur Zeit aufhalten.* ***Wir haben Sie schon in Amerika vermutet.*** *“* [1]

Nach den Äußerungen Schumachers in Aachen war das auch nicht verwunderlich!

Im Gegensatz dazu ist bemerkenswert, was Rektor Röntgen am 5.9.1945 an Sauer schreibt:
„Statt dessen sind Sie, wie aus Ihren Berichten hervorgeht, gewissermaßen ***Landstreicher*** *geworden mit der Auflage, sich jeweils bei dem Ortskommandanten zu melden. Angenehm wird diese Position sicherlich nicht für Sie, Herrn Kollegen Fucks und vor allen Dingen auch für Ihre Gattinnen sein“* [2].
Röntgen hatte, *seit einer Woche den Rektorstuhl drückend,* ihm seine Rückkehr nach Aachen nahegelegt, aber seine Entscheidung durch Überlegungen über gebotene Vorsichtsmaßnahmen nicht gerade erleichtert.[3] Für Sauer spielt die Überlegung eine Rolle, ob er in Aachen bei den Engländern oder in Karlsruhe bei den Franzosen leichter wissenschaftlich weiterarbeiten könne, nachdem die Amerikaner anfingen, ihm Schwierigkeiten zu machen.[4]

W. Geller gibt in seinem Schreiben an Professor **Jenckel** in Göttingen vom 2. Aug. 45 einen Überblick über die bereits angelaufenen, vollzogenen oder zumindest vorbereiteten Rückführungen. Diesem entnehmen wir, dass auch die *„Herren Professoren* ***Krauß, Fucks*** *und* ***Sauer*** *ihre Absicht zur baldigen Rückkehr nach Aachen ausgesprochen haben“.*[5]

In der Tat, ohne dass W. Geller schon etwas Konkretes wusste, wissen

---

1 Rektor: ATHAC, ex 315, Schreiben von Rektor Röntgen an Sauer nach Untergrönnigen vom 5. 9. 1945, 1. Seite 2. Satz, und ff. 4.Satz. Alg.IV .
2 Rektor: ATHAC, ex 315, o.Bl.Nr., ebd. Fußnote 6, Rektor an Sauer, 1. Abs. letzter Satz
3 Rektor: ebd.: 2. Abs. letzter Satz ff. .
4 Rektor: ebd.: 4. und 5. Absatz, ex PA 1505, vgl. Schreiben des Rektors an Fucks, v. 5.9.45, 2. Absatz, Anlage IV; s. S. -119- .
5 W. Geller: ATHAC, ex 91, o. Bl.-Nr.:Schreiben von Geller an Prof. Dr. Jenckel, Göttingen, vom 2. August(!) 1945, 1. Seite, 2. Abs., 5.Satz.

wir, daß zu diesem Zeitpunkt zumindest Fucks schon seit vier Tagen mit seinem Zwischenstopp in Schwäbisch Gmünd Aachen ein Stück nähergekommen war!
Da der Aufbruch der beiden von Ummendorf am 28.7.45 erfolgte und Sauer **erst** am 20. Aug. an Rektor Röntgen nach Aachen schrieb, ist davon auszugehen, daß die „Ummendorfer“ sicherlich zwei bis 3 Wochen unterwegs waren, um 130 km bis nach Schwäbisch-Gmünd zurückzulegen.
Für Fucks muß ohne Zweifel bereits die **„Entscheidung für Aachen“** festgestanden haben:
W.Geller an Seewald am 2.10.45: *„Es wird Sie interessieren, dass in der Zwischenzeit die Herren Professoren Fucks und Sauer hier in Aachen erschienen sind. Professor Fucks wird demnächst endgültig hier nach Aachen zurückkehren“*[1]. **Ende Oktober** (wann genau, ist bis jetzt noch unbekannt) war **Fucks dann wieder in Aachen:** Wenn sich die Rückkehr von Fucks selbst nach Aachen schon schwierig gestaltet hatte, so war die **Rückführung der Geräte** noch komplizierter!
Angesichts der schier unüberwindlich erscheinenden Aufgabe, Transporte für all die Tonnen der auswärts befindlichen Institutsgüter zu organisieren, bat W. Geller Firmen um Spenden, die er noch von früheren Industrietätigkeiten kannte, um LKW's verfügbar zu machen.Zum Beispiel schrieb er am 12. Juli 1945 die Fahrbereitschaft der Firma **Stinnes** an für einen Rücktransport des Instituts für Chemische Technologie (Prof. Dr. Kellermann) von Buntenbock bei Clausthal - Zellerfeld nach Aachen[2].
(Man denke an die Verurteilung der heutigen Spenden-Anwerbungen!).
Derzeit fährt Stinnes-Logistic mit ihren Transportern durch ganz Europa.

Am 11.7.1945 schreibt Prof. Piwowarsky, Direktor des Giesserei-Instituts aus Clausthal-Zellerfeld, an W. Geller hocherfreut, dass der designierte dritte Mann im 3-er Ausschuss, OB Rombach, zudem **15 LKW's für die Rückführung** der evakuierten Institute ankaufen wolle[3].

---

1 W.Geller: ATHAC ,ex 91, Bl.-Nr. 144, Schreiben von Geller an Seewald in Sonthoven vom 2.10.45, 2. Absatz, 4.und 5. Satz.

2 Rektor: ATHAC, ex 91, Seite 61, Rückführung: Brief von Geller an Fa. Stinnes, Zeche Humboldt, Mülheim-Ruhr. Auch wir haben **gebettelt:**
1.) Unserer SIN-Wissenschaftler im SIN verzichteten auf Reisekosten zu Gunsten von DDR-Mitarbeiter aus Zeuthen, die am Experiment teilnahmen.
2.) Wissenschaftler des Phys. Inst. III A und Kontaktfirmen spendeten 1967/ 1968 auf ein Sonderkonto, um zusätzl. Wissenschaftler finanzieren zu können.

3 E. Piwowarsky: ATHAC, ex 91, o.Bl.-NR., Schreiben des Leiters des Giesserei-Instituts vom 11.7.45 an Dr.Geller, 3. Abs. letzter Satz.

Röntgen bietet am 5.9.45 Fucks eine LKW-Nutzung an, die zuvor für Prof. Dr. Winterhager von Aachen aus nach Gmünd organisiert worden war.[1] (Er war Geller's Kollege in der Eisenhüttenkunde) Da Winterhager mit einem anderen Auto nach Aachen zurückgekehrt war, konnten Fucks und Sauer dessen LKW jetzt benutzen, wenn sie wollten.
Dr. Ing. **W. Geller** berichtete uns Ende 1945 noch einiges, was er für die TH alles unternommen hatte. Zu Fucks erzählte er uns die schwierige Aktion mit der Entsendung eines Lkw's, den er von Aachen aus zunächst nach Gmünd und dann mit einer **amerikanischen Eskorte** nach Ummendorf geschleust habe, um dort noch Unterlagen herauszuholen:
Dies muss wohl der gleiche Lastwagen gewesen sein, den Rektor Röntgen gegenüber Professor Fucks in seinem Schreiben vom 5. September 1945 erwähnte, und den Fucks kurzer Hand für sein Institut auch in Anspruch nahm, um einige 'unbedenkliche Güter' aus Ummendorf abtransportieren zu können, wie im Juli 45 dies Seewald aus Sonthofen auch vorhatte[2]. **Hutzel** konnte sich an das **Auftauchen des Aachener Lastwagens** in Ummendorf noch heute erinnern[3].

Frau Messinger wusste noch, dass in Ummendorf ihr Vater, Herr Bohrer, im Herbst plötzlich in die Wohnung kam und rief: „wir können sofort nach Aachen, wir haben einen Lastwagen".
Er hatte im letzten Kriegsjahr in Ummendorf bei der seiner Wohnung gegenüberliegenden Schreinerei Mack eine neue Küche in Auftrag gegeben. Diese konnte jetzt mit dem LKW an einen auf dem Gleis des Bahnhofs Ummendorf wartenden Güterwagen gefahren werden. Dies geschah dann auch so. Bohrer begleitete den Transport mit der Bahn, während der LKW mit einigem Institutsinventar nur mit Hindernissen nach Aachen kam.
Zwar wäre die „Flucht" durch die amerikanische Zone glatt gelaufen, erzählt uns W.Geller, aber es hätte dann wieder am Mittelrhein bei Wechsel in die britische Zone erneut Schwierigkeiten mit den Franzosen gegeben.
Bohrer ließ seine Familie noch eine Weile in Ummendorf. Er holte sie

---

1 W. Fucks: ATHAC ex PA 1505: S.- Nr. 107:Rektor-Brief an Fucks vom 5. Sept. 1945, Dr. H. Winterhager über Frl Hedel Bertels, Obere Schmiedgasse, Gasthof zum Löwen, damals erreichbar; heute: Prof. Dr. Helmut Winterhager, Gut Steeg 24, Aachen, Tel.73254 Auch das Schreiben von Röntgen an Fucks ist auszugsweise in Anhang IV abgelichet.
2 F. Seewald: ATHAC, ex 12018, o.Bl.-Nr., Schreiben an Werner Geller vom 17.7.1945.
3 H. Hutzel: Schreiben an H. Geller vom 04.01.2001, 4. Absatz.

erst im Januar 1946 nach Aachen zurück. Frau und Kinder hatten sich inzwischen so in Ummendorf eingelebt, dass sie nur noch ungern von dort wegwollten!

Die Odyssee von Fucks aus Ummendorf nach Aachen ist im Detail noch nicht bekannt. Dagegen sind wir über die Rückkehr unseres theoretischen Physikers, Professor **Dr. Meixner**, in einer etwas glücklicheren Lage: Sein Sohn überließ mir 2 Dokumente und einige Bilder seines Vaters, mit freundlicher Genehmigung zur Verwendung:

1. Sein **Aachener Tagebuch,** das insbesondere die Zeit ab 29. August 1945 betrifft,also die Tage seiner Rückkehr nach Aachen und die erste Zeit dort.
2. Seine **Erinnerungen**: Dr. Josef Meixner 1908 - 1994, in denen er insbesondere auch die Kriegszeit stichwortartig beschreibt und damit der Nachwelt erhalten geblieben ist.

Nach den **Notizen** seines **Tagebuches** war die Rückkehr nach Aachen nicht weniger abenteuerlich, als diese Fucks und Sauer ab 29. Juli 1945 von Ummendorf allein bis Schwäbisch Gmünd erlebt haben mögen.

Meixner benutzte offene Güterwagen, Kühltransporter, watete durch Bäche oder sogar Flüsschen über die die Brücken weggesprengt waren. Er übernachtete, wenn es gar nicht anders ging, auf nacktem Boden.

Verschiedentlich war er fast ganze Tage ohne Essen oder Trinken etc...

Drei Wochen nachdem er wieder in Aachen angekommen war, schreibt er auf Seite 8 seines Tagebuches an seine liebe Frau: *„...und die Aussichten hier bleiben zu können, sind vielleicht besser als ich erwartet habe. Es ist heute nicht leicht, hier zu leben, besonders wenn man ganz alleine und nur auf sich angewiesen ist; aber ich muß vor allem Euretwegen durchstehen und vielleicht kommen nach den 7 mageren Jahren (1939-1946) vielleicht auch 7 fette Jahre,* ***vielleicht werden wir hier noch glückliche Jahre verleben.****"*

Nach einem freundlichen Empfang bei Rektor Röntgen mit wichtigsten Auskünften und Erwägungen über seine Zukunft einschließlich des so heiklen Ausfüllens des Fragebogens zur NS-Mitgliedschaft konnte Meixner die ersten drei Nächte bei Dr. Schumacher schlafen, der bereits vor einigen Wochen aus Ummendorf zurückgekommen war. Fucks war noch nicht hier. Nach fehlgeschlagenen Versuchen, ein brauchbares Quartier zu finden, entschloss sich Meixner ... , *„unabhängig von allen, im Institut zu kampieren... . Das physikalische Institut steht noch ziemlich unbeschädigt. Ein paar Artillerieeinschläge, von denen man kaum spricht, da sie neben Bombentrichtern wirklich nicht der Rede wert sind; das Dach*

ist undicht an verschiedenen Stellen, sodass es bei Regen ***auch im Hause regnet****, aber das kenne ich bereits von der TH in München her, schließlich fast alle Fensterscheiben zerbrochen, soweit sie nicht durch Luftdruck von Explosionswellen zerstört waren, waren sie wohl durch Mutwillen zerschlagen worden, ... von oben bis unten bis über die Knöchel ein Sumpf von Glasscherben, Akten, Instrumententeilen, abgeschlagenen Wasserhähnen, Brettern, ... ja sogar Wasch- und Closettbecken sind z.T. zerschlagen.*
Von den vier Stockwerken ist am besten das oberste erhalten, wohl durch eine besondere Tür abgeschlossen und als ***„off limits“*** *erklärt,*“ wie dies von W. Geller auch an anderen Instituten veranlasst worden war.

„Hier hinein wurden auch viele von den Instrumenten und Büchern geräum*t. Ein Luftschutzbett war noch aufzufinden; Wolldecken und Bettwäsche hatte ich selbst mit, ein geeignetes Zimmer im Hause fand sich auch. So hatte ich wenigstens ein dach über dem Kopf und ein Bett unter dem ...... Körper. Schreibtisch war vorhanden, ein Schrank fand sich, eine Waschschüssel, ein Eimer, einige Gläser, Glaskolben, zwei Esstöpfe, und in den letzten Tagen ein kleines elektrisches Öfchen, auf dem ich mir wenigsten Kaffee kochen kann.... . Das Wasser zum Waschen und Kochen muss ich 200 m von hier entfernt holen, was übrig bleibt muss gespart werden, damit ich in der Toilette nachspülen kann.*“
(aus Meixners **Tagebuch** S. -9- und -10-)

(aufgenommen am 1.1.1930, Fotograph unbekannt)

Abb. 81 c: **‘links Sommerfeld,** rechts **Meixner’** in Nähe der Schihütte
Das war ein Auszug aus Meixner’s **neuem Anfang 1945** in Aachen, der 1930 mit einem so trefflichen Start seines wissenschaftlichen Wirkens bei **Sommerfeld** in München begann (s. S. 8, in Meixners Erinnerungen)

und mit dessen erstklassischen Antwort auf Meixner's berichteten 'kleinen Schwierigkeit':
„ ... schauen Sie auf die imaginäre Achse ... " die Lösung zu Meixner's Dissertation über die Problematik zur *„Beugung von Elektronenwellen am Proton" brachte.* Der Zugang zum späteren Physikzentrum wurde sinniger Weise wie kann es anders sein **Sommerfeldstraße** genannt.

(Fucks' Opel-Limousine stand in den 50-er Jahren als auffällige Karosse stets neben dem Eingang zur Physik in der Schinkelstraße. Da gab es ein **Gerücht**, das unter den Studenten die Runde machte: '**Meixner** habe einige vor dem PKW stehende und staunende Studenten gefragt: *„Was unterscheidet diesen Opel von einem Teilchenbeschleuniger?"* Er habe dann die ratlosen Studenten kurz und knapp belehrt: *„Gar nichts! Beide bechleunigen kleinste physikalische Einheiten!"* Ein echter Studentenscherz; denn Fucks und Meixner verstanden sich gut!

Das Inventar in Ummendorf und in Lörrach

Entsprechend dem Schreiben des Frl. Schnell vom 10. September hat bekanntlich Herr **Bohrer** das gesamte Inventar des **Physikalischen Instituts** und sie selbst das der **Mathematik** der TH ***verwaltet und bewacht***. Im Rahmen dieser Verantwortung haben wohl beide **zusammen** das gesamte Inventar aufgelistet. Das war von W. Geller..... und der englischen Militärregierung aus Aachen allen ausgelagerten Instituten zur Auflage gemacht worden.

Für das Eigentum der Physik gibt es mehrere Listen, die gesondert aufgeführt sind[1]. Das Inventar komplett, oder wenigstens zu einem größeren Teil wieder nach Aachen zu bekommen, war äußerst schwierig. Es bedurfte wiederholter Kontakte zu Professor Schardin in St. Louis, der dann bei den Franzosen intervenierte[2].
Fucks hat sich im Nov. 1946 sogar bei den Kommandanten von Baden-Württemberg selbst eingesetzt, um alle Geräte wieder nach Aachen holen zu können. Das war am 28.4.1947. Erst dann begann wieder seine wissenschaftliche Aktivität, die unter anderem auch durch seinen Besuch eines von Sauer 1947 in St. Louis veranstalteten Symposiums belegt ist, wo er diesen und seinen dorthin emigrierten ehemaligen Assistenten Kettel besuchte:
Fucks wies z. B. nach dessen Vortrag in einer Diskussion
„noch auf andere Möglichkeiten hin, Gasentladungen für Turbulenzmessungen zu benutzen.
Wenn man die Glimmentladung mit Wechselstrom von genügend hoher Frequenz betreibt, wird die Turbulenz als Modulation auf diese Trägerfrequenz gedrückt und kann mit den in der Rundfunktechnik üblichen Verfahren wieder von der Trägerfrequenz getrennt werden. Von der unselbständigen Entladung, etwa durch radioaktive Vorionisierung, wird man eine Anwendungsmöglichkeit vor allem bei hohen Strömungsgeschwindigkeiten erwarten“[3].

---

1 Phys. Institut: ATHAC, ex 1556, 5 Listen: 1.) 26.07.1945 Anlage 4; 2.) 12.8.1945 Anlage 7; 3.) eine vom 17.9.1945!!!; dann 4.) eine vom 22.11.1946, für die Fucks eine Rücktransportgenehmigung des Militärgouvernements Baden-Baden erhalten hatte und schließlich 5.) die Liste der Geräte, die beim Rücktransport am 28.4.1947 war. **Die Liste der Anlage 8, vermutlich vom 26.7.45 ist verschwunden.**

2 W. Fucks: Brief von Fucks an Schardin. ATHAC ex 1556, o.Bl.-Nr.

3 Kettel: aus Forschungsberichten von Prof. Sauer über ein Seminar 1947 in St. Louis, Weil am Rhein.

Dies zeigt, daß Fucks sich **nicht** wie vielleicht andere Kollegen mit Themen beschäftigt hat, die mit denen seiner im Krieg betriebenen Forschung nichts mehr gemein hatten.

Zusammenfassend zu den ausgelagerten Geräten sollte hier nur folgendes festgehalten werden:

In einer zunächst handschriftlich verfaßten **Liste** für den Rektor der TH Aachen, die mit dem Aktenzeichen „-- /G." (Geller)[2] versehen zur Weitergabe an die englische Militärregierung ins Englische übersetzt wurde, aber leider kein Datum im „Entwurf" trägt, ist auf Seite 2 unten zu VII. Ziffer 6. c) erwähnt, dass die Objekte am **19. Sept. 1945**, lt. Manuskript am 9.10.45, noch dort waren. (Das betraf zwar konkret nur die Geräte in Moresnet, aber muss genauso auch für die anderen Orte gelten, da die Liste die gleiche Handschrift trägt.) Daraus ergibt sich, dass die Meldung der noch ausgelagerten TH-Geräte an die Behörde etwa ab Ende Sept. / Anfang Oktober 45 abgegeben worden sein musste.

Aus dieser Zeit stammt demnach in der Auflistung auch die Mitteilung unter

„**II. Französische** Besatzungszone;

1. Ummendorf Kreis Biberach /Riss:

Im Schloss Ummendorf befindet sich unter der Obhut von **Mechaniker Bohrer** die in Anlage 3 aufgeführten Gegenstände des Physikalischen Instituts. Weitere Geräte sind von den Franzosen beschlagnahmt und mitgenommen worden (Anlage 4). Im Pfarrhof befinden sich die in Anlage 5 aufgeführten Sachen." Und die unter

„**VI. Frankreich**;

St.Louis/Elsaß:

Vom französischen Kriegsministerium ist eine Anzahl von Geräten u. Bücher des Physikalischen Instituts und der Mathematischen Lehrstühle nach St. Louis gebracht worden (das ist Anlage 7 der o.g. Auflistung)"[2].

Ferner heißt es:

„Dr. Heinz, Dr. Kettel und Dr. Pösch, die auf deutschem Gebiet in Lörrach wohnen und in St. Louis arbeiten, sind über die in einer **Anlage 8** aufgeführten Gegenstände unterrichtet."

---

2 W. Geller: ATHAC ex 1556, handschriftlich , Seite 4, Ziffer 6 Moresnet und in der Übersetzung Seite 2, III. Belgien, Ziffer 6, Moresnet.

Dem Schreiben von Capt. Fayolle vom 12. August 45 (siehe Anhang V), liegt aber überhaupt keine Liste bei. Diese enthält **nur** die **Information**, dass Geräte nach St. Louis deportiert wurden. (Es könnte wohl die Liste in der Anlage 4 sein, die die Geräte für die franz. Schulen betreffen; jedoch der Art dieser Geräte nach zu urteilen, dürften diese mehr der Forschung gedient haben). Über *Anlage 8* liegt also kein Beleg vor, obwohl lt. obiger Mitteilung die Mitarbeiter über die *aufgeführten Gegenstände unterrichtet sind.* Dabei muss es sich ebenfalls ausschließlich um Forschungsgeräte gehandelt haben, da die Mitarbeiter mit diesen sicherlich in St. Louis haben laborieren müssen.
Außerdem wurde noch eine Liste am **22.11.1946** erstellt, die Fucks mit einem Anschreiben gleichen Datums an den Rektor gesandt hatte, zusammen mit einer Ablichtung der Genehmigung des Militär-Gouvernements Baden-Baden, das Inventar zurückführen zu dürfen. In ihr sind noch zusätzlich **fünf Gegenstände** benannt, die am **17.9.45** noch nicht aufgeführt waren.

Um etwas Klarheit zu gewinnen, musste deshalb eine Analyse von 3 der o.g. Inventarverzeichnisse, die aller Wahrscheinlichkeit nach bis auf die **verschwundene Liste 8** den gesamten nach Ummendorf ausgelagerten Bestand umfassen, erfolgen:
Das Ergebnis: In der endgültigen Liste der Rückführung steht plötzlich das **Stoßmessgerät** (neben einigen anderen, wichtigen Experimentiergeräten) das zwar unter „SS-Geheim" genannt wurde, aber über das kein Dokument bisher zu finden war.
Im Schriftverkehr zwischen **Fucks** und Prof. **Gerlach** ist die Rede von zusätzlichem Lagerraum für wertvolle Rechner-Elemente und andere **erhaltenswerte** Geräte, der in Ummendorf von den zwei Aachener Professoren ausgemacht worden seien[1]. Es wäre durchaus möglich gewesen, dass das **Stoßmessgerät** dort solange **versteckt** blieb, und möglicherweise auf der Liste 8 gestanden hat, die dann bewußt verschwinden musste, bis der Transport nach Aachen endgültig ablief und bis zu diesem Zeitpunkt sowohl dem deutschen Militär als auch den Franzosen verborgen blieb.
Oertl liefert in seiner Dissertation eine weitere Version für das Verschwinden des Gerätes bzw. das der Liste 8: das Gerät ging tatsächlich mit nach St.Louis:

1 W. Fucks/RFR: Schriftverkehr über Schaffung zusätzlichen Lagerraumes zur Unterbringung der einmalig in Deutschland vorhandenen Experimentiergeräte.

„ *...1944 erhielt* (Oertl) *von Herrn Prof. Fucks im weiteren Verfolg des Versuchsprogramms den Auftrag,die pos.Kugelkorona* (wie in UM 1470) *hinsichtlich ihrer Druckabhängigkeit zu untersuchen"...* Eine parallel dazu von Reinartz untersuchte Temperaturabhängigkeit der Entladung führte nach Abbruch ihrer Untersuchung zur Aufgabe für Oertl über: „...Untersuchung der pos. Kugelkorona in Luft hinsichtlich ihrer Abhängigkeit von der Luftdichte und Verwendbarkeit zur Messung schneller Luftdichtänderngen".[1] Auch Oertl erwähnt und/oder weiß nichts von Unterwasser-Detonationsversuchen für die Marine.Verbürgt ist nur, dass Fucks sich von der Marineforschung zurückzog und Einladungen zu Sitzungen oben genannter Arbeitsgemeinschaft versuchte durch persönliche Abwesenheit zu ignorieren.

1945 lagen Ergebnisse über Messungen im **Druckkessel** in Form einer Sammlung von Kennlinienfelder vor. Dieser war das Kernstück des Stoßmessgerätes. Mit Kriegsende wurden die entsprechende UM unterbrochen. *„1946 konnten sie dank großzügiger Unterstützung seitens Prof. Schardin in dem von ihm geleiteten Institut in ST. Louis (France) wieder aufgenommen werden"* (Vgl. auch S. -168-, Fußnote 2, aus dem Bericht von Frl. Schnell an Geller).

Da laut Anlage 7 alles Material ohne Auflistung dorthin kam, kann 1947 das Stoßmessgerät eigentlich nur von dort oder aus einem Versteck wieder nach Aachen gekommen sein; denn in Aachen erst vollendet Oertl seine Diplomarbeit. Wo das Gerät von 45 bis 47 war, bedarf noch weiterer Recherchen!

Der Buntfilm der Amerikaner könnte zur Klärung dieser und vieler anderer Fragen ebenfalls sehr aufschlussreich sein.

---

1 Dr. H. Oertl: Vgl. S. 56, Dissertation, insbesondere auch die Referenzangaben im Schrifttumverzeichnis; TH-Bibl.- Stand-Nr. SM 2546,T 1952.1.

Aufnahme H. Bohrer

Abb.81 d: Mechanikermeister **Bohrer,** dritter von rechts.

Er steht inmitten seiner Gesellen und Mechanikermeister wieder in Aachen in der alten vertrauten mechanischen Institutswerkstatt, Schinkelstraße. Es ist die erste Mechanikermannschaft, die sich gleich nach der Rückkehr aus Ummendorf in Aachen um Meister Bohrer zu **neuem Leben** in der Physik sammelte.

Schlussgedanken:

„Aus den Ruinen erhebt sich neues Leben“

Fucks hinterließ wie gesagt seinen Nachlass Herrn Professor Faissner auf dem Gebiet der experimentellen Nachweisgeräte speziell die Methoden, mit denen er die ‘spärlichen’ Untersuchungen während des Krieges und die Erkenntnisse auf dem Gebiet der Elektrotechnik als Grundlagen künftiger Physik schuf. Wenn man die Auswirkungen radioaktiver Strahlung auf seine Anemometermessungen mit einbezieht, könnte man sogar den indirekten Zusammenhang zur Verwendung seiner Ergebnisse für die heutigen Nachweisgeräte der Elementarteilchenphysik im engeren Sinne herleiten, da dies im Zusammenhang mit Strahlung in der Heinen’schen Dissertation und den UM so ausführlich beschrieben wurde.
Zusammen mit dem Ende der 40-er Jahre endlich in Aachen fest etablierten Professor Dr. phil. Dr. rer. nat. Dr. h. c. Jos. **Meixner**[1], Ordinarius für Theoretische Physik, hat **Fucks** darüber hinaus sehr vieles nach dem Kriege in Bewegung gesetzt.

Er hat für jedes Gebiet der bereits im Kriege sich abzeichnenden schnell entwickelnden verschiedenen Zweige der Physik die richtigen Persönlichkeiten gefunden. Ich nenne deshalb auch die Herrn Professoren **Heiland**, **Sander** und **Grosse** für die Festkörperphysik, **Schlögl**, **Leibfried** und **Dietze** zusätzlich für die Theoretische Physik. Für seine eigene theoretische Beratung wirkten bei **Fucks** die Professoren Dr. **Frahn** (später Kappstadt Südafrika) und Dr. H. **Jordan**, der als Theoretiker von Prof. Dr. R. **Sauer** aus München

Abb.81 e: Professor Dr. phil. Dr. rer.nat. Dr. h.c. Josef Meixner[2]

1 Meixner & Kegel: Meixners Universalität zeigt die Festschrift zum 60. Geburtstag des Staatssekr. Professor L. Brandt, in der unter vielen anderen namhaften Autorn auch Fucks „Über Turbulenz und Intermittenz in Flüssigkeiten“ zu Wort kommen lässt.

2 M. Meixner: Aus der privaten Fotosammlung der Familie Meixner, mit feundlicher Genehmigung zu Ablichtung überlassen.

zunächst zu Meixner und anschließend zu ihm kam, hier das Institut **für Plasmaphysik** aufbaute, die er später auch in der KFA - Jülich leitete, bevor er Direktor der Deut. Versuchsanstalt für **Luft- und Raumfahrt** (DVLR), Köln-Porz, wurde.

Besonders zu erwähnen ist Prof. Dr. Martin **Deutschmann**, Faissners Partner in der Elementarteilchenphysik von Anfang an. Prof. Dr. Grönig, Leiter des **Stoßwellenlabors** an der Schurzelter Mühle in Aachen, der in den 50-Jahren gewissermaßen das Erbe der im Kriege begonnenen **Stoß**forschung angetreen hat.

Eine seiner organisatorischen Aktivitäten führten Fucks über die Physik hinaus zum Bau des Auditorium Maximum und zur Gründung der Gesellschaft zur Förderung Kernphysikalischer Forschung GFKF, später Kernforschungsanlage KFA - Jülich genannt.

Abb.82: Dr. **Jordan** 1955

Die Vorderseite der **„Geschichte“** zeigt die **Physik und Elektrotechnik** in der Schinkelstraße **in Aachen** und konsequenter Weise die Rückseite dieses „**Buches**“ das **Ummendorfer Schloss**[1] als **Haus des Pfarrers** in voller Pracht. In diesen beiden Gebäuden behauptete sich Aachens Physik um der Wissenschaft willen während der Chaostage des 2. Weltkrieges und nicht etwa wegen wehr-wissenschaftlicher Forschung. Das ist nur ein Ausdruck, der als Schutzmaßnahme in die damalige Zeit passte. Fucks hat sich grundsätzlich nach dem Krieg auch nicht von seiner bisherigen Forschung entfernt, sondern hat Gasentladungsphysik höchster Qualität betrieben.

Den Gedanken an eine Vereinigung aller inzwischen im Stadtbereich verstreut untergebrachten neuen Institute in einem Neubau vererbte er an **Faissner**, der dies in hervorragender Weise verwirklichte. So soll ein bisher einmaliges Bild, ein Aquarell des Aachener Künstlers 'Wittl 94', zeigen, dass tatsächlich **„neues Leben“** aus Ruinen erblühen kann. (Abb. 85, S. -188-).

---

1 H. Hutzel: Mit freundlicher Zuschrift mit Schreiben vom 3. 2. 2003 zur Verwendung überlassen.

Aufnahme: H. Geller, Aquarell: Littl 1994

Abb. 83 a: Das Physikzentrum im TH - Neubaugebiet auf dem **geschichtsträchtigen** Boden von **Seffent - Melaten** (Melaten, früher ein den Toten geweihter Ort).
Rechts im Bild sieht man wieder einen Teil der Elektrotechnik.

Abb. 83 b: Prof. Dr. Dr. hc Helmut Faissner[1] Träger des Max-Born - Preises und des Bundes verdienstkreuzes.

Als Institutsdirektor betreute er von 142 Diplomarbeiten 48 selbst, von 75 Doktorarbeiten 59. Schließlich fertigte Faissner 291 Publikationen an, einige davon mit Kollaborationen. Zwei Bücher verfasste er, wobei das über die ***Internationale Neutrino Conference 1976***, gemeinsam mit Hans **Reithler** und Peter **Zerwas**, sein hervorragendstes Werk ist.
Bei allen wissenschaftlichen Arbeiten haben Prof. Dr. Klaus **Schultze**[2] Prof. Dr. Albrecht **Böhm** Herrn Faissner in seinem Institut von Anfang an treu und nachhaltig unterstützt, nicht nur mit der Betreuung eigener Doktor- und Diplomarbeiten.Thomas **Hebbeker**, 1983 ein Diplomand z. B bei **Prof. Böhm**, ist heute **Institutsdirektor** des Phys. Inst. III A !

---

1 H. Faissner: Private Fotosammlung, Aufnahme während der Feier zu seinem 60.Geburtstag.
2 Prof. Dr. Kl. Schultze: Verstorben 8. April 1999.

Vieles wäre noch über die Physik nach dem 2. Weltkrieg zu sagen, aber an eines möchte ich die Leser nur noch einmal erinnern, was in einem Gespräch zwischen Professor Faissner und Robert Jungk ausgedrückt ist und in Robert Jungk's Buch, „Die große Maschine“, nachzulesen ist, das geführt wurde bei einem nächtlichen Spaziergang der beiden durch das CERN-Forschungsgelände:

„Stellen wir uns doch einmal vor, unsere Zivilisation ginge in einem Atomkrieg unter und würde erst Jahrhunderte später von den Nachkommen der wenigen Überlebenden wiederentdeckt. Wofür würden sie dann wohl dieses gewaltige, auf Bruchteilen von Millimetern genaue Kreisgebilde (des CERN) *halten? Wahrscheinlich doch für eine Kultstätte. ....*
*Es wurden vor uns in den Kernen der Atome Teilchen entdeckt, und in diesen Bruchstücken finden wir nun noch kleinere Teile. Forscher mit abermals größeren und stärkeren Geräten mögen noch feinere Strukturen, noch winzigere Bausteine ausmachen. So werden wir Menschen auf mancherlei verborgenen Gebieten immer mehr Einsichten gewinnen und wohl doch nie an ein <Ende> an*kommen.

Tun wir auf diese Weise aber nicht etwas, das Menschen früherer Zeiten eben auf andere Art versuchten: Sie errichteten ihrem höheren Streben Gotteshäuser.“
Die beiden gingen ein paar Schritte weiter, ohne zu sprechen und Jungk fragte Faissner:
„Dann wäre Forschung vielleicht eine heutige Form des Gebets?“ [1]

Wenn wir eingedenk dessen das Bild auf der nächsten Seite betrachten, dann sehen wir eine heute mögliche Rekonstruktion unseres Universums nach seinem Beginn, soweit wir es begreifen können. Wir wissen leider nur immer genau, was **nachher** ist! Im Bild 83 simulieren Physiker diesen Zustand nach dem Beginn des Universums demnächst mit dem auf Seite - 161 - genannten Beschleuniger, bei dem die Splitter der frontalen Kollision eines **Elektrons** mit einem entgegenkommenden **Positron** bei Höchstgeschwindigkeiten zusammenstoßen. Ihr ging ein **Crash**, irgendeine Art Explosion wie beim „Urknall“, voraus mit einem für uns unvorstellbarem **Chaos** ohne gleichen. Es zerfallen beide, Teilchen und Antiteilchen, in **reine** Energie, aus der neue Elementarteilchen entstehen,

---

1 Robert Jungk: *„Die Große Maschine, Auf dem Weg in eine andere Welt“*, Seite 30 bis 32, Scherz Verlag, Copy. c 1966, Bern, München, Wien.

ähnlich wie dies beim Proton Antiproton Zusammenstoß (Vgl. S.-135- ff.) bereits für die neu entstandenen W^+ und W^- **Bosonen** erläutert wurde.

Abb. 84: Billionstel Sekunden nach dem Beginn des Universums[1].

Wie im **Urknall** entstehen aus dieser Energie spontan verschiedene Elementarteilchen, u. a. die von allen Physikern so heißgesuchten „Higgs"- oder „SUSY"-Teilchen[1].

1 DESY: *„Das TESLA-Projekt*", siehe auch Seite - 98 -, Abb. 78 c.

An das Ende dieser „Geschichte“ gehört nun ein Zitat **Sr. Magnifizenz, Professor Dr. Ing. Paul Röntgen,** in dankbarer Erinnerung an ihn, den Vorsitzenden des Dreierausschusses und ersten Rektor der TH.

Nach ihm hat die Stadt Aachen eine Straße benannt. Er beendete seine Festrede zum 75 jährigen Bestehen der RWTH Aachen bei der Wiedereröffnung der TH am 3.1.1946 mit einer von Glauben und Hoffnung getragenen **Bitte:**

„Aus den Ruinen erhebt sich ein neues Leben und in der Not wächst auch das Rettende“ [1]

Der erste Halbsatz ist uns schon einmal zu Beginn begegnet. Er erinnert an die beschwörende Handauflegung des alten Attinghausen auf das Haupt Tells Sohn Walter und verbindet damit seine feste Hoffnung, dass nun auch aus den Ruinen rings um ihn und uns herum **„neues Leben“** sich erheben möge. Er wusste wohl, dass für manchen das „neue Leben“ in und nach dem Chaos eine transzendente Dimension angenommen hatte. Dieses ist nämlich der tiefe Sinn des zweiten Halbsatzes. Er ist den ersten drei Versen Hölderlins entlehnt, dem

„Vaterländischen Gesang Patmos“ [2].

Angeblich auf Patmos schrieb der Hl. ‘Johannes’ die geheime Offenbarung. In ihr sind der Menschheit zunächst die **unerträglichen Schrecken Gottes** vorhergesagt, am Ende aber doch, auch durch **IHN,** die Errettung **aller** verheißen! So formuliert Hölderlin:

„Nah ist
Und schwer zu fassen der Gott.
Wo aber Gefahr ist, wächst das Rettende auch.“

Damit schließt sich der Kreis. Was zwischen dem Eingangs- und dem Schluß-Spruch liegt, von Ghandi bis Röntgen, **vor** und **nach** ihnen, was alles wir Menschen **in** einem **Chaos** erlitten hatten und künftig erleben werden: Für alles gibt es ein **Bitten** und **Hoffen**, das immer in irgendeiner Art weiterleben lässt, von dem Professor Dr. P. **Röntgen** offensichtlich beseelt war.

---

1 P. Röntgen: „Entscheidung für Aachen“, **Mayersche Buchhandlung**, Rede des Rektors zum 3. 1. 1946, Seite 112.

2 Hölderlin: „Vaterländische Gesänge: Patmos“, http:// www. Hoelderlin-Gesellschaft. de/texte/oden/patmos.html. Textstelle mit freundlicher Unterstützumng von Silvia Gottschalk, ehem. Archivarin in Linz, vermittelt.

Aufnahme: H. Geller. Ablichtung des Gemäldes in der Aula der RWTH Aachen

Abb. 85 : Rektor Prof. Dr. Paul Röntgen 1.7.32 - 26.1.34 **und** 23.8.45 bis zum Beginn des WS 1947

Es mußte im Kriege der Verlust der Einheit von Forschung und Lehre beklagt werden, aber auch deren Freiheit. Dabei drängt sich die Frage auf: Ist die Freiheit der Forschung ein absolut höchstes Gut? Wie steht es mit ihr, wenn sie dazu verleitet, etwas zu Forschen, was dem Menschen Unheil bringt? Dies ist letztlich die Gretchen Frage an jeden Menschen, dessen Freiheit dort endet, wo die eines anderen beginnt und ist dann insbesondere eine Frage der Moral, die Fucks 1948 im Schlusssatz seines Buches über „*Energiegewinnung aus Atomkernen*" für sich wie folgt beantwortete:

„Ob man Naturwissenschaft und Technik zutiefst bejahen oder verneinen will, ist schließlich eine Frage der persönlichen Entscheidung für eine Werteordnung. Die Entscheidung für den Bereich des Technischen und der exakten Naturwissenschaften dürfte aber in letzter Konsequenz als gleichbedeutend anzusehen sein mit einer Bejahung oder Verneinung der Existenz von Lebewesen, die eben Menschen sind".

Danksagung

Im Hochschularchiv half mir Frau **Dr. Lutz**, relevante Belege zu entdecken. Das **Archiv** der **Stadt Aachen,** Frau M. Dietzel, die **Bundesarchive Berlin,** Frau Blumberg, **Koblenz** und **Freiburg,** Dr. Fetzer, **Kornelimünster**, Frau Baldes sowie die Bibliotheken des **Deutschen Museums**, Herr Dr. H. Hilz, der **Uni Dresden** und der **DVL Porz** arrangierten sich sehr, mir alle bei ihnen vorhandenen relevanten Dokumente zu erschließen. Herr Professor Dr. Friedrich L. Bauer, **München,** überließ mir seine Gedenkschrift über Professor Dr. R. Sauer und dessen Bild. Ihnen allen und auch den anderen **sonst** in dieser Arbeit genannten **hilfreichen Stellen und Personen** sei herzlich Dank gesagt.

Ebenfalls Bibliotheksrat Dr. R. **Rappman**n sowie Dr. U. **Kalkmann,** RWTH Aachen, Hans **Hutzel**, Ummendorf, Dozent Dr. **Baumann,** Seminar für neuere Geschichte der Uni Tübingen, haben mir mit zahlreichen Hinweisen zur Seite gestanden.

Zu Dank verpflichten mich auch die Hilfen bei der Durchsicht und Korrektur meiner Manuskripte und Druckvorlagen Frau Irene **Gjodie**, Hubert **Schulz**, Herrn Reinhard **Pahlke** sowie Herrn Dr.rer.nat. D. **Rein** und Frau Dr.med. H. **Petrias**. Herrn Prof. Dr.-Ing. G. **Schumacher** verdanke ich viele Details zur Arbeit, die er mir freundlicher Weise bei meinen Besuchen in langen Gesprächen zum Besten gab.

Aufnahme: H. Geller

Abb. 86: Professor Schumacher nach einem meiner mit ihm geführten häufigen Gespräche.

Danken möchte ich aber vor allen Herrn Professor **Dr. Dr.h.c. Helmut Faissner**, der mir in über 40 Jahren sehr verbunden war und mich zu einem Ausblick auf die Physik nach dem Kriege sehr ermutigte.

Was sind Fucks' Stromschwankungsmessungen, hervorgerufen durch Herausblasen von Ladungsträgern aus dem elektrischen Feld, grundsätzlich anderes als die Stromänderungen, verursacht durch zusätzliche Ladungsträger, die durch Ionisation des Gases beim Durchgang von hochenergetischen Elementarteilchen im elektrischen Feld entstehen, wenn der Effekt auch noch so klein ist und deshalb höhere Ansprüche an die Messtechnik stellt?

Helmut Faissner, dem ich schließlich ein guter Freund werden durfte, widme ich deshalb diese Schrift.

Professor Fucks sagte einmal „nur eine große Hochschule, kann eine leistungsfähige Hochschule sein". Für dieses Ziel hat er mit all seiner Energie gearbeitet und auf dem Wege dahin auch vieles erreicht. Ihm gebührt der besondere Dank für sein Wirken.

-.-

Anhang
Beispiele von in der Arbeit zitierten Dokumente:

I. Oben: Prinzip eines Kathodenstrahl-Oszillographen
II. Unten: Röhre zur: „Zündspannungsänderung durch Bestrahlung“

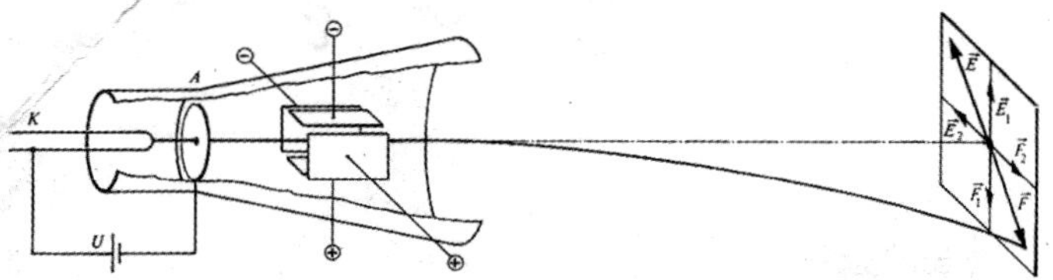

Abb. 129,1 Elektronenstrahlröhre (K = Kathode, A = Anode), Superposition der Einzelfeldstärken $\vec{E}_1$ und $\vec{E}_2$.

608 W. Fucks und G. Schumacher,

einen Durchmesser von 32 mm. Um ein homogenes Feld zu erzeugen, waren sie in der Mitte eben und an den Rändern leicht gewölbt. Die Anode war zum Durchlaß des ultravioletten Lichtes mit vielen feinen Bohrungen versehen. Ein Metallzylinder diente zur elektrostatischen Abschirmung. Fenster im Metallschirm gestatteten es, die zentrale Lage der Funkenentladung zu kontrollieren. Die ultraviolette Strahlung trat ein durch ein Quarzfenster, das mit einem Übergangsglas an die Röhre angesetzt war.

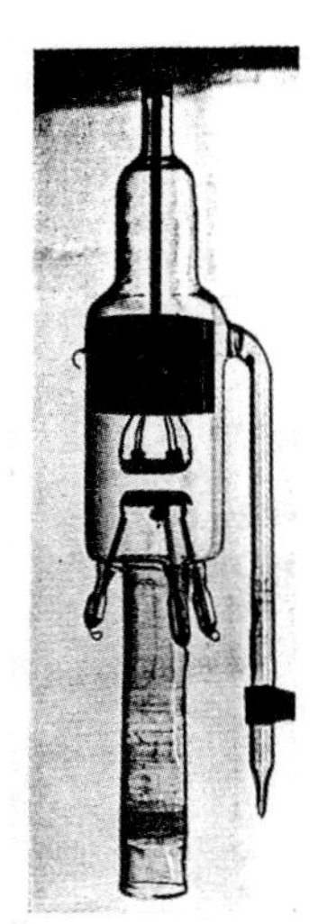

Fig. 2. Meßröhre.

Glas und Metallteile der Röhre wurden alternierend 10 Stunden im Hochvakuum ausgeheizt. Dabei wurde das Glas in einem elektrisch geheizten Ofen auf etwa 500° erwärmt, während die Abschmelzstelle kurz vor dem Füllen fast bis zum Schmelzen erhitzt wurde. Die Metallteile der Röhre wurden mittels eines leistungsfähigen Hochfrequenzsenders oftmals bis zur hellen Rotglut erhitzt.

Der für die Füllung verwendete Stickstoff wurde aus Stahlflaschen entnommen, in bekannter Weise über erhitzte Kupferspiralen geleitet und dann nach einem Verfahren von Kautsky und Thiele[1]) gereinigt. Nach Angabe der Verfasser soll nach dieser Reinigung der Gehalt an Sauerstoff weniger als 0,0007% betragen. Das Gas strömte insgesamt durch vier Kühlfallen mit flüssiger Luft, durch die auch der Quecksilberdampf der Diffusionspumpe entfernt wurde. An der Apparatur waren Gummiverbindungen vermieden, da erfahrungsgemäß vor allem Wasserstoff und Kohlendioxyd in merklichen Mengen durch Gummi diffundieren[2]). Um jegliche Verunreinigung durch die Dämpfe des Hahnfettes zu vermeiden, waren zwei der Kühlfallen hinter dem letzten Hahn angeordnet. Die ganze Apparatur....

III. Die Kathodenstrahlapparatur mit der Heinrich Lahaye seine Dissertation anlegte

Die abbildende Blende B_1 ist aus einem runden Platinstück von 10 mm Durchmesser und 2 mm Stärke konisch hergestellt. Der Durchmesser ihrer Öffnung beträgt 0,3 mm. Der Ablenkkondensator K kann mit Hilfe einer besonderen Vorrichtung optisch so einjustiert werden, daß seine Symmetrieachse genau mit der Verbindungslinie $B\,B_1$ zusammenfällt, die mit der Rohrachse identisch ist. Als Anschlag für die Photoplatte ist das Rohr bei P genau senkrecht zur Achse abgedreht.

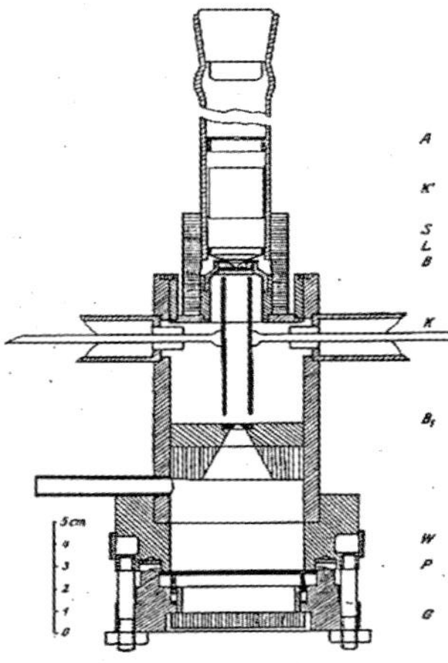

Abb. 1. Apparatskizze

Der Plattenträger wird durch kräftige Messingfedern gegen den Anschlagrand gepreßt, so daß sich die eingelegte Platte nicht mehr verschieben kann. Die Vakuumabdichtung erfolgt durch einen Gummiring. Der Blendenkörper von B_1 besteht aus Messing mit dicker Bleiauflage. Um den Raum oberhalb B_1 evakuieren zu können, ist der Blendenkörper mit einer doppelt abgeschirmten Bohrung versehen.

Der innere Querschnitt der rechteckigen Feldspulen beträgt 6,5 × 16,5 cm. Das magnetische Feld greift infolgedessen etwas über die Blende B und die Photoplatte hinaus. Die Spulen, deren Gesamtlänge 70 cm beträgt bei etwa 167 Windungen/cm, können so in einer Führung seitlich nach rechts und links verschoben werden, daß sie stets wieder genau in die gleiche Stellung gebracht werden können. Bei β-Strahlaufnahmen wird das Rohr nach dem Einsetzen des Präparats mit einer Glaskappe verschlossen, die mit einem weiten Hochvakuumschlauch S auf den oberen Ansatzstutzen geschoben wird. Als Dichtungsmaterial wird Apiezonfett verwendet, dessen Dampf-

druck bei Zimmertemperatur äußerst gering ist. Um das Rohr auch bei großen Spulenströmen und den damit verbundenen Erwärmungen auf Zimmertemperatur halten zu können, wurde die Wasserkühlung W eingebaut.

Bei Kathodenstrahlarbeiten tritt an die Stelle der Glaskappe das in der Skizze eingezeichnete Kathodenstrahlrohr. Als Kathodenmaterial wurde zuletzt hochglanzpoliertes Beryllium verwendet, um eine gut gerundete Ausbildung des Kathodenstrahlansatzpunktes zu erhalten. Dieses Material zeigte bessere Eignung als Aluminium, da es noch weniger zerstäubt als dieses und quecksilberabweisend ist. Die Anode A hat eine kleine Kreuzblende. K' ist ein Hilfskondensator, der die Ablenkung des Kathodenstrahls im oberen Glasrohr aufhebt, die durch das Streufeld der Magnetspulen hervorgerufen wird. Die darunter liegende Blende L dient als Lichtblende. Der Blendenkörper B ist mit Calciumwolframat überzogen. Auf diesem entsteht ein Bild der Kreuzblende der Anode. Bei eingeschaltetem Magnetfeld mußte das Feld des Hilfskondensators K' jeweils so eingeregelt werden, daß die Achse des abgebildeten Kreuzchens in die Blendenöffnung von B fiel.

Wie sich aus Größe und Richtung der Ablenkfelder ergibt, müssen die Elektronen bei eingeschalteten Ablenkfeldern stets unter ganz bestimmten Winkeln aus der Blende B austreten, wenn sie durch die Blende B_1 auf die Photoplatte gelangen sollen. Um Elektronen in den erforderlichen Richtungen zur Verfügung zu haben, wurde das Kathodenrohr, wie in der Skizze dargestellt ist, mit dem Hochvakuumschlauch S beweglich angeschlossen, so daß der Kathodenstrahl in die erforderlichen Neigungswinkel eingestellt werden konnte. Die hierzu konstruierte Präzisionsvorrichtung gestattet es, das Kathodenstrahlrohr in zwei zueinander senkrechten Richtungen um genau an Teilungen ablesbare Beträge zu neigen, so daß alle erforderlichen Eintrittswinkel zur Verfügung stehen. Diese spielen aber keine Rolle für irgendeine Berechnung oder Korrektion. Die einstellbare Strahlneigung ist vielmehr nur deshalb erforderlich, um überhaupt die verschieden abgelenkten Strahlen zur Platte gelangen zu lassen.

Die Drehachse der Einstellvorrichtung liegt in gleicher Höhe mit der Blende B, so daß die Strahlachse stets die Blende durchsetzt. Da die erforderlichen Neigungswinkel bei den einzelnen Aufnahmen je nach Beschaffenheit des Vakuumschlauches S etwas variierten, wurde an Stelle der Photoplatte bei allen orientierenden Versuchen ein Calciumwolframatglasschirm eingesetzt, auf welchem der Kathodenstrahl durch die in das Verschlußstück eingekittete Glasplatte G beobachtet werden konnte.

IV. Das Schriftenverzeichnis zur letzten UM 1470 aus Ummendorf enthält neben der Angabe der vorhergehenden UM auch die so wichtigen Angaben über die Publikationen von Th. v. Karman als auch u.a. über die von Professor L. Hopf, dem 1933 ebenfalls in die Wüste geschickten Aachener Physiker, sowie von L. Prandtl!

Schrifttum:

1.) Th. v. Karman: Ueber den Mechanismus des Widerstandes, den ein bewegter Körper in einer Flüssigkeit erfährt, Gött. Nachr. 1911 und 1912.

Th. v. Karman und H. Rubach: Physikalische Zeitschr. 13, 49, 1912.

L. Prandtl: Führer durch die Strömungslehre, Seite 166 ff., Verlag J. Springer, Berlin 1935.

Handbuch der Experimentalphysik, Band IV, Teil 1, Hydro- und Aerodynamik, Seite 155 ff., Akademische Verlagsgesellschaft Leipzig.

Handbuch der Physik, Band VII, Mechanik der flüssigen und gasförmigen Körper, Seite 81 ff., Verlag J. Springer, Berlin 1927.

Fuchs-Hopf-Seewald: Aerodynamik, Band II, Theorie der Luftkräfte, Verlag J. Springer, Berlin 1935.

F. W. Durand: Aerodynamic Theorie, Band II, Seite 342 ff., Verl. J. Springer, Berlin 1935.

2.) Vgl. Handbuch der Experimentalphysik, Band IV, Teil 1, Hydro- und Aerodynamik, Seite 166 ff. Akademische Verlagsgesellschaft, Leipzig.

3.) W. Fucks: Ueber die Eignung der Vorstromentladung zur Messung der Strömungsgeschwindigkeit von Gasen (Vorstromanemometer), Deutsche Luftfahrtforschung U.u.M. Nr. 1202.

Theorie der Schwankungsempfindlichkeit des Vorstromanemometers, der DVL zugeleitet am 1.7.1943.

Untersuchung der Betriebseigenschaften des Vorstromanemometers, Deutsche Luftfahrtforschung U.u.M. Nr. 1203.

Aufzeichnung turbulenter Strömungen mit einem Vorstromanemometer, der DVL zugeleitet am 28.10.1943.

Ueber die stille Vorentladung in Luft bei Atmosphärendruck und ihre anemometrische Verwendung, Deutsche Luftfahrtforschung U.u.M. Nr. 1205.

Vorstromanemometer mit radioaktiver Vorjonisierung, Deutsche Luftfahrtforschung U.u.M. Nr. 1299.

Weitere Aufzeichnungen turbulenter Strömungsvorgänge mit dem Vorstromanemometer, Deutsche Luftfahrtforschung U.u.M. Nr. 1230.

Ueber die Abhängigkeit des dunklen Vorstroms von Schwankungen der Entladungsparameter, erscheint in den Marineforschungsberichten.

Ueber Turbulenzmessungen mit dem Vorstromanemometer, erscheint in Deutsche Luftfahrtforschung U.u.M.

W. Fucks und F. Kettel: Physikalische Vorgänge in Townsend- und Koronaentladungen beim Anblasen mit turbulenten Luftströmungen, erscheint in Deutsche Luftfahrtforschung U.u.M.

V. Schreiben des Rektors Prof. Dr. Röntgen an Prof. Dr. W. Fucks nach der Flucht zusammen mit seinem Kollegen Prof. Dr. Sauer aus Ummendorf nebst ihren Gattinnen in die amerikanische Besatzungszone

ex 315 — 44 —

Technische Hochschule
A a c h e n

G.

Aachen, den 5. September 1945

107

Lieber Herr Kollege Fucks !

Ihren Bericht vom 27. vorigen Monats habe ich richtig erhalten; am gleichen Tage erhielt ich auch ein Schreiben von Herrn Kollegen Sauer und aus Ihren beiden Berichten haben wir uns wenigstens jetzt einmal ein Bild über Ihre Erlebnisse dort unten machen können, nachdem wir aus den Erzählungen von Herrn Dr. Schumacher und Fräulein Schnell nur ein recht unklares Bild erhalten konnten. Wie ich schon Herrn Sauer geschrieben habe, hatte ich beabsichtigt, demnächst wieder nach Gmünd zu fahren. Infolge der Arbeitsanhäufung hier in Aachen wird mir das leider jedoch nicht möglich sein. Ich bedauere das ausserordentlich, weil es mich natürlich sehr interessiert hätte, Sie und Herrn Sauer persönlich zu sprechen. Aus Ihrem Schreiben ersehe ich, dass Sie recht bald nach Aachen kommen wollen. Der Lastwagen, der Herrn Dr. Winterhager nach Gmünd gefahren hatte, ist noch in der Nähe von Gmünd in Reparatur und Dr. Winterhager ist mit einem anderen Auto zurückgekommen. Nach der Reparatur wird der Wagen wieder nach Aachen zurückfahren. Wenn das der Fall sein wird, lässt sich von hier aus nicht beurteilen und Dr. Winterhager könnte hierüber auch keine Auskunft geben. Ich nehme an, dass er noch im Laufe dieses Monats seine Rückfahrt antreten wird und Sie würden dann die Möglichkeit haben, zugleich mit Herrn Sauer und Ihren Gattinnen nach Aachen zu fahren. Bezüglich des Termins und des Abreiseortes setzen Sie sich am besten mit der Braut von Herrn Dr. Winterhager, Fräulein Hedel Bertels, wohnhaft in Schwäbisch-Gmünd, Obere Schmiedgasse, Gasthof zum Löwen, in Verbindung.

Gewisse Bedenken hatte ich in dem Schreiben vom heutigen Tage an Herrn Sauer zum Ausdruck gebracht. Wieweit sie begründet sind oder nicht, lässt sich natürlich schwer beurteilen, und die Entscheidung wird ja davon abhängen, wie sich die englische Militärregierung Nord-Rheinprovinz zur Hochschule stellen wird und wieweit sie die Hochschulangehörigen decken will und zu decken vermag.

Ich nehme an, dass Sie sich mit Herrn Sauer in Verbindung setzen werden und hoffe, Sie recht bald in Aachen begrüssen zu können, falls Sie glauben, dass hier Ihre Sicherheit nicht gefährdeter sein würde als an dem jetzigen Wohnort. Bitte teilen Sie auch Herrn Sauer meine vorstehenden Angaben bezüglich einer Möglichkeit der Rückreise mit.

Mit freundschaftlicher Begrüssung und mit der Bitte um beste Empfehlung an Ihre Gattin

I h r

[Unterschrift]

Prof. Fucks

VI. Nachricht über den Abtransport von wissenschaftlichem Gerät durch die Franzosen.

ex 1556

Technische Hochschule
Aachen

Anlage 7

Ministère de la Guerre
Laboratoire central
de
l'Armement

Beberach, le 12 aout 1945

Le matérial des Professeurs Fucks et Sauer entreposé à Ummendorf a été saisi et transporté en France par la Direction des Fabrications d'Armement représenté par le capitaine Fayolle.

Le capitaine Fayolle chargé
de l'enlèvement
signé Fayolle

VI. Der Szintillations-Kristall vor dem Photovervielfacher S.E.V.

(Photomultiplayer, PM) der auch bei schwacher Röntgenstrahlung (Gamma-Strahlung) einen Lichtblitz liefert, der im Szintillationsmaterial verstärkt über den PM ein elektrisches Signal sendet.

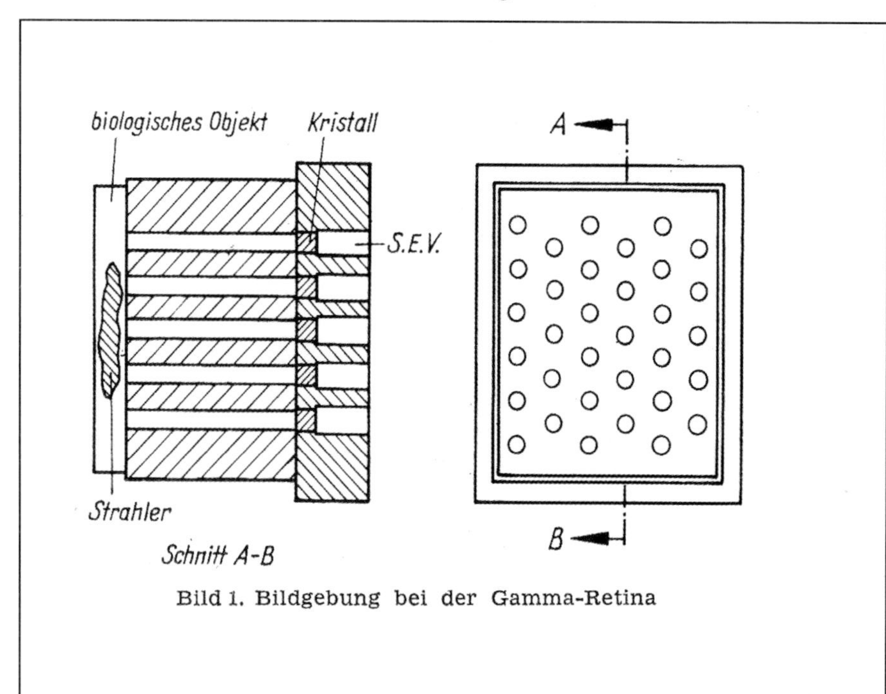

Bild 1. Bildgebung bei der Gamma-Retina

VIII. Die Arbeiten von Prof. Dr. Jos. Meixner während des Krieges

(Am 7.6.1946 bat Dr. Geller für Herrn Prof. Meixner zum Zurückholen seiner Arbeitsunterlagen von Hausen/Gießen, die erforderliche Zulassungskarte zur D-Zugbenutzung auszustellen. In seinem Tagebuch schreibt Meixner: *„ein guter Freund und Kollege habe ihm die Hin- und Herfahrt zwischen Aachen und seiner Familie in Hausen ermöglicht.“* Das war Geller. Von 1929-1984 veröffentlichte Meixner insgesamt 150 Arbeiten.

PROF. DR. J. MEIXNER
Institut für theoretische
Physik der Rhein.-Westf.
Technischen Hochschule
A a c h e n .

~~GIESSEN~~, Aachen, 20. Februar 1946
FRÖBELSTR. 28

An
Seine Magnifizenz den Herrn Rektor
der Rhein.-Westf. Techn. Hochschule Aachen.

Betrifft: Veröffentlichung wissenschaftlicher Forschungsarbeiten, die während der Kriegsjahre entstanden sind.

Ew. Magnifizenz!

Ich erlaube mir Ew. Magnifizenz ergebenst mitzuteilen, daß ich in den letzten Jahren eine Reihe von Forschungsarbeiten soweit zusammengestellt habe, daß sie zum Teil sofort gedruckt werden können, zum anderen Teil nur noch zusammengeschrieben werden müssen. Ihre Titel sind

1) Theorie der Beugung elektromagnetischer Wellen an der vollkommen leitenden Kreisscheibe und am vollkommen leitenden Schirm mit kreisförmiger Öffnung. (Erscheint als vorläufige Mitteilung in den "Göttinger Nachrichten").
2) Das Babinetsche Prinzip für die strengen Lösungen des elektromagnetischen Beugungsproblems bei ebenen vollkommen leitenden Schirmen.
3) Strenge mathematische Behandlung der Beugung elektromagnetischer Wellen an der vollkommen leitenden Kreisscheibe und am vollkommen leitenden ebenen Schirm mit kreisförmiger Öffnung.
4) Asymptotische Reihen für die Eigenwerte und Eigenfunktionen der Laméschen Wellengleichung des Drehellipsoids und der Mathieuschen Differentialgleichung.
5) Über gewisse Reihenentwicklungen von Produkten von Funktionen des elliptischen Zylinders.
6) Über gewisse Reihenentwicklungen von Produkten Laméscher Wellenfunktionen des Drehellipsoids.
7) Verallgemeinerung der Siegerschen Reihen für die Funktionen des elliptischen Zylinders.
8) Asymptotische Reihen für die Laméschen Wellenfunktionen des Drehellipsoids.
9) Ein Additionstheorem für Kugelfunktionen.
10) Tabellen der Laméschen Wellenfunktionen des Drehellipsoi[ds]
11) Die Schallabstrahlung der frei schwingenden Kolbenmembra[n]

Eine größere Zahl von weiteren Einzelergebnissen zu den Laméschen Wellenfunktionen des Drehellipsoids und zu den Mathieuschen Funktionen soll im Rahmen einer Monographie über diese Funktionen, deren Manuskript zu einem großen Teil schon vorliegt, veröffentlicht werden.

Ew. Magnifizenz ergebenster

J. Meixner

IX. Namensverzeichnis

X. Bildquellenverzeichnis

Agfa Gevaert, Leverkusen: 6; 48; 82
Archiv, AC - Stadt: 5 a; 76;
Archiv, RWTH AC: 17; 46; 81 a
Bauer, Prof.Dr.,München: 45
Bohrer Hubert, AC: 32; 70 b; 81 d
Brockhaus, Lexikon: 26
Bundesarchiv Berlin: 47
Bundesarch. ZNS: 33; 34
CERN, Genf: 51: 52; 64 b;70
"Das Beste": 38
DESY, Hamburg: 78 c; 84
DWD, : 10; 12; 29; 30 a; b; c
Faissner, Prof. Dr.Dr.hc : 61 a; 61 b
Fürst, (Diss. Heinen): 22 d
Fucks, Prof.Dr.-Ing.: 49; 50; 53; 54; 55; 56; 57; 58, 59a;b;c; 60; 20
Geller, Christina: 80
Geller, Akad.Dir. a.D. Hubert: 0; 1; 2; 4; 21; 22 b; 28 a; b; 31; 37; 44 b; c; 62; 65;68; 69 b; c; d; f; 70 a; 71; 72; 75 a; b;79; 83 a; 83 b; 85;
Grimsehls Stuttgart: 8; 9; 25
Haus d. Geschichte, BN: 5 b
Hutzel, Hans: 35; + Einbandrückseite;
Krückels:18; 19; 73
Lahaye, Sophia: 7 b
Meixner, Prof.Dr.Jos.: 81c; e
Meyers, M. Fotogr.: 14;15; 16
MoMa, Berlin 2004: 30 d
Pressestelle RWTH, Akad. Ausl.Amt:23; 24; 27; 28c; 36
Phys. Inst. III : 64 a; 66 a; b; 69 a; e
Rein, Dr., Diet.: 78 a; b; 81 b
Reithler. Dr., Hans: 67 a; b
Rosskopf: 11 b
Schumacher, Prof.Dr.-Ing.:43; 44 a
Star&Stripes, USA-Kriegs-Reporter: 3; 13; 45 a; 73b; 77;
Quick, Prof.: 39; 40; 41; 42;
US-Airforce : 74
Walbert Hans: 72
Westermann-Verlag : 7 a
Wetzels, Altenberg: 22c Word an Daad, Heerlen: 22 a